Gruber I Neumann

Erfolg im Mathe-Abi 2020

Übungsbuch für den Wahlteil
Baden-Württemberg
mit Tipps und Lösungen

Helmut Gruber, geb. 1968, studierte Mathematik und Physik in Konstanz und Freiburg und ist seit 1995 Mathematiklehrer in der Oberstufe.

Robert Neumann, geb. 1970, studierte Mathematik und Physik in Freiburg und unterrichtet Mathematik in der Oberstufe seit 1999.

PEFC
PEFC/04-31-1867

PEFC zertifiziert

Dieses Produkt stammt aus nachhaltig bewirtschafteten Wäldern und kontrollierten Quellen.

www.pefc.de

Gedruckt in Deutschland
www.freiburger-verlag.de

Inhaltsverzeichnis

Vorwort

Erfolg von Anfang an

... ist das Geheimnis eines guten Abiturs. Das vorliegende Übungsbuch ist speziell auf die Anforderungen des Wahlteils des Mathematik-Abiturs in Baden-Württemberg seit 2019 abgestimmt. Es umfasst die drei großen Themenbereiche Analysis, Analytische Geometrie und Stochastik sowie Abituraufgaben seit 2017 in einem Buch. Seit 2017 hat sich die Struktur des Wahlteils grundlegend geändert: Insgesamt gibt es 40 Verrechnungspunkte (VP). In Analysis gibt es eine sehr umfangreiche Aufgabe mit 20 VP, in der Analytischen Geometrie und in Stochastik gibt es jeweils eine Aufgabe mit 10 VP.

Auch die Benennung der Aufgaben wurde angepasst: Pro Jahrgang gibt es jetzt zwei Aufgaben aus der Analysis (A1 und A2), zwei Aufgaben aus der Analytischen Geometrie (B1 und B2) sowie zwei Aufgaben aus der Stochastik (C1 und C2).

Der Wahlteil besteht aus komplexeren Aufgaben, die mithilfe eines wissenschaftlichen Taschenrechners (WTR) und einer Merkhilfe gelöst werden sollen. Der Schwerpunkt liegt auf der Analysis. Thematisch geht es meist um anwendungsbezogene Transferaufgaben, um das Modellieren realitätsnaher Aufgabenstellungen, um das Herstellen von Zusammenhängen und um das Entwickeln von Lösungsstrategien.

Bei einigen Aufgaben ist es nötig, den Taschenrechner zu benutzen. Nicht bei allen Rechnerfunktionen ist gleich klar, wie sie aufgerufen werden. Daher befinden sich im Buch QR-Codes für die entsprechenden Videos, in denen die Funktionen des Tachenrechners kurz erklärt werden. Der QR-Code kann mit einer entsprechenden App gescannt werden. Alternativ lässt sich auch der Link unter dem Code benutzen.

Der Code neben diesem Text verweist z.B. auf ein Video zum Erstellen einer Wertetabelle.

frv.tv/cf

Weitere Aufgaben

Unter www.freiburger-verlag.de erhalten Sie weitere Aufgaben kostenfrei als pdf zum Download, z.B. den Wahlteil des Abiturs 2016 und die Musteraufgaben für das neue Abitur seit 2019.

Der blaue Tippteil

Hat man einmal keine Idee, wie man eine Aufgabe angehen soll bzw. fehlt der Lösungsansatz, hilft der blaue Tippteil in der Mitte des Buches weiter: Zu jeder Aufgabe gibt es dort Tipps, die helfen, einen Ansatz zu finden, ohne die Lösung vorwegzunehmen.

Die Kontrollkästchen ☐

Damit Sie immer den Überblick behalten können, welche Aufgaben Sie schon bearbeitet haben, befindet sich neben jedem Aufgabentitel ein Kontrollkästchen zum Abhaken.

Der Aufbau der Mathematikprüfung

- Die gesamte Prüfungszeit beträgt 270 Minuten (4,5 Zeitstunden).
- Die Lehrerin/ der Lehrer erhält vor der Prüfung den Pflichtteil (HMF) und für den Wahlteil zwei Aufgabenvorschläge aus Analysis (A1 und A2), zwei aus Analytischer Geometrie (B1 und B2) sowie zwei aus Stochastik (C1 und C2). Sie wählen aus den Vorschlägen für den Wahlteil je einen aus Analysis, einen aus Analytischer Geometrie und einen aus Stochastik aus.
- Die Schülerinnen und Schüler erhalten zu Beginn der Prüfung alle Aufgaben (den Pflichtteil und den vom Lehrer ausgesuchten Wahlteil, bestehend aus Analysis, Geometrie und Stochastik). Sie erhalten zu diesem Zeitpunkt noch keine Hilfsmittel.
- Die Schülerinnen und Schüler bearbeiten zunächst den Pflichtteil. Nach dessen Abgabe erhalten sie die Hilfsmittel (Taschenrechner, Merkhilfe) für den Wahlteil.

Insgesamt können maximal 60 Verrechnungspunkte in der Prüfung erreicht werden, davon 20 im Pflichtteil (HMF) und 40 im Wahlteil.

Allen Schülerinnen und Schülern, die sich auf das Abitur vorbereiten, wünschen wir viel Erfolg!

Helmut Gruber, Robert Neumann

Analysis

1 Regen

☐

Tipps ab Seite 33, Lösungen ab Seite 49

Aufgabe A 1.1

Gegeben ist die Funktion f durch $f(x) = \frac{4}{x^2} - \frac{4}{x^3} + 2\,;\ x \neq 0$.

Der Graph K von f ist durch folgende Abbildung gegeben:

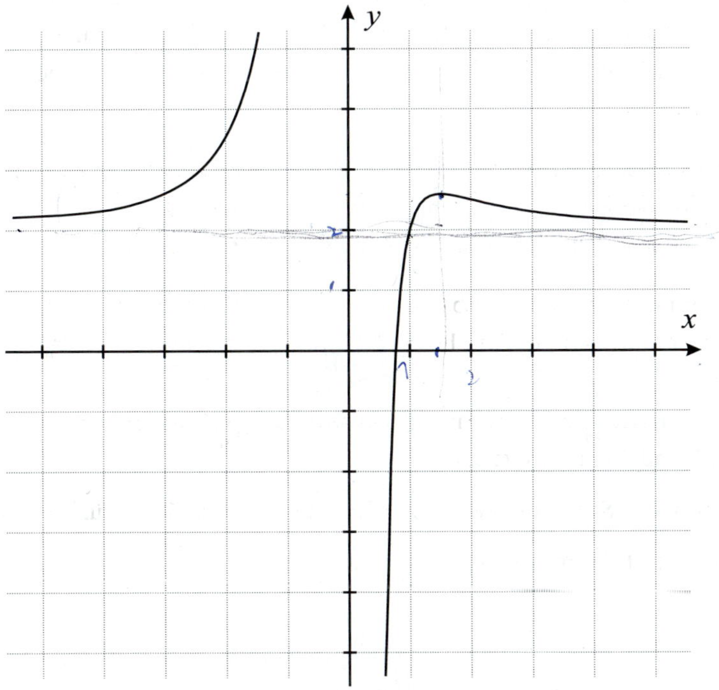

a) Geben Sie die Gleichungen der Asymptoten von K an.
Berechnen Sie die Koordinaten des Hochpunkts von K.
Ergänzen Sie in der Abbildung die Skalierungen der Koordinatenachsen.
Untersuchen Sie f für $x < 0$ auf Monotonie und bestimmen Sie das Krümmungsverhalten von K.
Betrachtet wird die Gleichung $f(x) = c$.
Geben Sie ohne weitere Rechnung an, für welche Werte von c diese Gleichung eine oder mehrere Lösungen hat.

b) Die Tangente und die Normale an K an der Stelle $x = 1$ begrenzen mit der y-Achse ein Dreieck.
Berechnen Sie den Flächeninhalt dieses Dreiecks.

c) K begrenzt mit der Geraden $y = 2$ und der Geraden $x = u$ $(u > 1)$ eine Fläche.
Berechnen Sie für $u = 2$ den Flächeninhalt dieser Fläche.
Bestimmen Sie u so, dass diese Fläche den Inhalt 1 FE hat.
Ermitteln Sie, wie groß diese Fläche maximal werden kann.

d) K wird an der Geraden $y = 2$ gespiegelt. Es entsteht der Graph einer Funktion g.
Bestimmen Sie einen Term von g.

Aufgabe A 1.2

Die Funktion f beschreibt die Niederschlagsrate eines Dauerregens, die Funktion g die Wasserabflussrate (t in Stunden seit Einsetzen des Regens , $f(t)$ und $g(t)$ in Liter pro m^2 pro Stunde). Die Abbildung zeigt die Graphen von f und g:

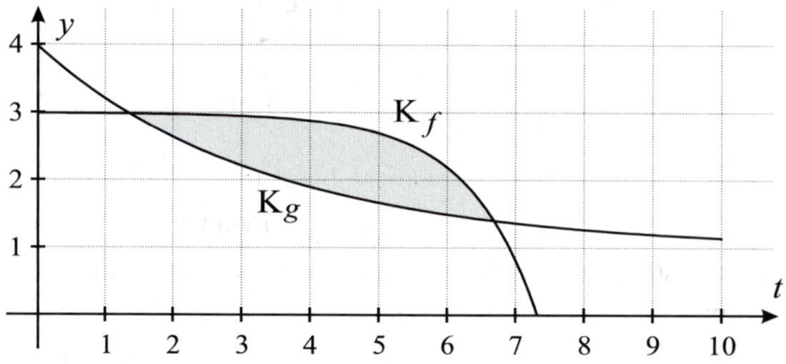

a) Beschreiben Sie den Verlauf der Intensität des Regens.
Bestimmen Sie näherungsweise den Zeitpunkt, wann der Regen aufhört.
Geben Sie einen Rechenausdruck an, mit dem man die gesamte Niederschlagsmenge während des Regens bestimmen kann.

b) Erläutern Sie die Bedeutung der grauen Fläche.
Bestimmen Sie eine Gleichung, mit der man berechnen kann, zu welchem Zeitpunkt T alle Pfützen verschwunden sind.

2 Straße

☐

Tipps ab Seite 34, Lösungen ab Seite 55

Aufgabe A 2.1

Die Abbildung zeigt den Verlauf einer Umgehungsstraße zur Entlastung der Ortsdurchfahrt AB einer Gemeinde. Das Gemeindegebiet ist kreisförmig mit dem Mittelpunkt M und dem Radius 1,5 km. Die Umgehungsstraße verläuft durch die Punkte A und B und wird beschrieben durch die Funktion f mit

$$f(x) = -0,1x^3 - 0,3x^2 + 0,4x + 3,2$$

1 LE entspricht 1 km.

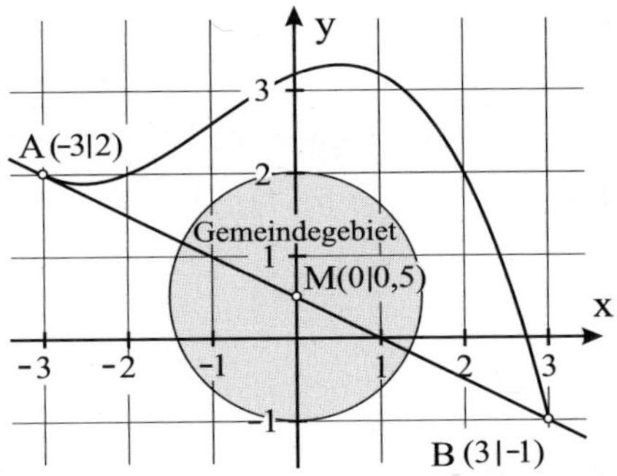

a) Berechnen Sie die Koordinaten des nördlichsten Punktes der Umgehungsstraße.
Bestimmen Sie rechnerisch die Entfernung dieses Punktes vom Ortsmittelpunkt M.
Die Umgehungsstraße beschreibt eine Linkskurve und eine Rechtskurve.
Bestimmen Sie den Punkt, in dem diese beiden Abschnitte ineinander übergehen.
Zeigen Sie, dass die Umgehungsstraße im Punkt A ohne Knick in die Ortsdurchfahrt einmündet.

b) Zur Bewertung von Grundstücken wird die Fläche zwischen der Ortsdurchfahrt und der Umgehungsstraße vermessen.
Berechnen Sie, wie viel Prozent dieser Fläche außerhalb des Gemeindegebiets liegen.

c) Im Punkt $P(1,5 \mid 3)$ befindet sich eine Windkraftanlage.
Ein Fahrzeug fährt von B aus auf der Umgehungsstraße.
Zeigen Sie, dass der Fahrer die Windkraftanlage im Punkt $B(2 \mid 2)$ genau in Fahrtrichtung vor sich sieht.
Bestimmen Sie die Koordinaten desjenigen Punktes der Umgehungsstraße, in welchem ein Fahrzeug parallel zur Ortsdurchfahrt AB fährt.

Aufgabe A 2.2

Für jedes $a > 0$ ist eine Funktion f_a gegeben durch

$$f_a(x) = a \cdot \sin(ax) + a\,;\ x \in \mathbb{R}.$$

f_a hat das Schaubild K_a und die Periode p_a.

a) Bestimmen Sie die Koordinaten des Hochpunkts H_a von K_a für $0 \leqslant x < p_a$. Ermitteln Sie eine Gleichung der Kurve, auf der alle diese Hochpunkte liegen.

b) Geben Sie in Abhängigkeit von a die Koordinaten des Wendepunkts W_a von K_a an, der den kleinsten positiven x-Wert hat.

3 Mond

Tipps ab Seite 35, Lösungen ab Seite 60

Aufgabe A 3.1

Im Verlauf von etwa 30 Tagen ändert der Mond beständig sein Erscheinungsbild (siehe Abbildung).

Der beleuchtete Anteil der Mondscheibe wird modellhaft durch die Funktion A mit

$$\mathrm{A}(t) = \frac{1}{2} + \frac{1}{2} \cdot \sin\left(\frac{\pi}{15} \cdot t\right) \; ; \; 0 \leqslant t \leqslant 30,$$

beschrieben. Dabei steht t für die Tage seit Beobachtungsbeginn, beispielsweise ist $t = 1$ das Ende des ersten Tages.

Bei Vollmond hat der beleuchtete Anteil den Wert 1.

Die Abbildung zeigt den Graph von A:

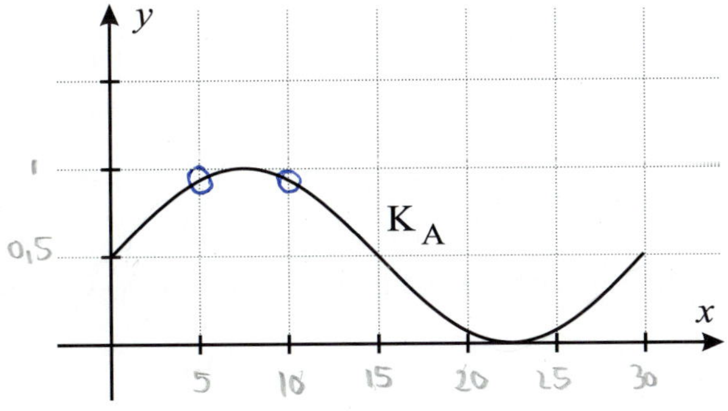

a) Ergänzen Sie die Skalierung der Achsen in der Abbildung.

Formulieren Sie im Sachzusammenhang eine Frage, die durch Lösen der Gleichung $\mathrm{A}(t) = 0{,}95$ beantwortet werden kann.

Berechnen Sie die Lösungen dieser Gleichung.

Bestimmen Sie rechnerisch die Änderungsrate der Beleuchtung der Mondscheibe zu Beobachtungsbeginn.

Geben Sie eine Gleichung an, mit der man diejenigen Zeitpunkte bestimmen kann, zu denen die Änderungsrate der Beleuchtung der Mondscheibe halb so groß ist wie zu Beobachtungsbeginn.

b) Ermitteln Sie den durchschnittlichen Anteil, der von Beobachtungsbeginn bis zum Ende des fünfzehnten Tages beleuchtet wird.

c) Das Modell A soll nun zu einem Modell B abgeändert werden, sodass der Zeitpunkt $t = 0$ der Beleuchtung bei Vollmond entspricht.

Bestimmen Sie hierzu einen Wert für c, sodass die Funktion B mit

$$\mathrm{B}(t) = \frac{1}{2} + \frac{1}{2} \cdot \sin\left(\frac{\pi}{15} \cdot t + c\right) \; ; 0 \leqslant t \leqslant 30,$$

diesen Sachverhalt modelliert.

Geben Sie eine weitere Funktion der Form $\mathrm{C}(t) = a \cdot \cos(b \cdot t - c) + d$ für Modell B an.

Aufgabe A 3.2

Gegeben ist die Funktionenschar g_a durch $g_a(x) = ax^2 - 4x + 2\,;\ a \neq 0$. Ihr Graph sei K_a.

a) Zeigen Sie rechnerisch, dass alle K_a einen gemeinsamen Punkt $\mathrm{B}(0 \mid 2)$ und in diesem Punkt eine gemeinsame Tangente haben. Erläutern Sie die geometrische Bedeutung dieses Sachverhalts.

Bestimmen Sie eine Gleichung der Kurve C, auf der die Extrempunkte aller K_a liegen.

Geben Sie denjenigen Punkt von C an, der kein Extrempunkt von K_a ist.

b) Bestimmen Sie die Gleichung der Normalen n_a an K_a an der Stelle $x = 1$ in Abhängigkeit von a.

Berechnen Sie diejenigen Werte von a, für die die Normale n_a die y-Achse in $\mathrm{Z}(0 \mid 1{,}5)$ schneidet.

4 Medikament

☐

Tipps ab Seite 37, Lösungen ab Seite 66

Aufgabe A 4.1

Ein Medikament kann mithilfe einer Spritze oder durch Tropfinfusion verabreicht werden.

a) Bei Verabreichung des Medikaments mithilfe einer Spritze wird die Wirkstoffmenge im Blut des Patienten beschrieben durch die Funktion f mit

$$f(t) = 130 \cdot \left(e^{-0{,}2 \cdot t} - e^{-0{,}8 \cdot t}\right) \;;\; 0 \leqslant t \leqslant 24$$

(t in Stunden nach der Injektion, $f(t)$ in mg).

Der Graph von f ist durch folgende Abbildung gegeben:

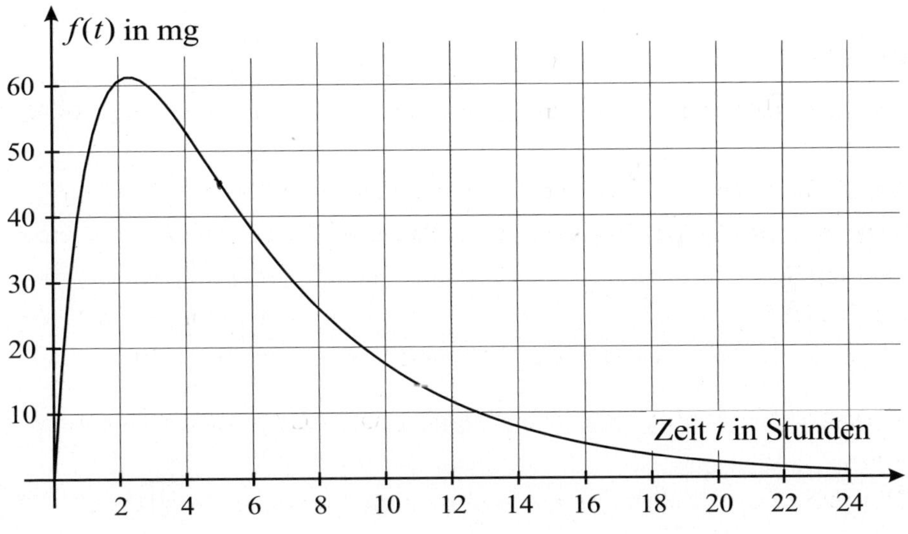

Das Medikament wirkt nur dann, wenn mindestens 36 mg des Wirkstoffs im Blut vorhanden sind.

Bestimmen Sie den Zeitraum, in dem das Medikament wirkt.

Berechnen Sie die Abnahme der Wirkstoffmenge im Blut nach 5 Stunden.

Berechnen Sie die mittlere Wirkstoffmenge im Blut während der ersten 12 Stunden.

Ab dem Zeitpunkt $t = 5$ wird die Wirkstoffmenge im Blut näherungsweise durch die Tangente an das Schaubild von f an der Stelle $t = 5$ beschrieben.

Bestimmen Sie graphisch den Zeitpunkt, zu dem kein Wirkstoff mehr vorhanden ist.

Wenn das Medikament stattdessen durch Tropfinfusion zugeführt wird, lässt sich die Wirkstoffmenge im Blut beschreiben durch die Funktion g mit

$$g(t) = 80 \cdot \left(1 - e^{-0{,}05 \cdot t}\right) \; ; \; t \geqslant 0$$

(t in Minuten seit Infusionsbeginn, $g(t)$ in mg).

b) Bestimmen Sie die langfristige Wirkstoffmenge des Medikaments im Blut.
Zeigen Sie, dass die Wirkstoffmenge im Blut ständig zunimmt.
Berechnen Sie den Zeitpunkt, zu dem die momentane Änderungsrate der Wirkstoffmenge im Blut $1 \, \frac{\text{mg}}{\text{min}}$ beträgt.
Interpretieren Sie die Gleichung $g(t+15) = g(t) + 30$ im Sachzusammenhang.

c) Das Medikament wird nun in seiner Zusammensetzung verändert.
Die Wirkstoffmenge des Medikaments im Blut wird durch
$h(t) = at \cdot e^{-bt}$ mit $a > 0$ und $b > 0$ beschrieben.
Dabei wird t in Stunden seit der Einnahme und $g(t)$ in mg gemessen.
Bestimmen Sie die Konstanten a und b, wenn die Wirkstoffmenge vier Stunden nach der Einnahme ihren größten Wert 10 mg erreicht.

Aufgabe A 4.2

Gegeben ist die Funktion f mit $f(x) = \frac{2}{x}$ und ein Punkt B $(u \mid f(u))$; $0 < u < 1$ im 1. Feld.
Die Tangente t an B schneidet die x-Achse im Punkt A und die y-Achse im Punkt C.

a) Zeigen Sie, dass der Flächeninhalt des Dreiecks OAC unabhängig von u ist.

b) Das Dreieck OAC rotiert um die y-Achse.
Bestimmen Sie exakt die Koordinaten des Punktes B so, dass das Volumen des Rotationskörpers 16 VE beträgt.

5 Virus

Tipps ab Seite 38, Lösungen ab Seite 71

Aufgabe A 5.1

In einer großen Stadt breitet sich eine Viruserkrankung aus.

Die momentane Erkrankungsrate wird modellhaft beschrieben durch die Funktion f mit

$$f(t) = 150 \cdot t^2 \cdot e^{-0{,}2t} \;\; ; \;\; t \geqslant 0$$

Dabei ist t die Zeit in Wochen seit Beobachtungsbeginn und $f(t)$ die Anzahl der Neuerkrankungen pro Woche.

Der Graph von f ist durch folgende Abbildung gegeben:

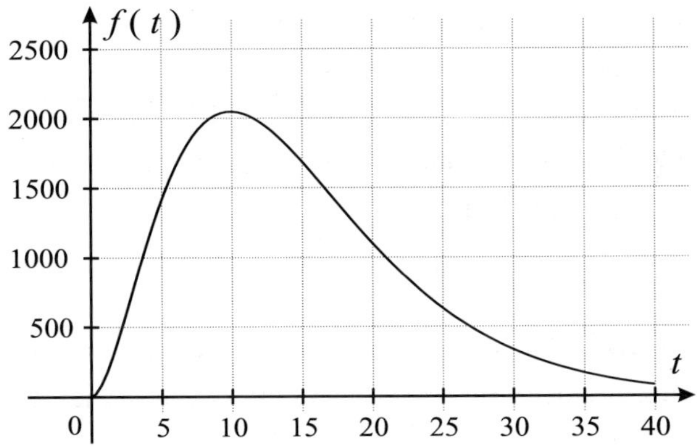

a) Weisen Sie nach, dass 10 Wochen nach Beobachtungsbeginn die Anzahl der Neuerkrankungen am höchsten ist.
Bestimmen Sie den Maximalwert an Neuerkrankungen.
Zeigen Sie, dass ab diesem Zeitpunkt die momentane Erkrankungsrate rückläufig ist.
Bestimmen Sie den Zeitraum, in welchem es mehr als 1500 Neuerkrankungen pro Woche gibt.
Geben Sie die Bedeutung von $\frac{1}{10}\int_5^{15} f(t)\,\mathrm{d}t$ im Sachzusammenhang an.

b) Alle Neuerkrankungen werden sofort dem Gesundheitsamt gemeldet.
Bei Beobachtungsbeginn sind bereits 100 Personen gemeldet.
Zeigen Sie, dass die Funktion F mit $\mathrm{F}(t) = -750 \cdot \left(t^2 + 10t + 50\right) \cdot e^{-0{,}2t}$ eine Stammfunktion von f ist.

Bestimmen Sie eine Funktion für die Gesamtzahl der gemeldeten Personen nach t Wochen.
Berechnen Sie, wie viele Personen nach 12 Wochen insgesamt gemeldet sind.
Weisen Sie nach, dass die Anzahl der Meldungen unter 40 000 bleiben wird.

c) In einer benachbarten Stadt mit 30 000 Einwohnern ist bei Beobachtungsbeginn bereits die Hälfte der Einwohner an diesem Virus erkrankt. Es ist davon auszugehen, dass im Laufe der Zeit alle Einwohner von der Krankheit erfasst werden.
Die Anzahl der von der Krankheit erfassten Personen wird beschrieben durch die Funktion

$$\mathrm{B}(t) = \mathrm{a} - b \cdot e^{-0,1 \cdot t}$$

(t in Wochen, $\mathrm{B}(t)$ in Anzahl der von der Krankheit erfassten Personen).
Bestimmen Sie eine Funktion, welche die Anzahl der von der Krankheit erfassten Personen beschreibt.
Berechnen Sie den Zeitpunkt, zu dem 95% aller Einwohner von der Krankheit erfasst sind.

Aufgabe A 5.2

Gegeben ist die Funktion f mit $f(x) = 6x - \frac{1}{2}x^3$.
Der Graph von f ist durch folgende Abbildung gegeben:

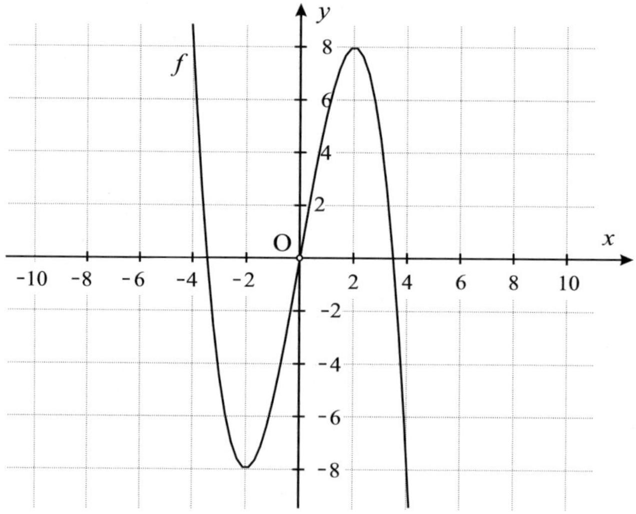

a) Berechnen Sie für $t > 0$ den Wert von t exakt so, dass der Mittelwert der Funktionswerte von f auf dem Intervall $[0; t]$ möglichst groß ist.

b) Die Gerade $x = u$ mit $0 < u < \sqrt{12}$ schneidet die x-Achse im Punkt $P(u \mid 0)$ und den Graph von f im Punkt $Q(u \mid f(u))$.
Damit entsteht das Dreieck OPQ.
Erläutern Sie folgende Rechenschritte und geben Sie deren geometrische Bedeutung an:

$$
\begin{array}{lll}
\text{(I)} & A(u) & = \dfrac{u \cdot f(u)}{2} = 3u^2 - \dfrac{1}{4}u^4 \\
\text{(II)} & A'(u) & = 0 \Rightarrow u_1 = 0,\, u_2 = \sqrt{6} \\
\text{(III)} & A''\left(\sqrt{6}\right) & = -12 \\
\text{(IV)} & A\left(\sqrt{6}\right) & = 9
\end{array}
$$

Geometrie

6 Kiste

Tipps ab Seite 40, Lösungen ab Seite 76

Eine quaderförmige Kiste ist in einem Koordinatensystem durch die Eckpunkte $A(0 \mid 0 \mid 0)$, $B(3 \mid 0 \mid 0)$, $D(0 \mid 5 \mid 0)$ und $F(3 \mid 0 \mid 4)$ festgelegt.
Die Fläche EFGH stellt den Deckel der geschlossenen Kiste dar.
Dieser ist drehbar um die Kante EH.
Weiterhin ist für jedes $t \geqslant 0$ eine Ebene E_t gegeben durch die Gleichung
$E_t: \; tx_1 - x_3 = -4$.

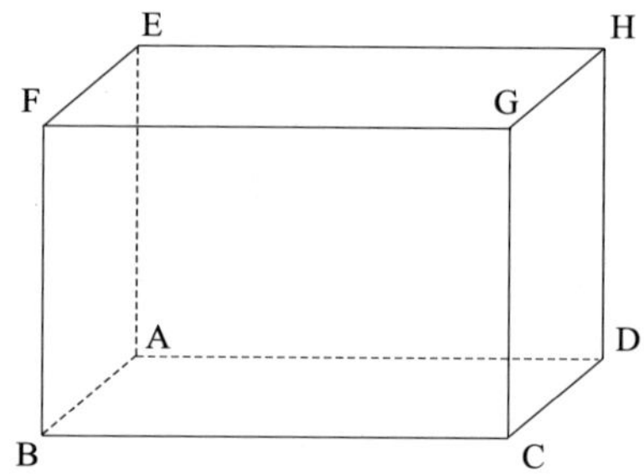

(Skizze nicht maßstabsgerecht)

a) Berechnen Sie den Abstand zwischen den Kanten AB und GH.
Zeigen Sie, dass die Gerade durch E und H in jeder Ebene E_t liegt.
Bestimmen Sie die Gleichung derjenigen Ebene E_t, in welcher der Deckel bei geschlossener Kiste liegt.
Prüfen Sie, ob der Deckel in einer Ebene E_t liegt, wenn er um 90° geöffnet ist?

b) Wenn der Deckel der geöffneten Kiste in E_2 liegt, wird er durch einen Stab orthogonal zum Deckel abgestützt. Dieser Stab ist in der Mitte der Kante EF befestigt und trifft im Punkt P auf den Deckel.
Berechnen Sie die Koordinaten von P.

c) Berechnen Sie den Öffnungswinkel, wenn der Deckel in E_2 liegt.
Bestimmen Sie die Gleichung der Ebene E_t, in welcher der Deckel liegt, wenn der Öffnungswinkel 60° beträgt.
Bestimmen Sie den Parameter t in Abhängigkeit vom Öffnungswinkel α für $\alpha < 90^\circ$.

7 Geradenschar ☐

Tipps ab Seite 40, Lösungen ab Seite 79

Gegeben sind die Ebene $E\colon 3x_1 + 6x_2 + 4x_3 = 16$ und eine Geradenschar durch

$$g_a\colon \vec{x} = \begin{pmatrix} 5 \\ 1 \\ 1 \end{pmatrix} + t \cdot \begin{pmatrix} a \\ 1 \\ 0 \end{pmatrix} \quad ; a, t \in \mathbb{R}$$

a) Bestimmen Sie den Schnittpunkt der Geraden g_4 mit der Ebene E.
Bestimmen Sie den Wert von a, für den g_a parallel zu E ist
Geben Sie die Gleichung derjenigen Geraden der Schar an, die orthogonal zu g_4 ist.

b) Berechnen Sie den Schnittwinkel von g_4 und E.
Erläutern Sie, was mithilfe der Gleichung $\sin 10^\circ = \frac{|3a+6|}{\sqrt{a^2+1} \cdot \sqrt{61}}$ berechnet werden kann.

c) Begründen Sie, dass alle Geraden g_a in der Ebene $F\colon x_3 = 1$ liegen.
Es gibt eine Gerade h, die durch den Punkt $P(5 \mid 1 \mid 1)$ geht und in F liegt, aber nicht zur Schar gehört.
Bestimmen Sie eine Gleichung der Geraden h.

8 Flugzeug

☐

Tipps ab Seite 41, Lösungen ab Seite 82

Die x_1x_2-Ebene beschreibt eine flache Landschaft, in der ein Flugplatz liegt.
Eine Radarstation befindet sich im Punkt $R_1\,(6\mid 3\mid 0)$.
Das Radar erfasst ein Testflugzeug F_1 um 7.00 Uhr im Punkt $P\,(7\mid 29\mid 7)$ und ermittelt als Flugbahn des Flugzeugs

$$f_1: \vec{x} = \begin{pmatrix} 7 \\ 29 \\ 7 \end{pmatrix} + t \cdot \begin{pmatrix} 3 \\ -2 \\ -1 \end{pmatrix} \quad (t \text{ in Minuten nach 7.00 Uhr, Koordinatenangaben in km}).$$

a) Bestimmen Sie die Koordinaten des Punktes, in welchem sich das Flugzeug um 7.01 Uhr befindet.
Erläutern Sie, woran Sie erkennen, dass sich das Flugzeug im Sinkflug befindet.
Bestimmen Sie die Geschwindigkeit des Flugzeugs in km/h.
Berechnen Sie den Winkel, unter welchem das Flugzeug auf den Boden zufliegt.
Bestimmen Sie die Uhrzeit und den Punkt, wo das Flugzeug bei Beibehaltung dieser Flugbahn auf dem Boden aufsetzen würde.

b) Eine weitere Radarstation befindet sich im Punkt $R_2\,(17\mid 9\mid 0)$.
Der Anflug des Testflugzeugs F_1 auf den Flugplatz ist optimal, wenn die Flugbahn f_1 und die beiden Radarstationen in einer Ebene liegen.
Prüfen Sie, ob das zutrifft.
Die Radarstation R_2 übernimmt die Flugüberwachung zu dem Zeitpunkt, ab dem sich das Flugzeug von R_1 entfernt.
Bestimmen Sie die Uhrzeit, zu der dies der Fall ist.

c) Die Flugbahn eines zweiten Testflugzeugs F_2 wird beschrieben durch

$$f_2: \vec{x} = \begin{pmatrix} 18 \\ 11 \\ 7 \end{pmatrix} + t \cdot \begin{pmatrix} 2 \\ 2 \\ 0 \end{pmatrix} \quad (t \text{ in Minuten nach 7.00 Uhr, Koordinatenangaben in km}).$$

Berechnen Sie die Entfernung der beiden Flugzeuge F_1 und F_2 um 7.04 Uhr.
Berechnen Sie die Zeitpunkte, zu denen die beiden Flugzeuge einen Abstand von 10 km haben.

9 Pyramide ☐

Tipps ab Seite 42, Lösungen ab Seite 86

Gegeben sind die Punkte $A(5 \mid -5 \mid 0)$, $B(5 \mid 5 \mid 0)$, $C(-5 \mid 5 \mid 0)$ und $D(-5 \mid -5 \mid 0)$.
Das Quadrat ABCD ist die Grundfläche einer Pyramide mit der Spitze $S(0 \mid 0 \mid 12)$.

a) Die Seitenfläche BCS liegt in der Ebene E.
Bestimmen Sie eine Koordinatengleichung von E.
Berechnen Sie den Winkel, der von der Seitenfläche BCS und der Grundfläche der Pyramide eingeschlossen wird.
Berechnen Sie den Flächeninhalt des Dreiecks BCS.

b) Bestimmen Sie die Koordinaten desjenigen Punktes im Innern der Pyramide, der von allen Seitenflächen und von der Grundfläche genau gleich weit entfernt ist.

c) Betrachtet werden nun Quader, die jeweils vier Eckpunkte auf den Pyramidenkanten und vier Eckpunkte in der Grundfläche der Pyramide haben.
Einer dieser Quader hat den Eckpunkt $Q(2{,}5 \mid 2{,}5 \mid 0)$.
Berechnen Sie sein Volumen.
Bei einem anderen dieser Quader handelt es sich um einen Würfel.
Bestimmen Sie die Koordinaten dessen Eckpunktes auf der Kante BS.

10 Platte ☐

Tipps ab Seite 43, Lösungen ab Seite 90

An einer rechteckigen Platte mit den Eckpunkten A (10 | 6 | 0), B (0 | 6 | 0), C (0 | 0 | 3) und D (10 | 0 | 3) ist im Punkt F (5 | 6 | 0) ein 2 m langer Stab befestigt, der in positive x_3-Richtung zeigt.
Eine punktförmige Lichtquelle befindet sich zunächst im Punkt L (8 | 10 | 2) (Koordinatenangaben in m).

a) Bestimmen Sie eine Koordinatengleichung der Ebene E, in der die Platte liegt.
Stellen Sie die Platte, den Stab und die Lichtquelle in einem Koordinatensystem dar.
Berechnen Sie den Abstand des oberen Endes S des Stabes von der Ebene E.
Berechnen Sie den Winkel zwischen dem Stab und der Platte.
(Teilergebnis: E: $x_2 + 2x_3 = 6$)

b) Der Stab wirft einen Schatten auf die Platte.
Bestimmen Sie den Schattenpunkt des oberen Endes des Stabes.
Begründen Sie, dass der Schatten vollständig auf der Platte liegt.

c) Die Lichtquelle bewegt sich von L aus auf einer zur x_1x_2-Ebene parallelen Kreisbahn, deren Mittelpunkt das obere Ende des Stabes ist. Dabei kollidiert die Lichtquelle mit der Platte.
Berechnen Sie die Koordinaten der beiden möglichen Kollisionspunkte.

11 Ebenenschar

Tipps ab Seite 44, Lösungen ab Seite 94

Für jedes $a \in \mathbb{R}$ ist eine Ebenenschar E_a gegeben durch $E_a: ax_1 + (8-a)x_2 + 8x_3 - 4 = 0$.

Die Gerade g hat die Gleichung $g: \vec{x} = \begin{pmatrix} 1 \\ 1 \\ 3 \end{pmatrix} + t \cdot \begin{pmatrix} 1 \\ 1 \\ 2 \end{pmatrix}; t \in \mathbb{R}$.

a) Bestimmen Sie a so, dass g orthogonal zu E_a ist.
Zeigen Sie, dass g für keinen Wert von a in E_a enthalten ist.

b) Berechnen Sie diejenigen Werte von a, für die der Winkel zwischen g und E_a $30°$ beträgt.
Bestimmen Sie a in Abhängigkeit von a^*, wenn E_a und E_{a^*} orthogonal zueinander sind.

c) Berechnen Sie diejenigen Werte von a, für die der Abstand des Ursprungs zu E_a $\frac{1}{8}\sqrt{8}$ LE beträgt.
Bestimmen Sie diejenige Ebene der Schar, die vom Ursprung den maximalen Abstand hat.

Tipps ab Seite 44, Lösungen ab Seite 97

12 Haus

Ein neu geplantes Mehrfamilienhaus soll 9m breit, 15m lang und inklusive Dach 9m hoch werden. Das Material zeigt eine Darstellung des Hauses im Koordinatensystem. Der Erdboden wird durch die x_1x_2-Ebene beschrieben. In dieser Ebene liegen die Eckpunkte A, B, C und D des rechteckigen Hausbodens. Der Punkt G hat die Koordinaten $G(9 \mid 15 \mid 6)$. Der Dachfirst $\overline{IJ}$ verläuft horizontal und mittig über der Dachbodenfläche EFGH.

a) Geben Sie die Koordinaten der Punkte C, F und J an und beschriften Sie die Achsen im Material mit einer geeigneten Skalierung.
Geben Sie eine Parametergleichung der Ebene T an, in der die Dachfläche FGJI liegt, und bestimmen Sie eine Koordinatengleichung dieser Ebene.
[zur Kontrolle: $T\colon\ 2x_1 + 3x_3 = 36$]

b) Damit das Dach für die geplante Installation einer Photovoltaikanlage geeignet ist, sollte die Dachneigung zwischen 30 und 35 Grad betragen.
In diesem Sachzusammenhang wird folgende Rechnung durchgeführt:

$$(1) \qquad \vec{u}_1 = \begin{pmatrix} -4,5 \\ 0 \\ 3 \end{pmatrix}, \ \vec{u}_2 = \begin{pmatrix} -9 \\ 0 \\ 0 \end{pmatrix}$$

$$(2) \qquad \cos\alpha = \frac{\begin{pmatrix} -4,5 \\ 0 \\ 3 \end{pmatrix} \cdot \begin{pmatrix} -9 \\ 0 \\ 0 \end{pmatrix}}{\left|\begin{pmatrix} -4,5 \\ 0 \\ 3 \end{pmatrix}\right| \cdot \left|\begin{pmatrix} -9 \\ 0 \\ 0 \end{pmatrix}\right|} = \ldots$$

Erläutern Sie den Ansatz in Zeile (1) und den Rechenschritt in Zeile (2).
Berechnen Sie den Winkel α.
Deuten Sie Ihr Ergebnis für α im Sachzusammenhang.

Auf dem Nachbargrundstück steht eine 13,5m hohe Tanne im Punkt $P(30,75 \mid 6 \mid 0)$.

Zu einem bestimmten Zeitpunkt fällt das Sonnenlicht in Richtung des Vektors $\vec{v} = \begin{pmatrix} -2 \\ 0 \\ -0,5 \end{pmatrix}$ auf die Dachfläche FGJI.

d) Prüfen Sie, ob der Schatten der Tannenspitze zu diesem Zeitpunkt auf die Dachfläche FGJI trifft.

Material

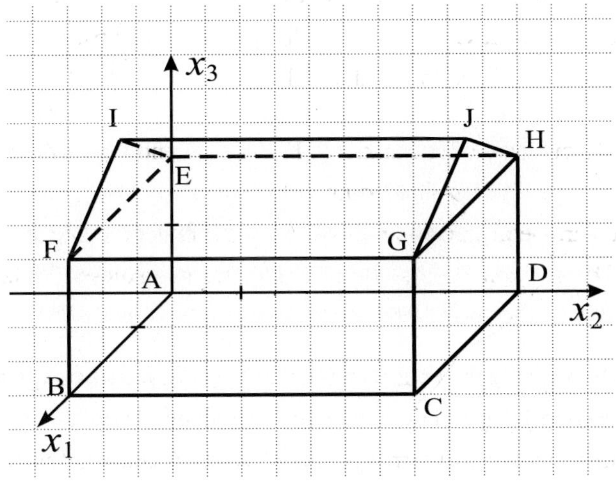

Stochastik

13 Weizen

☐

Tipps ab Seite 45, Lösungen ab Seite 102

Weizensaatgut hat eine Keimfähigkeit von 80 %.

a) Aus einem großen Behälter werden 200 Weizenkörner entnommen.
Bestimmen Sie die Wahrscheinlichkeiten folgender Ereignisse:
A: Es keimen mehr als 150 Weizenkörner.
B: Es keimen höchstens 15 % der entnommenen Weizenkörner nicht.
C: Es keimen genau so viele Weizenkörner, wie man erwarten würde.

b) Die Zufallsvariable X gibt die Anzahl der keimenden Weizenkörner bei 200 entnommenen Weizenkörnern an.
Es gibt zum Erwartungswert μ von X symmetrische Intervalle $I_c = [\mu - c; \mu + c]$, sodass diese Anzahl mit einer Wahrscheinlichkeit von mindestens 95% in I_c liegt.
Bestimmen Sie die kleinstmögliche Zahl c.

c) Ein Großhändler gibt an, dass sein Weizensaatgut eine Keimfähigkeit von mindestens 80 % hat.
Mehrere Kunden vermuten, dass die Keimfähigkeit in Wirklichkeit kleiner ist.
Deswegen wird die Aussage des Großhändlers mithilfe eines Tests auf einem Signifikanzniveau von 10 % überprüft, indem 500 Weizenkörner untersucht werden.
Als Nullhypothese wird die Angabe des Großhändlers verwendet.

Formulieren Sie die zugehörige Entscheidungsregel in Worten.

Die tatsächliche Keimfähigkeit des Saatguts beträgt 82 %.
Bestimmen Sie in diesem Fall die Wahrscheinlichkeit dafür, dass bei obigem Test die Nullhypothese fälschlicherweise verworfen wird.

14 Biathlon

☐

Tipps ab Seite 45, Lösungen ab Seite 105

Bei einem Biathlonwettbewerb läuft ein Athlet eine 2,5 km lange Runde, dann schießt er liegend fünf Mal; anschließend läuft er eine zweite Runde und schießt stehend fünf Mal; nach einer dritten Runde erreicht er das Ziel. Für jeden Fehlschuss muss er direkt nach dem Schießen eine 200 m lange Strafrunde laufen. Aufgrund der bisherigen Schießleistungen geht der Trainer davon aus, dass der Athlet stehend mit 88 % und liegend mit 93 % Wahrscheinlichkeit trifft. Es wird vereinfachend davon ausgegangen, dass die Ergebnisse der einzelnen Schüsse voneinander unabhängig sind.

a) Bestimmen Sie die Wahrscheinlichkeit folgender Ereignisse:
A: Der Athlet trifft stehend bei fünf Schüssen genau vier Mal.
B: Der Athlet trifft liegend bei fünf Schüssen mindestens drei Mal.
C: Der Athlet trifft stehend bei fünf Schüssen genau drei Mal und zwar unmittelbar hintereinander.

b) Berechnen Sie die Wahrscheinlichkeit dafür, dass der Athlet im gesamten Wettbewerb höchstens einmal eine Strafrunde laufen muss.

c) Der Athlet möchte seine Leistungen im Stehendschießen verbessern und künftig mit über 85% Wahrscheinlichkeit zumindest die ersten vier Mal hintereinander treffen. Bestimmen Sie rechnerisch die Trefferwahrscheinlichkeit, die er mindestens erreichen muss, damit ihm dies gelingt.

d) Bestimmen Sie, wie oft der Athlet im Training liegend schießen müsste, damit er mit mehr als 95 % Wahrscheinlichkeit mindestens 2 Fehlschüsse hat.

15 Kugeln

Tipps ab Seite 46, Lösungen ab Seite 107

In einem Gefäß G_1 sind 6 schwarze und 4 weiße Kugeln.

In einem Gefäß G_2 sind 3 schwarze und 7 weiße Kugeln.

a) Aus Gefäß G_1 wird 20 Mal eine Kugel mit Zurücklegen gezogen.
Bestimmen Sie die Wahrscheinlichkeit folgender Ereignisse:
A: Es wird mindestens 12 Mal eine schwarze Kugel gezogen.
B: Es werden genau so viele schwarze Kugeln gezogen wie man erwartet.

b) Aus Gefäß G_2 wird 8 Mal eine Kugel mit Zurücklegen gezogen.
Bestimmen Sie die Wahrscheinlichkeit, dass genau 2 schwarze Kugeln gezogen werden, und zwar bei direkt aufeinander folgenden Zügen.

c) Aus G_1 und G_2 wird jeweils fünf Mal eine Kugel mit Zurücklegen gezogen.
Bestimmen Sie die Wahrscheinlichkeit, dass insgesamt mindestens neun schwarze Kugeln gezogen werden.

d) Nun werden aus G_1 zwei Kugeln ohne Zurücklegen gezogen und in das Gefäß G_2 gelegt. Anschließend wird eine Kugel aus G_2 gezogen.
Berechnen Sie die Wahrscheinlichkeit, dass diese Kugel schwarz ist.

16 Bleistifte

☐

Tipps ab Seite 47, Lösungen ab Seite 110

Bei der Produktion von Bleistiften beträgt der Anteil fehlerhafter Stifte erfahrungsgemäß 5 %.

a) Ein Qualitätsprüfer entnimmt der Produktion zufällig 800 Bleistifte.
Die Zufallsvariable X beschreibt die Anzahl der fehlerhaften Stifte in dieser Stichprobe.
Berechnen Sie $P(X \leqslant 30)$ und $P(X > 40)$ und geben Sie an, was damit jeweils berechnet wird.
Bestimmen Sie die Wahrscheinlichkeit, mit der der Wert von X um weniger als 10 vom Erwartungswert von X abweicht.

b) Bestimmen Sie die Anzahl der Stifte, die vom Qualitätsprüfer der Produktion mindestens entnommen werden müssen, damit mit einer Wahrscheinlichkeit von mehr als 98 % mindestens 10 fehlerhafte Stifte gefunden werden.

c) Der Betrieb erwirbt eine neue Maschine, von der behauptet wird, dass höchstens 2 % der von ihr produzierten Bleistifte fehlerhaft sind.
Diese Hypothese H_0 soll mithilfe eines Tests an 800 zufällig ausgewählten Stiften überprüft werden.
Bestimmen Sie die Anzahl an fehlerhaften Stiften, bei denen man sich gegen die Hypothese entscheidet, wenn die Irrtumswahrscheinlichkeit maximal 5 % betragen soll.
Bestimmen Sie den Fehler 1. Art.

17 Hundefutter

☐

Tipps ab Seite 48, Lösungen ab Seite 112

Bei einem 12-seitigen Spielwürfel fallen alle Seiten bei einem Wurf jeweils mit der gleichen Wahrscheinlichkeit. Jede Seite des Spielwürfels ist gemäß dem abgebildeten Netz mit einer der Zahlen 1 und 2 beschriftet.

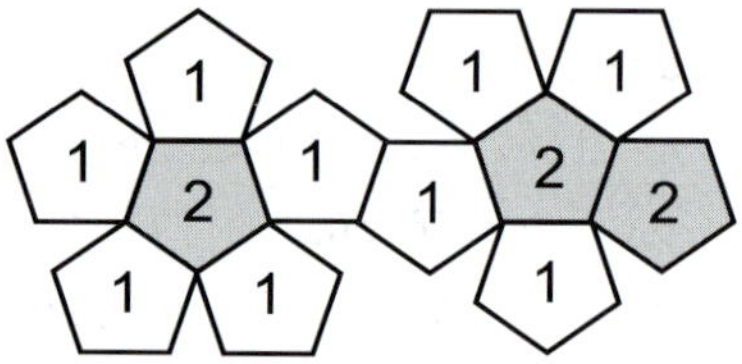

Für ein Gewinnspiel wird der Spielwürfel bei jedem Spiel viermal geworfen. Man betrachtet die Augensumme der vier Würfe.

a) Bestimmen Sie die Wahrscheinlichkeiten der folgenden Ereignisse:

   A: Bei 100 Würfen fällt genau 77-mal die Zahl 1.

   B: Bei 100 Würfen fällt mindestens 73-mal aber höchstens 81-mal die Zahl 1.

   Begründen Sie, dass die Wahrscheinlichkeit dafür, dass die Summe der geworfenen Zahlen 4 ist, größer ist als die Wahrscheinlichkeit dafür, dass die Summe der geworfenen Zahlen 8 ist.

   Einen Hauptpreis erhält eine Spielerin bzw. ein Spieler, wenn die Summe der geworfenen Zahlen mindestens 7 ist. Zeigen Sie, dass auf lange Sicht im Mittel etwa bei einem von zwanzig Spielen ein Hauptpreis vergeben wird.

   Die Wahrscheinlichkeit dafür, dass bei einem Spiel ein Trostpreis vergeben wird, beträgt $\frac{81}{256}$.

   Geben Sie einen Spielausgang an, bei dem die Spielerin bzw. der Spieler einen Trostpreis erhält, und begründen Sie Ihre Angabe.

Ein Supermarkt bietet Nass- und Trockenfutter für Hunde jeweils in einer normalen Variante und in einer energiereduzierten Light-Variante an. Im Folgenden werden ausschließlich Kundinnen und Kunden betrachtet, die sich bei einem Kauf von Hundefutter für genau eine dieser vier Varianten entscheiden. Zwei Drittel dieser Personen kaufen Trockenfutter, 40% davon entscheiden sich für die Light-Variante. Von den Personen, die Nassfutter kaufen, entscheiden sich nur 25% für die Light-Variante.

Von den betrachteten Kundinnen und Kunden wird eine Person zufällig ausgewählt. Untersucht werden die folgenden Ereignisse:

T: «Die Person kauft Trockenfutter.»

L: «Die Person entscheidet sich für eine der beiden Light-Varianten.»

b) Stellen Sie den Sachzusammenhang in einem beschrifteten Baumdiagramm dar.
Zeigen Sie, dass die Wahrscheinlichkeit dafür, dass das Ereignis L eintritt, 35% beträgt.

c) Der Leiter des Supermarktes vermutet, dass der Anteil der Personen, die Trockenfutter kaufen, gestiegen ist, und möchte die Bestellmengen von Trockenfutter erhöhen. Vorher soll die Vermutung des Leiters mit Hilfe eines geeigneten Hypothesentests überprüft werden. Dazu werden 100 zufällig ausgewählte Käuferinnen und Käufer von Hundefutter betrachtet, die sich entweder für Trockenfutter oder für Nassfutter entscheiden.
Getestet wird die Nullhypothese $H_0: \ p \leqslant \frac{2}{3}$.
Entwickeln Sie im Sachzusammenhang eine Entscheidungsregel auf einem Signifikanzniveau von 5%.

Tipps – Analysis

1 Regen

Aufgabe A 1.1

a) Die Gleichung der senkrechten Asymptote erhalten Sie, indem Sie die Nenner der Brüche gleich Null setzen.
Die Gleichung der waagrechten Asymptote erhalten Sie, indem Sie das Verhalten von f für $x \longrightarrow \pm\infty$ betrachten.
Die Koordinaten des Hochpunkts von K erhalten Sie mithilfe der 1. und 2. Ableitung von f. Als notwendige Bedingung lösen Sie die Gleichung $f'(x) = 0$ nach x auf. Setzen Sie den erhaltenen x-Wert in in $f''(x)$ ein; falls das Ergebnis kleiner als Null ist, handelt es sich um einen Hochpunkt. Den zugehörigen y-Wert erhalten Sie, indem Sie den x-Wert in $f(x)$ einsetzen. Mithilfe der berechneten Werte können Sie die Koordinatenachsen skalieren.
Um das Monotonieverhalten von f für $x < 0$ zu untersuchen, betrachten Sie $f'(x)$; falls $f'(x) > 0$ ist, ist f streng monoton wachsend. Um das Krümmungsverhalten des Graphen von f für $x < 0$ zu untersuchen, betrachten Sie $f''(x)$; falls $f''(x) > 0$, ist der Graph von f linksgekrümmt. Bestimmen Sie anhand der gegebenen Abbildung und der berechneten Werte die Anzahl der Schnittstellen des Graphen von f mit der Geraden $y = c$, die parallel zu x-Achse verläuft.

b) Die Tangente t und die Normale n an K an der Stelle $x = 1$ erhalten Sie, indem Sie den zugehörigen y-Wert und die Steigungen von t und n im Berührpunkt B bestimmen. Den y-Wert erhalten Sie, indem Sie den x-Wert in $f(x)$ einsetzen. Die Steigung m_t in B erhalten Sie, indem Sie den x-Wert von B in $f'(x)$ einsetzen. Anschließend verwenden Sie die Tangentengleichung $y = f'(u) \cdot (x - u) + f(u)$. Die Steigung m_n der Normalen ist der negative Kehrwert der Steigung der Tangente: $m_n = -\frac{1}{m_t}$. Verwenden Sie die Normalengleichung $y = -\frac{1}{f'(u)} \cdot (x - u) + f(u)$. Die Schnittpunkte S_1 bzw. S_2 von t bzw. n mit der y-Achse erhalten Sie, indem Sie jeweils $x = 0$ in die entsprechenden Gleichungen einsetzen. Skizzieren Sie das Dreieck. Den Flächeninhalt A dieses Dreiecks erhalten Sie mit der Formel $A = \frac{g \cdot h}{2}$.
Als Grundseite verwenden Sie $g = \overline{S_1 S_2}$. Die zugehörige Höhe h steht senkrecht dazu und geht durch B.

c) Den Flächeninhalt A der Fläche, die K mit der Geraden $y = 2$ und der Geraden $x = 2$ begrenzt, erhalten Sie mithilfe eines Integrals. Beachten Sie, dass K oberhalb der Geraden verläuft. Verwenden Sie den Hauptsatz der Differential- und Integralrechnung. Den Flächeninhalt $A(u)$ der Fläche, die K mit der Geraden $y = 2$ und der Geraden $x = u$ $(u > 1)$ begrenzt, erhalten Sie ebenfalls mithilfe eines Integrals. Um u so zu bestimmen, dass diese Fläche den Inhalt 1 FE hat, lösen Sie die Gleichung $A(u) = 1$ nach u auf. Verwenden Sie die *abc*-Formel. Beachten Sie wegen $u > 1$, dass es nur eine Lösung gibt.
Um zu ermitteln, wie groß die nach rechts ins Unendliche reichende Fläche maximal werden kann, bestimmen Sie den Grenzwert von $A(u)$ für $u \longrightarrow \infty$.

d) Um K an der Geraden $y = 2$ zu spiegeln, verschieben Sie zuerst K um 2 LE nach unten, spiegeln an der x-Achse und verschieben den gespiegelten Graphen anschließend wieder um 2 LE nach oben.

Aufgabe A 1.2

a) Beschreiben Sie anhand des Graphen von f, in welchem Zeitraum die Niederschlagsrate gleichbleibend hoch ist und wie sie sich anschließend verändert. Bestimmen Sie näherunsweise die Nullstelle von f. Um die gesamte Niederschlagsmenge M während des Regens zu bestimmen, verwenden Sie ein Integral, da alle Niederschlagsraten während des Regens summiert werden müssen.

b) Bestimmen Sie näherungsweise die Schnittstellen der Graphen von f und g. Beachten Sie, dass bei der schraffierten Fläche, die von den Graphen von f und g eingeschlossen wird, der Graph von f oberhalb des Graphen von g verläuft. Überlegen Sie, welches Integral zur schraffierten Fläche gehört und welche Summe damit berechnet wird.
Einen Rechenausdruck, mit dem man berechnen kann, zu welchem Zeitpunkt T alle Pfützen verschwunden sind, erhalten Sie mithilfe von Integralen. Überlegen Sie, wie die einzelnen Abflussmengen berechnet werden können.

2 Straße

Aufgabe A 2.1

a) Die Koordinaten des nördlichsten Punktes der Umgehungsstraße erhalten Sie, indem Sie mithilfe der 1. und 2. Ableitung von f den Hochpunkt des Graphen von f bestimmen. Als notwendige Bedingung lösen Sie die Gleichung $f'(x) = 0$ mithilfe der abc-Formel nach x auf. Setzen Sie die erhaltenen x-Werte in $f''(x)$ ein; falls das Ergebnis kleiner als Null ist, handelt es sich um einen Hochpunkt. Den zugehörigen y-Wert erhalten Sie, indem Sie den x-Wert in $f(x)$ einsetzen. Die Entfernung d von H zu M erhalten Sie mithilfe der Formel für den Abstand zweier Punkte: $d = \sqrt{(x_2 - x_1)^2 + (y_2 - y_1)^2}$
Bestimmen Sie die Wendestelle mithilfe der 2. und 3. Ableitung von $f(x)$. Als notwendige Bedingung lösen Sie die Gleichung $f''(x) = 0$ nach x auf. Den zugehörigen y-Wert erhalten Sie, indem Sie den berechneten x-Wert in $f(x)$ einsetzen.
Berechnen Sie mithilfe von $f'(x)$ die Steigung m_A der Kurve im Punkt A sowie die Steigung m_AB der Geraden durch die Punkte A und B mithilfe der Formel $m = \frac{y_2 - y_1}{x_2 - x_1}$. Falls $m_\text{A} = m_\text{AB}$ mündet die Umgehungsstraße ohne Knick in die Ortsdurchfahrt ein.

b) Die Gleichung der Geraden g durch A und B erhalten Sie mithilfe der Punkt-Steigungsform (PSF) $y = m \cdot (x - x_\text{Q}) + y_\text{Q}$. Setzen Sie die Koordinaten von A (oder B) und m_AB in die PSF ein. Den Flächeninhalt A_1 der Fläche zwischen dem Schaubild von $f(x)$ und der Geraden AB erhalten Sie mithilfe eines Integrals. Beachten Sie, dass das Schaubild von $f(x)$ oberhalb der Geraden g verläuft. Verwenden Sie den Hauptsatz der Differential- und Integralrechnung.

Die Teilfläche des Gemeindegebiets erhalten Sie, indem Sie den Flächeninhalt A_2 eines Halbkreises bestimmen. Berechnen Sie die Differenz von A_1 und A_2 und teilen Sie diese durch A_1, um den gesuchten Anteil zu erhalten.

c) Um zu zeigen, dass der Fahrer die Windkraftanlage im Punkt B genau in Fahrtrichtung vor sich sieht, stellen Sie die Gleichung der Tangente t im Punkt B auf. Die Steigung m_t in B erhalten Sie, indem Sie den x-Wert von B in $f'(x)$ einsetzen. Anschließend setzen Sie m_t und die Koordinaten von B in die Tangentengleichung $y = f'(u) \cdot (x-u) + f(u)$ ein. Prüfen Sie, ob der Punkt $P(1,5 \mid 3)$ auf der Tangente liegt, indem Sie seine Koordinaten in die Tangentengleichung einsetzen. Bei einer wahren Aussage liegt P auf t.
Lösen Sie die Gleichung $f'(x) = m_{AB}$ mithilfe der *abc*-Formel nach x auf. Überlegen Sie, welche Lösung in Frage kommt. Berechnen Sie den zugehörigen y-Wert.

Aufgabe A 2.2

a) Die Koordinaten des Hochpunkts H_a von K_a erhalten Sie mithilfe der 1. und 2. Ableitung von f_a; verwenden Sie die Kettenregel. Als notwendige Bedingung lösen Sie die Gleichung $f_a'(x) = 0$ nach x auf. Setzen Sie die erhaltenen x-Werte in $f_a''(x)$ ein; ist das Ergebnis kleiner als Null, handelt es sich um einen Hochpunkt. Den zugehörigen y-Wert erhalten Sie, indem Sie den errechneten x-Wert in $f_a(x)$ einsetzen.
Um eine Gleichung der Kurve, auf der alle diese Hochpunkte liegen, zu ermitteln, lösen Sie den x-Wert von H_a nach a auf und setzen das erhaltene Ergebnis in den y-Wert von H_a ein.

b) Den Wendepunkt W_a von K_a, der den kleinsten positiven x-Wert hat, erhalten Sie mithilfe der 2. und 3. Ableitung von f_a, die Sie mithilfe der Kettenregel bestimmen. Lösen Sie als notwendige Bedingung $f_a''(x) = 0$ nach x auf. Setzen Sie den erhaltenen x-Wert in $f_a'''(x)$ ein; ist das Ergebnis ungleich als Null, handelt es sich um einen Wendepunkt. Den zugehörigen y-Wert erhalten Sie, indem Sie den errechneten x-Wert in $f_a(x)$ einsetzen.

3 Mond

Aufgabe A 3.1

a) Eine allgemeine Sinusfunktion hat die Form $f(x) = a \cdot \sin(b \cdot (x-c)) + d$.
Dabei gibt a die Streckung in y-Richtung, b die Streckung/Stauchung in x-Richtung, c die Verschiebung in x-Richtung und d die Verschiebung in y-Richtung an. Die Periode p ergibt sich durch $p = \frac{2\pi}{b}$. Überlegen Sie, was beim vorliegenden Fall zutrifft. Damit oder eventuell mithilfe einer Wertetabelle können Sie die Achsen skalieren.
Beachten Sie, dass $A(t)$ der beleuchtete Anteil der Mondscheibe ist und 0,95 einem Prozentsatz von 95% entspricht. Die Lösungen der Gleichung $A(t) = 0,95$ erhalten Sie durch Substitution und Symmetrieüberlegungen. Substituieren Sie $\frac{\pi}{15} \cdot t = z$ und lösen Sie die Gleichung. Mithilfe des WTR erhalten Sie eine Lösung z_1. Beachten Sie, dass der Graph von $\sin(z)$ achsensymmetrisch zu $z = \frac{\pi}{2}$ verläuft, so dass Sie als zweite Lösung $z_2 =$

$\frac{\pi}{2} + \left(\frac{\pi}{2} - z_1\right)$ erhalten. Resubstituieren Sie anschließend, um die t-Werte zu erhalten. Die Änderungsrate des Anteils der Beleuchtung des Mondes zu Beobachtungsbeginn erhalten Sie mithilfe der 1. Ableitung von A, die Sie mit der Kettenregel bestimmen. Setzen Sie $t = 0$ in $\mathrm{A}'(t)$ ein. Um eine Gleichung, mit der man diejenigen Zeitpunkte bestimmen kann, zu denen die Änderungsrate der Beleuchtung des Mondes halb so groß ist wie zu Beobachtungsbeginn, aufzustellen, beachten Sie, dass $\mathrm{A}'(t)$ der Änderungsrate entspricht.

b) Den durchschnittlichen Anteil $\overline{\mathrm{A}}$, der von Beobachtungsbeginn bis zum Ende des fünfzehnten Tages beleuchtet wird, erhalten Sie mithilfe eines Integrals: $\overline{\mathrm{A}} = \frac{1}{b-a} \cdot \int_a^b \mathrm{A}(t)\,\mathrm{d}t$ (Mittelwert).

c) Beachten Sie, dass das Schaubild von Modell A um 7,5 LE nach links verschoben werden muss, um Modell B zu erhalten. Bestimmen Sie also $\mathrm{B}(t) = \mathrm{A}(t + 7{,}5)$ und daraus c. Alternativ können Sie auch die Gleichung $\mathrm{B}(0) = 1$ nach c auflösen. Überlegen Sie, wie die Cosinusfunktion verläuft.

Aufgabe A 3.2

a) Um zu zeigen, dass alle K_a einen gemeinsamen Punkt $\mathrm{B}(0 \mid 2)$ haben, machen Sie eine Punktprobe. Hierzu setzen Sie die Koordinaten von B in die Funktionsgleichung $g_a(x)$ ein. Bei einer wahren Aussage liegt der Punkt B auf allen Graphen von g_a. Um zu zeigen, dass alle K_a in diesem Punkt eine gemeinsame Tangente haben, stellen Sie die Gleichung der Tangente auf. Die Steigung m_t der Tangente erhalten Sie mithilfe der 1. Ableitung $g_a{}'(x)$. Setzen Sie den x-Wert von B in $g_a{}'(x)$ ein. Die Tangentengleichung erhalten Sie mit der Formel $y = f'(u) \cdot (x - u) + f(u)$. Prüfen Sie, ob die Tangentengleichung unabhängig von a ist. Um eine Gleichung der Kurve C, auf der die Extrempunkte E_a aller K_a liegen, zu bestimmen, berechnen Sie zuerst die Koordinaten der Extrempunkte in Abhängigkeit von a. Hierzu verwenden Sie die 1. und 2. Ableitung von g_a. Als notwendige Bedingung lösen Sie die Gleichung $g_a{}'(x) = 0$ nach x auf. Setzen Sie den erhaltenen x-Wert in $g_a{}''(x)$ ein. Falls $g_a{}''(x) \neq 0$ handelt es sich um eine Extremstelle. Den zugehörigen y-Wert erhalten Sie, indem Sie den x-Wert in $g_a(x)$ einsetzen. Um eine Gleichung der Kurve C, auf der alle diese Extrempunkte liegen, zu ermitteln, lösen Sie den x-Wert nach a auf und setzen das erhaltene Ergebnis in den y-Wert ein. Überlegen Sie, welchen x-Wert der Extrempunkt E_a nie annehmen kann. Setzen Sie diesen x-Wert in die Gleichung von C ein.

b) Die Gleichung der Normalen n_a an K_a an der Stelle $x = 1$ erhalten Sie, indem Sie zuerst den zugehörigen y-Wert bestimmen. Diesen erhalten Sie, indem Sie $x = 1$ in $g_a(x)$ einsetzen. Die Steigung m_t der Tangente an der Stelle $x = 1$ erhalten Sie, indem Sie $x = 1$ in $g_a{}'(x)$ einsetzen. Die Steigung m_n der Normalen ist der negative Kehrwert der Tangentensteigung. Setzen Sie die Koordinaten von T und m_n in die Normalengleichung $y = -\frac{1}{f'(u)} \cdot (x - u) + f(u)$ ein.
Setzen Sie die Koordinaten von Z in die Normalengleichung ein und lösen Sie die Gleichung mithilfe der abc-Formel nach a auf.

4 Medikament

Aufgabe A 4.1

a) Bestimmen Sie mithilfe der gegebenen Abbildung die Schnittstellen des Graphen von f mit der Geraden $y = 36$ und berechnen Sie die Differenz der erhaltenen Zeitpunkte.
Die Abnahme der Wirkstoffmenge im Blut nach 5 Stunden erhalten Sie mithilfe der 1. Ableitung von f, die Sie mit der Kettenregel bestimmen. Setzen Sie $t = 5$ in $f'(t)$ ein. Die mittlere Wirkstoffmenge $\overline{m}$ im Blut während der ersten 12 Stunden erhalten Sie mithilfe eines Integrals: $\overline{m} = \frac{1}{b-a} \cdot \int_a^b f(t)\mathrm{d}t$. Verwenden Sie den Hauptsatz der Differential- und Integralrechnung. Zeichnen Sie die Tangente an das Schaubild von f an der Stelle $t = 5$ ein und bestimmen Sie die die Schnittstelle der Tangente mit der t-Achse.

b) Bestimmen Sie $g(t)$ für $t \longrightarrow \infty$; beachten Sie, welcher Term gegen Null geht.
Bestimmen Sie die 1. Ableitung von $g(t)$ mit der Kettenregel. Falls $g'(t) > 0$ gilt, ist g streng monoton wachsend.
Den Zeitpunkt, zu dem die momentane Änderungsrate der Wirkstoffmenge im Blut 1 $\frac{\text{mg}}{\text{min}}$ beträgt, erhalten Sie, indem Sie die Gleichung $g'(t) = 1$ durch Logarithmieren nach t auflösen. Überlegen Sie, welche Bedeutung t, $t + 15$ und die entsprechenden Funktionswerte haben.

c) Stellen Sie mithilfe von $h(t)$ und deren Ableitung sowie den gegebenen Daten zwei Gleichungen mit zwei Unbekannten auf und lösen Sie diese; beachten Sie, dass das Maximum gegeben ist.

Aufgabe A 4.2

a) Skizzieren Sie die Problemstellung. Bestimmen Sie die Koordinaten des Punktes B sowie die Steigung in B in Abhängigkeit von u; verwenden Sie die Funktionsgleichung sowie die 1. Ableitung. Stellen Sie die Gleichung der Tangente t in B mithilfe der Formel $y = f'(u) \cdot (x - u) + f(u)$ in Abhängigkeit von u auf. Bestimmen Sie die Koordinaten des Schnittpunkts A der Tangente t mit der x-Achse durch Lösen der Gleichung $y = 0$ und die Koordinaten des Schnittpunkts C der Tangente t mit der y-Achse, indem Sie $x = 0$ in t einsetzen.
Um zu zeigen, dass der Flächeninhalt A des Dreiecks OAC unabhängig von u ist, berechnen Sie diesen mithilfe der Formel $\mathrm{A} = \frac{g \cdot h}{2}$. Als Grundlinie g verwenden Sie $g = \overline{\mathrm{OA}}$, die zugehörige Höhe h ist $h = \overline{\mathrm{OC}}$.

b) Beachten Sie, dass ein Kegel entsteht, wenn das Dreieck OAC um die y-Achse rotiert. Das Volumen V eines Kegels erhalten Sie mit der Formel $\mathrm{V} = \frac{1}{3} \cdot \pi \cdot r^2 \cdot h$. Bestimmen Sie den Radius und die Höhe des Kegels und damit das Volumen $\mathrm{V}(u)$ des Kegels in Abhängigkeit von u. Lösen Sie die Gleichung $\mathrm{V}(u) = 16$ nach u auf. Den y-Wert des Punktes B erhalten Sie, indem Sie den erhaltenen u-Wert in $f(x)$ einsetzen.

5 Virus

Aufgabe A 5.1

a) Um nachzuweisen, dass 10 Wochen nach Beobachtungsbeginn die Anzahl der Neuerkrankungen am höchsten ist, verwenden Sie die 1. Ableitung von f, die Sie mithilfe der Produkt- und Kettenregel bestimmen. Setzen Sie $t = 10$ in $f'(t)$ ein. Falls das Ergebnis Null ergibt, ist die notwendige Bedingung für ein Maximum erfüllt. Als hinreichende Bedingung verwenden Sie die gegebene Abbildung. Den Maximalwert an Neuerkrankungen erhalten Sie, indem Sie $t = 10$ in $f(t)$ einsetzen.
Um zu zeigen, dass ab diesem Zeitpunkt die momentane Erkrankungsrate rückläufig ist, betrachten Sie $f'(t)$. Überlegen Sie, ob ab einem bestimmten t-Wert $f'(t) < 0$ gilt; beachten Sie, dass $e^{-0,2t}$ stets größer als Null ist.
Den Zeitraum, in welchem es mehr als 1500 Neuerkrankungen pro Woche gibt, erhalten Sie, indem Sie die Gerade $y = 1500$ mit dem Graph von f schneiden und die Schnittstellen näherungsweise ablesen.
Überlegen Sie, was mithilfe des angegebenen Integrals summiert wird und warum durch 10 geteilt wird.

b) Um zu zeigen, dass die Funktion F eine Stammfunktion von f ist, bestimmen Sie mithilfe der Produkt- und Kettenregel die 1. Ableitung von F. Falls $\mathrm{F}'(t) = f(t)$ ist F eine Stammfunktion von f.
Die Anzahl $\mathrm{A}(t)$ der Personen, die nach t Wochen insgesamt krank gemeldet sind, erhalten Sie mithilfe der gegebenen Stammfunktion F und der Nebenbedingung, dass zu Beginn 100 Personen erkrankt sind. Als Ansatz verwenden Sie $\mathrm{A}(t) = \mathrm{F}(t) + c$. Mit der Nebenbedingung $\mathrm{A}(0) = 100$ erhalten Sie c. Die Anzahl der Personen, die nach 12 Wochen insgesamt krank gemeldet sind, erhalten Sie, indem Sie $t = 12$ in $\mathrm{A}(t)$ einsetzen.
Um nachzuweisen, dass die Anzahl der Meldungen unter 40 000 bleiben wird, bestimmen Sie den Grenzwert von $\mathrm{A}(t)$ für $t \to \infty$. Überlegen Sie, ob $\mathrm{A}'(t) > 0$ für $t > 0$ ist und beachten Sie, dass $e^{-0,2t}$ für $t \to \infty$ gegen Null geht.

c) Bestimmen Sie den Grenzwert von $\mathrm{B}(t)$ für $t \to \infty$ und Sie erhalten damit a.
Mit der Nebenbedingung, dass zu Beginn ($t = 0$) bereits die Hälfte der Einwohner (15 000) an diesem Virus erkrankt sind, erhalten Sie b sowie die Funktionsgleichung von B. Den Zeitpunkt, zu dem 95% aller Einwohner von der Krankheit erfasst sind, erhalten Sie, indem Sie die Gleichung $\mathrm{B}(t) = 0,95 \cdot 30000$ durch Logarithmieren nach t auflösen.

Aufgabe A 5.2

a) Den Mittelwert $\overline{m}(t)$ der Funktionswerte von f auf dem Intervall $[0\,:\,t]$ erhalten Sie mithilfe eines Integrals. Berechnen Sie mithilfe der 1. und 2. Ableitung von $\overline{m}(t)$ das Maximum. Als notwendige Bedingung lösen Sie die Gleichung $\overline{m}'(t) = 0$ nach t auf. Überlegen Sie, welche Lösung in Frage kommt. Setzen Sie den entsprechenden t-Wert in $\overline{m}''(t)$ ein. Falls das Ergebnis kleiner als Null ist, handelt es sich um ein Maximum.

b) Skizzieren Sie das Dreieck OPQ. Überlegen Sie, welche Bedeutung $A(u)$ für das Dreieck OPQ hat. Beachten Sie, dass mit der 1. und 2. Ableitung einer Funktion Extremwerte bestimmt werden. Überlegen Sie, welcher Art der Extremwert ist.

Geometrie

Das Kreuzprodukt

Wenn man einen Vektor $\vec{n}$ sucht, der senkrecht auf zwei gegebenen Vektoren $\vec{a}$ und $\vec{b}$ steht (der Normalenvektor), geschieht dies einfach und schnell mit dem Kreuzprodukt (Vektorprodukt):

$$\vec{n} = \left(\vec{a} \times \vec{b}\right) = \begin{pmatrix} a_2b_3 & - & a_3b_2 \\ a_3b_1 & - & a_1b_3 \\ a_1b_2 & - & a_2b_1 \end{pmatrix}$$

Die Merkhilfe dazu:

1. Beide Vektoren werden je zweimal untereinandergeschrieben, dann werden die erste und die letzte Zeile gestrichen.
2. Anschließend wird «über Kreuz» multipliziert. Dabei erhalten die abwärts gerichteten Pfeile ein positives und die aufwärts gerichteten Pfeile ein negatives Vorzeichen.
3. Die einzelnen Komponenten werden subtrahiert – fertig!

$$\require{cancel}\begin{array}{cc} \cancel{a_1} & \cancel{b_1} \\ a_2 & b_2 \\ a_3 & b_3 \\ a_1 & b_1 \\ a_2 & b_2 \\ \cancel{a_3} & \cancel{b_3} \end{array} \qquad \begin{array}{cc} a_2 & b_2 \\ a_3 & b_3 \\ a_1 & b_1 \\ a_2 & b_2 \end{array} \Rightarrow \begin{pmatrix} a_2b_3 - a_3b_2 \\ a_3b_1 - a_1b_3 \\ a_1b_2 - a_2b_1 \end{pmatrix}$$

Beispiel: Sind $\vec{a} = \begin{pmatrix} 1 \\ 3 \\ 2 \end{pmatrix}$ und $\vec{b} = \begin{pmatrix} -1 \\ 4 \\ 0 \end{pmatrix}$, ergibt sich für den gesuchten Vektor:

$$\begin{array}{cc} \cancel{1} & \cancel{-1} \\ 3 & 4 \\ 2 & 0 \\ 1 & -1 \\ 3 & 4 \\ \cancel{2} & \cancel{0} \end{array} \Rightarrow \begin{array}{cc} 3 & 4 \\ 2 & 0 \\ 1 & -1 \\ 3 & 4 \end{array} \Rightarrow \begin{pmatrix} 3 \cdot 0 - 2 \cdot 4 \\ 2 \cdot (-1) - 1 \cdot 0 \\ 1 \cdot 4 - 3 \cdot (-1) \end{pmatrix} = \begin{pmatrix} -8 \\ -2 \\ 7 \end{pmatrix}$$

Anmerkung:
Mithilfe des Kreuzprodukts lässt sich die Fläche des Dreiecks ABC direkt ausrechnen. Es ist:

$$A_\triangle = \frac{1}{2}\left|\overrightarrow{AB} \times \overrightarrow{AC}\right|$$

6 Kiste

a) Bestimmen Sie die Koordinaten der übrigen Eckpunkte der Kiste.
Den Abstand zwischen den Kanten AB und GH erhalten Sie, indem Sie zum Beispiel die Entfernung der Punkte A und H berechnen.
Stellen Sie die Gleichung der Geraden g durch E und H auf und setzen Sie diese in die Ebenengleichung E_t ein. Bei einer wahren Aussage liegt die Gerade in E_t.
Setzen Sie die Koordinaten von F in E_t ein und lösen Sie die Gleichung nach t auf, um diejenige Ebene E_t zu bestimmen, in welcher der Deckel bei geschlossener Kiste liegt.
Beim Öffnen des Deckels um 90° geht der Punkt F in einen Punkt $\overline{F}$ über. Bestimmen Sie den Punkt $\overline{F}$ und setzen Sie die Koordinaten von $\overline{F}$ in E_t ein. Bei einem Widerspruch liegt der Deckel nicht in einer Ebene E_t.

b) Setzen Sie $t = 2$ in E_t ein.
Bestimmen Sie die Koordinaten des Mittelpunkts M_{EF} der Kante EF.
Stellen Sie eine Lotgerade l durch M_{EF} orthogonal zu E_2 auf (der Richtungsvektor von l ist der Normalenvektor von E_2).
Sie erhalten die Koordinaten von P, indem Sie l und E_2 schneiden.

c) Um den Öffnungswinkel α zu bestimmen, setzen Sie einen Normalenvektor $\vec{n_2}$ von E_2 und einen Normalenvektor $\vec{n_1}$ der Ebene EFGH, die parallel zur x_1x_2-Ebene ist, in folgende Formel ein: $\cos\alpha = \frac{|\vec{n_1} \cdot \vec{n_2}|}{|\vec{n_1}| \cdot |\vec{n_2}|}$

Um diejenige Ebene E_t zu bestimmen, in welcher der Deckel bei einem Öffnungswinkel von 60° liegt, setzen Sie einen Normalenvektor $\vec{n_t}$ von E_t, einen Normalenvektor $\vec{n_1}$ der Ebene EFGH und $\alpha = 60°$ in die Formel $\cos\alpha = \frac{|\vec{n_1} \cdot \vec{n_t}|}{|\vec{n_1}| \cdot |\vec{n_t}|}$ ein und lösen die erhaltene Gleichung durch Quadrieren nach t auf.

Lösen Sie allgemein die Gleichung $\cos\alpha = \frac{|\vec{n_1} \cdot \vec{n_t}|}{|\vec{n_1}| \cdot |\vec{n_t}|}$ durch Quadrieren nach t auf, um den Parameter t in Abhängigkeit vom Öffnungswinkel angeben zu können.

7 Geradenschar

a) Setzen Sie $a = 4$ in die Gleichung der Geradenschar ein, um die Gleichung von g_4 zu erhalten.
Den Schnittpunkt S der Geraden g_4 mit der Ebene E erhalten Sie, indem Sie den allgemeinen Punkt P_t von g_4 in die Ebenengleichung einsetzen und die Gleichung nach t auflösen. Setzen Sie den erhaltenen t-Wert in P_t ein.
Beachten Sie, dass die Gerade g_a parallel zu E ist, wenn der Richtungsvektor von g_a orthogonal zum Normalenvektor von E ist, d.h. wenn das Skalarprodukt dieser beiden Vektoren Null ergibt. Lösen Sie die entsprechende Gleichung nach a auf.
Beachten Sie, dass eine Gerade g_a der Schar orthogonal zu g_4 ist, wenn der Richtungsvektor $\vec{u}_a$ der Geradenschar orthogonal zum Richtungsvektor $\vec{u}_4$ von g_4 ist, d.h. wenn das

Skalarprodukt dieser beiden Vektoren Null ergibt. Lösen Sie die entsprechende Gleichung nach a auf.

b) Den Schnittwinkel α von g_4 und E erhalten Sie mit der Formel $\sin\alpha = \frac{|\vec{u}_4 \cdot \vec{n}|}{|\vec{u}_4| \cdot |\vec{n}|}$, wobei $\vec{n}$ ein Normalenvektor von E und $\vec{u}_4$ der Richtungsvektor von g_4 ist.
Erstellen Sie eine Gleichung für den Winkel zwischen g_a und E (entsprechend der vorherigen Aufgabe) und setzen Sie $\alpha = 10°$ ein.

c) Um zu begründen, dass alle Geraden g_a in der Ebene $F: x_3 = 1$ liegen, setzen Sie den allgemeinen Punkt P_t von g_a in F ein; bei einer wahren Aussage liegen alle Geraden g_a in der Ebene F. Alternativ können Sie prüfen, ob der Stützpunkt P von g_a in F liegt und ob der Richtungsvektor $\vec{u}_a$ von g_a orthogonal zum Normalenvektor $\vec{n}_F$ von F ist, d.h. ob das Skalarprodukt der beiden Vektoren Null ergibt.
Verwenden Sie für den Richtungsvektor der Geraden h den Ansatz $\vec{u}_h = \begin{pmatrix} x \\ y \\ z \end{pmatrix}$. Beachten Sie, dass $\vec{u}_h$ folgende beiden Bedingungen erfüllen muss:
$\vec{u}_h$ muss orthogonal zum Normalenvektor $\vec{n}_F$ von F sein, d.h. das Skalarprodukt der beiden Vektoren muss Null ergeben. Außerdem darf $\vec{u}_h$ kein Vielfaches von $\vec{u}_a$ sein. Bestimmen Sie damit die Komponenten y und z und wählen Sie x.

8 Flugzeug

a) Sie erhalten die Koordinaten eines Punktes Q, in dem sich das Flugzeug um 7.01 befindet, indem Sie $t = 1$ in f_1 einsetzen.
Zum Nachweis des Sinkflugs betrachten Sie die x_3-Komponente des Richtungsvektors der Flugbahn von f_1.
Die Geschwindigkeit in km/h erhalten Sie, indem Sie den Abstand von P zum berechneten Punkt Q berechnen und durch die benötigte Zeit $\frac{1}{60}$ Stunde teilen.
Den Neigungswinkel α zwischen der Flugbahn f_1 und der x_1x_2-Ebene erhalten Sie mithilfe des Richtungsvektors $\vec{u}_1$ von f_1 und des Normalenvektors $\vec{n}$ der x_1x_2-Ebene durch die Formel $\sin\alpha = \frac{|\vec{u}_1 \cdot \vec{n}|}{|\vec{u}_1| \cdot |\vec{n}|}$.
Schneiden Sie f_1 mit der x_1x_2-Ebene $(x_3 = 0)$.

b) Stellen Sie mithilfe von R_1 und f_1 die Parameterform einer Ebene E auf; die Spannvektoren sind der Richtungsvektor $\vec{u}_1$ von f_1 und der Verbindungsvektor von R_1 zu P. Prüfen Sie, ob R_2 auch auf E liegt, indem Sie den Ortsvektor von R_2 in E einsetzen und das entstandene Gleichungssystem lösen.
Skizzieren Sie die Problemstellung. Das Flugzeug F_1 entfernt sich von R_1 ab demjenigen Zeitpunkt, an dem der Abstand von R_1 zu f_1 minimal ist. Hierzu stellen Sie eine zu f_1 orthogonale Hilfsebene E_H auf, die den Punkt R_1 enthält und deren Normalenvektor der Richtungsvektor $\vec{u}_1$ von f_1 ist; verwenden Sie die Punkt-Normalenform. Alternativ können Sie auch die Koordinaten eines gegebenen Punktes in den Ansatz $ax_1 + bx_2 + cx_3 = d$ einsetzen und d bestimmen. Anschließend schneiden Sie E_H mit f_1.

c) Setzen Sie $t = 4$ in f_1 und f_2 ein und berechnen Sie den Abstand d der beiden zugehörigen Punkte A und B.
Bestimmen Sie den Abstand $d(t)$ der beiden Positionen A_t und B_t zum Zeitpunkt t, indem Sie den Betrag des Verbindungsvektors berechnen; anschließend lösen Sie die Gleichung $d(t) = 10$ durch Quadrieren nach t auf.

9 Pyramide

a) Verwenden Sie für die Parametergleichung der Ebene E, in der die Punkte B, C und S liegen, beispielsweise den Stützpunkt B und die Spannvektoren $\overrightarrow{BC}$ und $\overrightarrow{BS}$. Einen Normalenvektor $\vec{n}$ von E erhalten Sie mithilfe des Kreuzprodukts (siehe Seite 39) der Spannvektoren $\overrightarrow{BC}$ und $\overrightarrow{BS}$. Alternativ können Sie $\vec{n}$ auch mithilfe des Skalarprodukts bestimmen, da $\vec{n}$ sowohl auf $\overrightarrow{BC}$ als auch auf $\overrightarrow{BS}$ senkrecht steht. Eine Koordinatengleichung von E erhalten Sie mithilfe der Punkt-Normalenform: $\left(\vec{x} - \vec{b}\right) \cdot \vec{n} = 0$. Alternativ können Sie auch die Koordinaten eines gegebenen Punktes in den Ansatz $ax_1 + bx_2 + cx_3 = d$ einsetzen und d bestimmen.
Den Winkel, der von der Seitenfläche BCS und der Grundfläche der Pyramide, die in der x_1x_2-Ebene liegt, eingeschlossen wird, erhalten Sie mithilfe der Formel $\cos\alpha = \frac{|\vec{n}_1 \cdot \vec{n}_2|}{|\vec{n}_1| \cdot |\vec{n}_2|}$, wobei $\vec{n}_1$ ein Normalenvektor von E und $\vec{n}_2$ ein Normalenvektor der x_1x_2-Ebene ist.
Den Flächeninhalt A des Dreiecks BCS erhalten Sie mit der Formel $A = \frac{1}{2} \cdot g \cdot h$. Beachten Sie, dass das Dreieck BCS gleichschenklig ist.
Als Grundseite g des Dreiecks BCS verwenden Sie $g = \overline{BC}$.
Die zugehörige Höhe h ist die Entfernung vom Mittelpunkt M der Punkte B und C zur Spitze S. Berechnen Sie dazu den Betrag des zugehörigen Verbindungsvektors.

b) Beachten Sie, dass der Punkt R aus Symmetriegründen auf der x_3-Achse liegt und damit die Koordinaten $R(0 \mid 0 \mid t)$ mit $0 < t < 12$ hat. Bestimmen Sie den Abstand d_1 von R zur Bodenfläche der Pyramide, welcher der x_3-Koordinate von R entspricht. Bestimmen Sie den Abstand d_2 von R zur Seitenfläche BCS mit der Abstandsformel. Lösen Sie die Gleichung $d_1 = d_2$ durch Fallunterscheidung, da es sich um eine Betragsgleichung handelt. Beachten Sie, dass wegen $0 < t < 12$ nur eine Lösung in Frage kommt.

c) Skizzieren Sie die Pyramide und den Quader.
Das Volumen V eines Quaders erhalten Sie mit der Formel $V = a \cdot b \cdot c$.
Überlegen Sie mithilfe von Symmetriebetrachtungen, wie Sie die Grundseiten a und b des Quaders erhalten.
Die Höhe c des Quaders erhalten Sie, indem Sie die Koordinaten des Eckpunkts T oberhalb von Q bestimmen. Stellen Sie dazu die Gleichung der Geraden g durch B und S auf sowie die Gleichung der Lotgeraden l, die durch Q geht und orthogonal zur Grundfläche ist. Als Richtungsvektor von l verwenden Sie den Normalenvektor der x_1x_2-Ebene.
Die Koordinaten von T erhalten Sie, indem Sie g und l schneiden. Setzen Sie die beiden Geradengleichungen gleich und lösen Sie das Gleichungssystem. Als Höhe c des Quaders verwenden Sie die x_3-Koordinate von T.

Bei einem Würfel sind alle Kanten gleich lang. Beachten Sie, dass der obere rechte Eckpunkt T über Q eines Quaders auf der Geraden g durch B und S liegt und bestimmen Sie die allgemeinen Koordinaten dieses Punktes P_t.
Beachten Sie, dass aus Symmetriegründen die x_3-Koordinate von P_t doppelt so groß sein muss wie die x_1- bzw. x_2-Koordinate. Lösen Sie die zugehörige Gleichung nach t auf.

10 Platte

a) Verwenden Sie für die Parametergleichung der Ebene E, in der die Platte mit den Eckpunkten A, B und C liegt, beispielsweise den Stützpunkt A und die Spannvektoren $\overrightarrow{AB}$ und $\overrightarrow{AC}$. Einen Normalenvektor $\vec{n}$ von E erhalten Sie mithilfe des Kreuzprodukts (siehe Seite 39) der Spannvektoren $\overrightarrow{AB}$ und $\overrightarrow{AC}$. Alternativ können Sie $\vec{n}$ auch mithilfe des Skalarprodukts bestimmen, da $\vec{n}$ sowohl auf $\overrightarrow{AB}$ als auch auf $\overrightarrow{AC}$ senkrecht steht. Eine Koordinatengleichung von E erhalten Sie mithilfe der Punkt-Normalenform: $(\vec{x}-\vec{a})\cdot\vec{n}=0$. Alternativ können Sie auch die Koordinaten eines gegebenen Punktes in den Ansatz $ax_1+bx_2+cx_3=d$ einsetzen und d bestimmen. Bestimmen Sie die Koordinaten des oberen Endes des Stabes. Den Abstand d des oberen Endes S des Stabes von der Ebene E erhalten Sie mithilfe der Abstandsformel.
Den Winkel zwischen dem Stab und der Platte erhalten Sie mit der Formel $\sin\alpha=\frac{|\vec{n}\cdot\vec{r}|}{|\vec{n}|\cdot|\vec{r}|}$, wobei $\vec{n}$ ein Normalenvektor von E und $\vec{r}$ ein Richtungsvektor der Geraden ist, auf welcher der Stab liegt.

b) Bestimmen Sie die Koordinaten des Punktes S des oberen Endes des Stabes.
Den Schattenpunkt S^* des oberen Endes des Stabes auf der Platte erhalten Sie, indem Sie die Gerade g durch die Punkte S und L aufstellen und mit der Ebene E, in der die Platte liegt, schneiden. Setzen Sie dazu den allgemeinen Punkt P_t von g in die Koordinatengleichung von E ein und lösen Sie die Gleichung nach t auf. Anschließend setzen Sie den erhaltenen t-Wert in P_t ein.
Um zu begründen, dass der Schatten vollständig auf der Platte liegt, prüfen Sie, ob das untere Ende des Stabes auf der Platte liegt und anhand von Koordinatenvergleichen, ob der Schattenpunkt S^* auf der Platte liegt.

c) Überlegen Sie, in welcher Ebene K sich die Kreisbahn befindet. Bestimmen Sie die Gleichung der Schnittgeraden s der Ebene K und E, indem Sie das zugehörige Gleichungssystem lösen. Die Koordinaten der beiden möglichen Kollisionspunkte erhalten Sie, indem Sie den Abstand eines allgemeinen Punktes P_t von s zum Mittelpunkt S des Kreises gleichsetzen mit dem Radius r der Kreisbahn.
Den Radius r der Kreisbahn erhalten Sie, indem Sie den Abstand von S zu L mithilfe des Betrags des zugehörigen Verbindungsvektors bestimmen. Den Abstand d_t eines allgemeinen Punktes P_t von s zum Mittelpunkt S des Kreises erhalten Sie ebenfalls mithilfe des Betrags des zugehörigen Verbindungsvektors. Lösen Sie die Gleichung $d_t=r$ durch Quadrieren nach t auf. Setzen Sie die erhaltenen t-Werte in P_t ein.

11 Ebenenschar

a) Machen Sie zuerst eine Skizze und überlegen Sie, wie der Richtungsvektor der Geraden und der Normalenvektor der Ebene zueinander liegen.
Setzen Sie den allgemeinen Punkt P_t von g in E_a ein; bei einem Widerspruch oder einem konkreten Ergebnis für den Parameter t ist g nicht in E_a enthalten. Alternativ können Sie auch prüfen, ob zwischen dem Richtungsvektor $\vec{u}$ von g und dem Normalenvektor $\vec{n}_a$ von E_a ein rechter Winkel ist, d.h. ob das Skalarprodukt der beiden Vektoren Null ergibt.

b) Der Sinus von 30° ist 0,5. Stellen Sie eine Gleichung mithilfe der Formel zur Winkelbestimmung zwischen Geraden und Ebenen auf und lösen Sie diese durch Quadrieren und mit Hilfe der pq- oder abc-Formel. Ebenen sind orthogonal, wenn die Normalenvektoren orthogonal sind. Stellen Sie mit Hilfe des Skalarprodukts eine Gleichung auf und lösen Sie diese nach a auf.

c) Verwenden Sie zur Abstandsberechnung die Abstandsformel und lösen Sie die Wurzelgleichung durch Quadrieren mit Hilfe des Satzes vom Nullprodukt. Die Ebene mit maximalem Abstand erhalten Sie, indem Sie das Maximum der Abstandsfunktion $d(a)$ bestimmen. Dieses erhalten Sie, indem Sie das Minimum der Funktion des Nenners bzw. des Terms $g(a)$ unter der Wurzel mit Hilfe der 1. und 2. Ableitung berechnen.

12 Haus

a) Beachten Sie, dass der Punkt C genau senkrecht unterhalb von G auf der x_1x_2-Ebene liegt, sich der Punkt F genau auf gleicher Höhe wie G und senkrecht oberhalb von B, der auf der x_1-Achse liegt, befindet und der Punkt J auf der Höhe 9m und mittig über der Strecke GH liegt. Anhand der Koordinaten der bestimmten Punkte können Sie die Achsen skalieren. Verwenden Sie beispielsweise F als Stützpunkt und die verkürzten Vektoren $\overrightarrow{FG}$ und $\overrightarrow{FJ}$ als zugehörige Spannvektoren. Einen Normalenvektor $\vec{n}$ von T erhalten Sie mithilfe des Vektorprodukts (siehe Seite 39) der Spannvektoren.
Alternativ können Sie $\vec{n}$ auch mithilfe des Skalarprodukts bestimmen. Die Koordinatengleichung von T erhalten Sie dann, indem Sie $\vec{n}$ und die Koordinaten von F in die Ebenengleichung $ax_1 + bx_2 + cx_3 = d$ einsetzen und d bestimmen.

b) Überlegen Sie, welche Vektoren in Zeile (1) gebildet werden und welchen Winkel sie einschließen. Beachten Sie, dass in Zeile (2) eine Formel zur Berechnung des Winkels zwischen zwei Vektoren verwendet wird. Vergleichen Sie den berechneten Winkel mit den Vorgaben.

c) Um zu prüfen, ob der Schatten der Tannenspitze auf die Dachfläche FGJI trifft, stellen Sie zuerst die Gleichung der Geraden g durch den «Spitzen-Punkt» P^* mit Richtungsvektor $\vec{v}$ auf. Anschließend berechnen Sie den Schnittpunkt S von g und der Ebene T, in der die Dachfläche FGJI liegt, indem Sie einen allgemeinen Punkt P_t von g in die Koordinatengleichung von T einsetzen. Setzen Sie den erhaltenen t-Wert in P_t ein. Prüfen Sie noch, ob der Punkt S innerhalb des Vierecks FGJI liegt. Dazu vergleichen Sie die Koordinaten von S mit den Koordinaten der Randpunkte des Vierecks.

Stochastik

13 Weizen

a) Legen Sie X als binomialverteilte Zufallsvariable für die Anzahl der keimenden Weizenkörner mit den Parametern n und p fest.
Die Wahrscheinlichkeit für das Ereignis A erhalten Sie mithilfe der Wahrscheinlichkeit des Gegenereignisses und der kumulierten Binomialverteilung.
Überlegen Sie, wie viele Weizenkörner keimen, wenn höchstens 15 % der entnommenen Weizenkörner nicht keimen. Die Wahrscheinlichkeit des Ereignisses B erhalten Sie wieder mithilfe der Wahrscheinlichkeit des Gegenereignisses und der kumulierten Binomialverteilung.
Zur Bestimmung der Wahrscheinlichkeit des Ereignisses C berechnen Sie zuerst den Erwartungswert von X mithilfe der Formel: $E(X) = \mu = n \cdot p$. Anschließend verwenden Sie die Binomialverteilung.

b) Beachten Sie, dass die Zufallsvariable X, welche die Anzahl der keimenden Weizenkörner unter 200 entnommenen Weizenkörnern beschreibt, binomialverteilt ist mit den Parametern n und p. Den Erwartungswert μ von X erhalten Sie mit der Formel: $\mu = n \cdot p$. Bestimmen Sie mithilfe der kumulierten Binomialverteilung für zum Erwartungswert von X symmetrische Intervalle $I_c = [\mu - c; \mu + c]$ die entsprechenden Wahrscheinlichkeiten. Beachten Sie, dass gilt: $P(k_1 \leqslant X \leqslant k_2) = P(X \leqslant k_2) - P(X \leqslant k_1 - 1)$.

c) Legen Sie X als binomialverteilte Zufallsvariable für die Anzahl der keimenden Weizenkörner mit den Parametern n und p fest. Formulieren Sie die Nullhypothese (Angabe des Großhändlers) $H_0: p \geqslant \ldots$ bei Treffer «Weizenkorn keimt» sowie die zugehörige Alternativhypothese $H_1: p < \ldots$. Beachten Sie, dass es sich wegen $H_1: p < \ldots$ um einen linksseitigen Test mit Signifikanzniveau (Irrtumswahrscheinlichkeit) α handelt. Also bestimmen Sie durch Ausprobieren ein maximales $k \in \mathbb{N}$ und damit einen Ablehnungsbereich $\overline{A} = \{0, \ldots, k\}$ der Nullhypothese so, dass gilt: $P(X \in \overline{A}) \leqslant \alpha$ bzw. $P(X \leqslant k) \leqslant \alpha$. Überlegen Sie damit, wann die Nullhypothese verworfen wird, d.h. wann sich der Verdacht bestätigt.
Für den tatsächlichen Fall legen Sie Y als binomialverteilte Zufallsvariable für die Anzahl der keimenden Weizenkörner mit den Parametern p^* und n fest. Bestimmen Sie mithilfe der kumulierten Binomialverteilung die Wahrscheinlichkeit, dass Y im berechneten Ablehnungsbereich $\overline{A}$ liegt, also $P(Y \leqslant k)$.

14 Biathlon

a) Legen Sie X als binomialverteilte Zufallsvariable für die Anzahl der Treffer beim Stehendschießen mit den Parametern n und p_1 fest.
Die Wahrscheinlichkeit für das Ereignis A, dass der Athlet stehend bei fünf Schüssen genau vier Mal trifft, erhalten Sie mithilfe der Binomialverteilung.

Legen Sie Y als binomialverteilte Zufallsvariable für die Anzahl der Treffer beim Liegendschießen mit den Parametern n und p_2 fest. Die Wahrscheinlichkeit für das Ereignis B, dass der Athlet liegend bei fünf Schüssen mindestens drei Mal trifft, erhalten Sie mithilfe der Wahrscheinlichkeit des Gegenereignisses und der kumulierten Binomialverteilung.
Zur Bestimmung der Wahrscheinlichkeit des Ereignisses C, dass der Athlet stehend genau drei Mal trifft, und zwar unmittelbar hintereinander bezeichnen Sie mit t: Treffer und mit $\bar{t}$: Fehlschuss und verwenden die Pfadregeln.

b) Überlegen Sie, aus welchen drei Ereignissen A, B und C sich das Ereignis E: «Der Athlet muss im gesamten Wettbewerb höchstens eine Strafrunde laufen» zusammensetzt.
Legen Sie X als binomialverteilte Zufallsvariable für die Anzahl der Treffer beim Stehendschießen mit den Parametern n und p_1 fest.
Legen Sie Y als binomialverteilte Zufallsvariable für die Anzahl der Treffer beim Liegendschießen mit den Parametern n und p_2 fest.
Bestimmen Sie mithilfe der Binomialverteilung die Wahrscheinlichkeiten der Ereignisse A, B und C. Beachten Sie, dass das Stehendschießen unabhängig vom Liegendschießen ist:
$P(A) = P(X = 5) \cdot P(Y = 5)$, $P(B) = P(X = 4) \cdot P(Y = 5)$ und $P(C) = P(X = 5) \cdot P(Y = 4)$.
Addieren Sie die Ergebnisse.

c) Legen Sie p als Trefferwahrscheinlichkeit beim Stehendschießen fest und bestimmen Sie die Wahrscheinlichkeit für einen Fehlschuss. Bezeichnen Sie mit t: Treffer und mit $\bar{t}$: Fehlschuss. Die Wahrscheinlichkeit, zumindest die ersten vier Mal hintereinander zu treffen, erhalten Sie mithilfe der Pfadregeln. Stellen Sie eine Ungleichung auf und lösen Sie diese durch Wurzelziehen.

d) Legen Sie Z als binomialverteilte Zufallsvariable für die Anzahl der Fehlschüsse beim Liegendschießen mit den Parametern p und unbekanntem n fest. Lösen Sie die Ungleichung $P(Z \geqslant 2) > 95\%$ mithilfe der Wahrscheinlichkeit des Gegenereignisses durch Ausprobieren.

15 Kugeln

a) Legen Sie X als binomialverteilte Zufallsvariable für die Anzahl der schwarzen Kugeln bei 20 gezogenen Kugeln fest und bestimmen Sie die Parameter n und p. Die Wahrscheinlichkeit für das Ereignis A erhalten Sie mithilfe der kumulierten Binomialverteilung sowie der Wahrscheinlichkeit des Gegenereignisses. Zur Bestimmung der Wahrscheinlichkeit des Ereignisses B berechnen Sie zuerst den Erwartungswert von X mithilfe der Formel $E(X) = \mu = n \cdot p$. Anschließend verwenden Sie die Binomialverteilung.

b) Verwenden Sie für das 8-malige Ziehen einer Kugel aus Gefäß G_2 die Pfadregeln. Überlegen Sie, wie viele Möglichkeiten es gibt, dass genau zwei schwarze Kugeln bei direkt aufeinander folgenden Zügen gezogen werden. Da es sich um Ziehen mit Zurücklegen handelt, ist die Wahrscheinlichkeit für jede Möglichkeit genau gleich groß.

c) Überlegen Sie, aus welchen drei Ereignissen A, B und C sich das Ereignis E: «Es werden mindestens neun schwarze Kugeln gezogen» zusammensetzt.
Legen Sie X als binomialverteilte Zufallsvariable für die Anzahl der schwarzen Kugeln aus G_1 mit den Parametern n und p_1 fest.
Legen Sie Y als binomialverteilte Zufallsvariable für die Anzahl der schwarzen Kugeln aus G_2 mit den Parametern n und p_2 fest.
Bestimmen Sie mithilfe der Binomialverteilung die Wahrscheinlichkeiten der Ereignisse A, B und C. Beachten Sie, dass das Ziehen aus G_1 unabhängig vom Ziehen aus G_2 ist: $P(A) = P(X = 5) \cdot P(Y = 5)$, $P(B) = P(X = 4) \cdot P(Y = 5)$ und $P(C) = P(X = 5) \cdot P(Y = 4)$.
Addieren Sie die Ergebnisse.

d) Zeichnen Sie ein Baumdiagramm.
Beachten Sie, dass die Anzahl der Kugeln insgesamt bei jedem Zug verschieden ist: Beim ersten Zug sind es 10 Kugeln, beim zweiten Zug 9 Kugeln (jeweils in Gefäß G_1) und beim dritten Zug 12 Kugeln (in Gefäß G_2). Überlegen Sie auch, wie viele schwarze und weiße Kugeln bei jedem Zug vorhanden sind. Verwenden Sie die Pfadregeln.

16 Bleistifte

a) Beachten Sie, dass es sich bei der Entnahme eines Bleistiftes um ein Bernoulli-Experiment handelt, da es nur die beiden Ausgänge «fehlerhaft» und «nicht fehlerhaft» gibt. Legen Sie X als binomialverteilte Zufallsvariable für die Anzahl der fehlerhaften Bleistifte fest und bestimmen Sie die zugehörigen Parameter p und n. Die Wahrscheinlichkeit $P(X \leqslant 30)$ erhalten Sie mithilfe der kumulierten Binomialverteilung. Die Wahrscheinlichkeit $P(X > 40)$ erhalten Sie mithilfe der Wahrscheinlichkeit des Gegenereignisses und der kumulierten Binomialverteilung.
Um zu berechnen, mit welcher Wahrscheinlichkeit der Wert von X um weniger als 10 vom Erwartungswert von X abweicht, bestimmen Sie zuerst den Erwartungswert von X mit der Formel: $E(X) = n \cdot p$. Bestimmen Sie die möglichen Werte für X und die zugehörige Wahrscheinlichkeit $P(k_1 \leqslant X \leqslant k_2) = P(X \leqslant k_2) - P(X \leqslant k_1 - 1)$ mithilfe der kumulierten Binomialverteilung.

b) Legen Sie X als binomialverteilte Zufallsvariable, welche die Anzahl der fehlerhaften Stifte in einer Stichprobe von n Bleistiften angibt, mit den Parametern n und p fest. Um zu bestimmen, wie viele Stifte vom Qualitätsprüfer der Produktion mindestens entnommen werden müssen, damit mit einer Wahrscheinlichkeit von mehr als 98 % mindestens 10 fehlerhafte Stifte gefunden werden, stellen Sie eine Ungleichung auf und lösen diese durch Ausprobieren mithilfe der Wahrscheinlichkeit des Gegenereignisses und der kumulierten Binomialverteilung.

c) Bestimmen Sie die Nullhypothese: $H_0: p \leqslant \ldots$, legen Sie X als binomialverteilte Zufallsvariable für die Anzahl der fehlerhaften Stifte fest und bestimmen Sie die zugehörigen Parameter p und n. Formulieren Sie zur Nullhypothese die zugehörige Alternativhypothese $H_1: p > \ldots$. Beachten Sie, dass es sich wegen $H_1: p > \ldots$ um einen rechtsseitigen Test

mit Irrtumswahrscheinlichkeit α handelt. Also bestimmen Sie durch Ausprobieren ein minimales $k \in \mathbb{N}$ und damit einen Ablehnungsbereich $\overline{A} = \{k, ..., n\}$ der Nullhypothese so, dass gilt: $P(X \in \overline{A}) \leqslant \alpha$ bzw. $P(X \geqslant k) \leqslant \alpha$. Verwenden Sie hierzu die Wahrscheinlichkeit des Gegenereignisses: $P(X \geqslant k) = 1 - P(X \leqslant k-1)$. Überlegen Sie damit, wie viele Stifte mindestens fehlerhaft sein müssen, damit die Nullhypothese verworfen wird.
Den Fehler 1. Art erhalten Sie, indem Sie die Wahrscheinlichkeit berechnen, dass X im Ablehnungsbereich liegt: $\alpha = P\left(X \in \overline{A}\right)$.

17 Hundefutter

a) Legen Sie X als binomialverteilte Zufallsgröße für die Anzahl der gewürfelten Einsen mit den Parametern n und p fest. Die Wahrscheinlichkeit für das Ereignis A erhalten Sie mit Hilfe der Binomialverteilung unter Verwendung des Taschenrechners. Die Wahrscheinlichkeit für das Ereignis B erhalten Sie mit Hilfe der kumulierten Binomialverteilung unter Verwendung des Taschenrechners.
Überlegen Sie, wann die Summe der geworfenen Zahlen gleich 4, ist und wann die Summe der geworfenen Zahlen gleich 8 ist. Beachten Sie, dass die Mehrzahl der Seiten des Spielwürfels mit der Zahl 1 beschriftet ist.
Beachten Sie, dass eine Spielerin bzw. ein Spieler einen Hauptpreis erhält, wenn die Summe der geworfenen Zahlen mindestens 7 ist, d.h wenn höchstens einmal eine 1 geworfen wird. Berechnen Sie die zugehörige Wahrscheinlichkeit mit Hilfe der kumulierten Binomialverteilung unter Verwendung des Taschenrechners. Alternativ können Sie die gesuchte Wahrscheinlichkeit auch mit Hilfe der Pfadregeln berechnen.
Berechnen Sie die Wahrscheinlichkeit, dass man bei vier Würfen genau viermal eine 1 wirft, mit Hilfe der Pfadregeln.

b) Bezeichnen Sie mit T: «Die Person kauft Trockenfutter.», mit $\overline{T}$: «Die Person kauft Nassfutter.», mit L: «Die Person entscheidet sich für eine der beiden Light-Varianten.» und mit $\overline{L}$: «Die Person entscheidet sich für eine der beiden normalen Varianten.». Überlegen Sie, welche Angaben auf den einzelnen Ästen des Baumdiagramms stehen.
Die Wahrscheinlichkeit dafür, dass das Ereignis L eintritt, erhalten Sie mit Hilfe der Pfadregeln: $P(L) = P(TL) + P\left(\overline{T}L\right)$.

c) Bestimmen Sie zur Nullhypothese: $H_0: p \leqslant ...$ die Alternativhypothese: $H_1: p > ...$, da vermutet wird, dass sich der Anteil der Käufer vergrößert hat. Beachten Sie, dass es sich wegen $H_1: p > ...$ um einen rechtsseitigen Test mit dem Ablehnungsbereich $\overline{A} = \{k, ..., 100\}$ und dem Signifikanzniveau $\alpha \leqslant 5\,\%$ handelt. Legen Sie X als binomialverteilte Zufallsvariable für die Anzahl der Käufer von Trockenfutter mit den Parametern n und p fest. Bestimmen Sie mit Hilfe der Wahrscheinlichkeit der kumulierten Binomialverteilung unter Verwendung des Taschenrechners ein minimales $k \in \mathbb{N}$ so, dass die Wahrscheinlichkeit, dass X einen Wert zwischen k und 100 annimmt, kleiner als α ist, d.h. dass gilt: $P\left(X \in \overline{A}\right) \leqslant \alpha$ bzw. $P(X \geqslant k) \leqslant \alpha$. Verwenden sie die Wahrscheinlichkeit des Gegenereignisses. Bestimmen Sie damit den Ablehnungsbereich $\overline{A}$ und formulieren Sie die Entscheidungsregel.

Lösungen – Analysis

1 Regen

Aufgabe A 1.1

Es ist $f(x) = \frac{4}{x^2} - \frac{4}{x^3} + 2\,;\, x \neq 0$.

a) Die Gleichung der senkrechten Asymptote erhält man, indem man die Nenner der Brüche gleich Null setzt: $x^2 = 0$ und $x^3 = 0$ führen jeweils zu $x = 0$.
Die Gleichung der waagrechten Asymptote erhält man, indem man das Verhalten von f für $x \longrightarrow \pm\infty$ betrachtet:
Für $x \longrightarrow \pm\infty$ gehen die Brüche $\frac{4}{x^2}$ und $\frac{4}{x^3}$ jeweils gegen Null, also geht $f(x)$ gegen 2, also ist $y = 2$ eine waagrechte Asymptote.
Somit hat K die Asymptoten $x = 0$ und $y = 2$.
Die Koordinaten des Hochpunkts von K erhält man mithilfe der 1. und 2. Ableitung von f. Mit $f(x) = \frac{4}{x^2} - \frac{4}{x^3} + 2 = 4x^{-2} - 4x^{-3} + 2$ ergibt sich:

$$f'(x) = -8x^{-3} + 12x^{-4} = -\frac{8}{x^3} + \frac{12}{x^4}$$
$$f''(x) = 24x^{-4} - 48x^{-5} = \frac{24}{x^4} - \frac{48}{x^5}$$

Als notwendige Bedingung löst man die Gleichung $f'(x) = 0$ nach x auf:

$$-\frac{8}{x^3} + \frac{12}{x^4} = 0$$
$$-8x + 12 = 0$$
$$x = 1{,}5$$

Setzt man $x = 1{,}5$ in $f''(x)$ ein, ergibt sich:

$$f''(1{,}5) = \frac{24}{1{,}5^4} - \frac{48}{1{,}5^5} = -\frac{128}{81} < 0 \Rightarrow \text{Hochpunkt}$$

Den zugehörigen y-Wert erhält man, indem man $x = 1{,}5$ in $f(x)$ einsetzt:

$$y = f(1{,}5) = \frac{4}{1{,}5^2} - \frac{4}{1{,}5^3} + 2 = \frac{70}{27} \approx 2{,}59$$

Somit hat der Hochpunkt von K die Koordinaten $H\left(1{,}5 \mid \frac{70}{27}\right)$.

Damit kann man in der Abbildung die Skalierungen der Koordinatenachsen ergänzen:

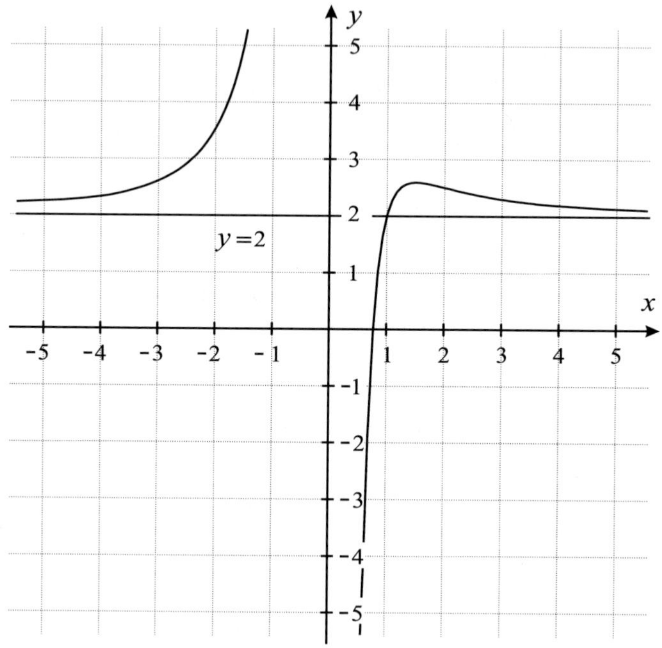

Um das Monotonieverhalten von f für $x<0$ zu untersuchen, betrachtet man die Ableitung $f'(x) = -\frac{8}{x^3} + \frac{12}{x^4}$:

Für $x<0$ ist $x^3 < 0$ und damit der Bruch $-\frac{8}{x^3} > 0$.

Für $x<0$ ist der Bruch $\frac{12}{x^4} > 0$, damit gilt:

$$f'(x) > 0 \text{ für } x < 0$$

Somit ist f für $x<0$ streng monoton wachsend.

Um das Krümmungsverhalten des Graphen von f für $x<0$ zu untersuchen, betrachtet man $f''(x) = \frac{24}{x^4} - \frac{48}{x^5}$:

Für $x<0$ ist der Bruch $\frac{24}{x^4} > 0$.

Für $x<0$ ist $x^5 < 0$ und damit der Bruch $-\frac{48}{x^5} > 0$, damit gilt:

$$f''(x) > 0 \text{ für } x < 0$$

Somit ist der Graph von f für $x<0$ linksgekrümmt.

Um ohne weitere Rechnung anzugeben, für welche Werte von c die Gleichung $f(x) = c$ keine, eine oder mehrere Lösungen hat, bestimmt man anhand der gegebenen Abbildung und der berechneten Werte die Schnittstellen des Graphen von f mit der Geraden $y = c$, die parallel zur x-Achse verläuft:

Für $c \leqslant 2$ gibt es eine Schnittstelle, für $2 < c < \frac{70}{27}$ gibt es drei Schnittstellen, für $c = \frac{70}{27}$ gibt es zwei Schnittstellen und für $c > \frac{70}{27}$ gibt es wieder eine Schnittstelle.
Somit hat die gegebene Gleichung für $xc \leqslant 2$ oder $c > \frac{70}{27}$ eine Lösung, für $2 < c < \frac{70}{27}$ drei Lösungen und für $c = \frac{70}{27}$ zwei Lösungen.

b) Die Tangente t und die Normale n an K an der Stelle $x = 1$ erhält man, indem man den zugehörigen y-Wert und die Steigungen von t und n bestimmt. Den y-Wert erhält man, indem man $x = 1$ in $f(x)$ einsetzt:

$$y = f(1) = \frac{4}{1^2} - \frac{4}{1^3} + 2 = 2 \Rightarrow \mathrm{B}(1 \mid 2)$$

Die Steigung m_t in B erhält man, indem man den x-Wert von B in $f'(x)$ einsetzt:

$$m_t = f'(1) = -\frac{8}{1^3} + \frac{12}{1^4} = 4$$

Setzt man $m_t = 4$ und die Koordinaten von $\mathrm{B}(1 \mid 2)$ in die Tangentengleichung $y = f'(u) \cdot (x - u) + f(u)$ ein, ergibt sich:

$$t\colon y = 4 \cdot (x - 1) + 2$$
$$t\colon y = 4x - 2$$

Die Steigung m_n der Normalen ist der negative Kehrwert der Steigung der Tangente:

$$m_n = -\frac{1}{m_t} = -\frac{1}{4}$$

Setzt man $m_n = -\frac{1}{4}$ und die Koordinaten von $\mathrm{B}(1 \mid 2)$ in die Normalengleichung $y = -\frac{1}{f'(u)} \cdot (x - u) + f(u)$ ein, ergibt sich:

$$n\colon y = -\frac{1}{4} \cdot (x - 1) + 2$$
$$n\colon y = -\frac{1}{4}x + 2,25$$

Die Schnittpunkte S_1 bzw. S_2 von t bzw. n mit der y-Achse erhält man, indem man jeweils $x = 0$ in die entsprechenden Gleichungen einsetzt:

$$y_1 = 4 \cdot 0 - 2 = -2 \Rightarrow \mathrm{S}_1(0 \mid -2)$$
$$y_2 = -\frac{1}{4} \cdot 0 + 2,25 = 2,25 \Rightarrow \mathrm{S}_2(0 \mid 2,25)$$

Damit erhält man folgendes Dreieck:

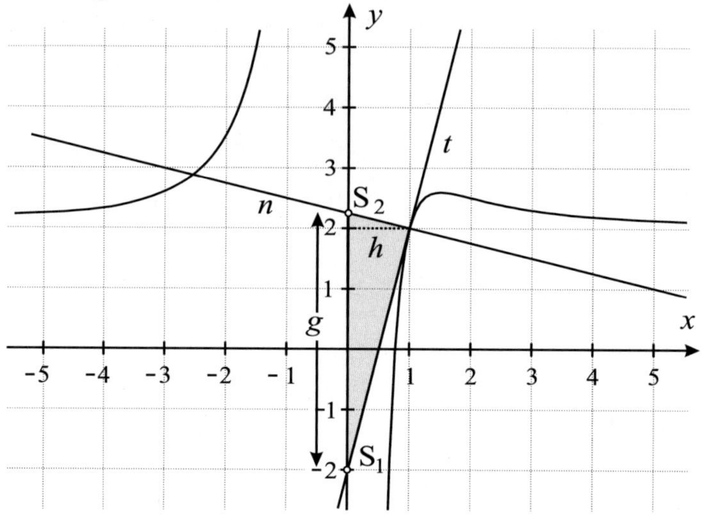

Den Flächeninhalt A dieses Dreiecks erhält man mit der Formel $A = \frac{g \cdot h}{2}$.
Mit $g = \overline{S_1 S_2} = 4,25$ und $h = 1$ ergibt sich:

$$A = \frac{4,25 \cdot 1}{2} = \frac{17}{8} = 2,125$$

Das Dreieck hat einen Flächeninhalt von 2,125 FE.

c) Den Flächeninhalt A der Fläche, die K mit der Geraden $y = 2$ und der Geraden $x = 2$ begrenzt, erhält man mithilfe eines Integrals. Da K oberhalb von der Geraden verläuft, gilt:

$$\begin{aligned}
A &= \int_1^2 (f(x) - 2)\,dx \\
&= \int_1^2 \left(\frac{4}{x^2} - \frac{4}{x^3} + 2 - 2\right) dx \\
&= \int_1^2 (4x^{-2} - 4x^{-3})\,dx \\
&= \left[\frac{4}{-1}x^{-1} - \frac{4}{-2}x^{-2}\right]_1^2 \\
&= \left[-\frac{4}{x} + \frac{2}{x^2}\right]_1^2 \\
&= -\frac{4}{2} + \frac{2}{2^2} - \left(-\frac{4}{1} + \frac{2}{1^2}\right) \\
&= \frac{1}{2}
\end{aligned}$$

Der Flächeninhalt beträgt 0,5 FE.

Den Flächeninhalt $\mathrm{A}(u)$ der Fläche, die K mit der Geraden $y=2$ und der Geraden $x=u$ $(u>1)$ begrenzt, erhält man ebenfalls mithilfe eines Integrals. Da K oberhalb von der Geraden verläuft, gilt:

$$\begin{aligned}
\mathrm{A} &= \int_1^u (f(x)-2)\,\mathrm{d}x \\
&= \int_1^u \left(\frac{4}{x^2}-\frac{4}{x^3}+2-2\right)\mathrm{d}x \\
&= \int_1^u \left(4x^{-2}-4x^{-3}\right)\mathrm{d}x \\
&= \left[\frac{4}{-1}x^{-1}-\frac{4}{-2}x^{-2}\right]_1^u \\
&= \left[-\frac{4}{x}+\frac{2}{x^2}\right]_1^u \\
&= -\frac{4}{u}+\frac{2}{u^2}-\left(-\frac{4}{1}+\frac{2}{1^2}\right) \\
&= 2-\frac{4}{u}+\frac{2}{u^2}
\end{aligned}$$

Um u so zu bestimmen, dass diese Fläche den Inhalt 1 FE hat, löst man die Gleichung $\mathrm{A}(u)=1$ nach u auf:

$$\begin{aligned}
2-\frac{4}{u}+\frac{2}{u^2} &= 1 \\
u^2-4u+2 &= 0
\end{aligned}$$

Mithilfe der *abc*-Formel erhält man folgende Lösungen:
$u_1=2+\sqrt{2}\approx 3{,}41$ und $u_2=2-\sqrt{2}\approx 0{,}59$.
Wegen $u>1$ kommt nur $u\approx 3{,}41$ als Lösung in Frage.
Somit hat die Fläche für $u\approx 3{,}41$ einen Flächeninhalt von 1 FE.
Um zu ermitteln, wie groß die nach rechts ins Unendliche reichende Fläche maximal werden kann, bestimmt man den Grenzwert von $\mathrm{A}(u)=2-\frac{4}{u}+\frac{2}{u^2}$ für $u\to\infty$. Da die beiden Brüche für $u\to\infty$ gegen Null gehen, geht $\mathrm{A}(u)$ gegen 2. Somit kann die Fläche maximal einen Flächeninhalt von 2 FE haben.

d) Um K an der Geraden $y=2$ zu spiegeln, verschiebt man zuerst K um 2 LE nach unten, spiegelt an der x-Achse und verschiebt den gespiegelten Graphen anschließend wieder um 2 LE nach oben.
Damit erhält man für die Funktion g folgenden Term:

$$g(x)=-(f(x)-2)+2=-\left(\frac{4}{x^2}-\frac{4}{x^3}+2-2\right)+2=-\frac{4}{x^2}+\frac{4}{x^3}+2$$

Aufgabe A 1.2

Die Funktion f beschreibt die Niederschlagsrate eines Dauerregens, die Funktion g die Wasserabflussrate (t in Stunden seit Einsetzen des Regens , $f(t)$ und $g(t)$ in Liter pro m^2 pro Stunde).

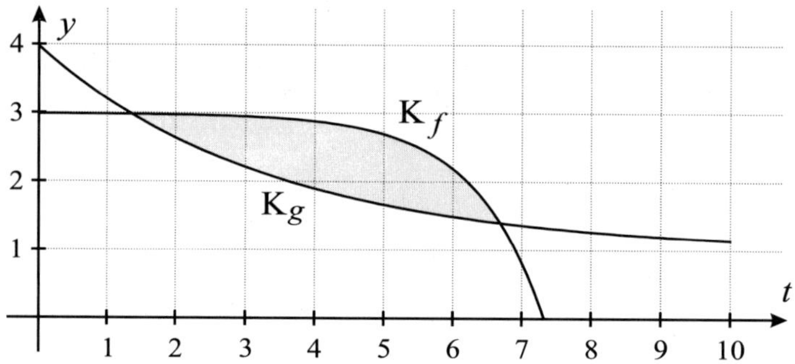

a) Anhand des Graphen von f kann man erkennen, dass der Regen etwa die ersten fünf Stunden nahezu gleichbleibend stark ist mit einer Niederschlagsrate von etwa 3 Liter pro m^2 pro Stunde, anschließend lässt er recht schnell nach.
Etwa nach 7,3 Stunden hört der Regen auf, da die Nullstelle von f bei $t \approx 7{,}3$ ist.
Die gesamte Niederschlagsmenge M während des Regens kann man mithilfe eines Integrals bestimmen, da alle Niederschlagsraten während des Regens summiert werden:

$$\mathrm{M} = \int_0^{7{,}3} f(t)\,\mathrm{d}t$$

b) Die Graphen von f und g haben näherungsweise die Schnittstellen $t_1 \approx 1{,}4$ und $t_2 \approx 6{,}7$. Da der Graph von f oberhalb des Graphen von g verläuft, ist in diesem Zeitraum die Niederschlagsrate größer als die Wasserabflussrate. Somit bilden sich Pfützen. Die schraffierte Fläche, die von den beiden Graphen eingeschlossen wird, kann näherungsweise durch das Integral $\mathrm{W} = \int_{1{,}4}^{6{,}7} (f(t) - g(t))\,\mathrm{d}t$ berechnet werden und beschreibt die Wassermenge W, die zwischen 1,4 und 6,7 Stunden nicht abfließen konnte.
Eine Gleichung, mit der man berechnen kann, zu welchem Zeitpunkt T alle Pfützen verschwunden sind, erhält man mithilfe von Integralen. Im Zeitraum von 6,7 bis 7,3 Stunden kann der Abfluss durch $\mathrm{A}_1 = \int_{6{,}7}^{7{,}3} (g(t) - f(t))\,\mathrm{d}t$ beschrieben werden. Wenn der Regen aufgehört hat, kann der Abfluss bis zu einem Zeitpunkt T durch $\mathrm{A}_2 = \int_{7{,}3}^{\mathrm{T}} g(t)\,\mathrm{d}t$ beschrieben werden. Da die Wassermenge W, die sich zwischen 1,4 und 6,7 Stunden gebildet hat, vollständig bis zum Zeitpunkt T abfließen soll, muss gelten:

$$\mathrm{W} = \mathrm{A}_1 + \mathrm{A}_2$$

$$\int_{1{,}4}^{6{,}7} (f(t) - g(t))\,\mathrm{d}t = \int_{6{,}7}^{7{,}3} (g(t) - f(t))\,\mathrm{d}t + \int_{7{,}3}^{\mathrm{T}} g(t)\,\mathrm{d}t$$

2 Straße

Aufgabe A 2.1

Es ist $f(x) = -0,1x^3 - 0,3x^2 + 0,4x + 3,2$.

a) Die Koordinaten des nördlichsten Punktes der Umgehungsstraße erhält man, indem man mithilfe der 1. und 2. Ableitung von f den Hochpunkt des Graphen von f bestimmt:

$$f'(x) = -0,3x^2 - 0,6x + 0,4$$
$$f''(x) = -0,6x - 0,6$$

Als notwendige Bedingung löst man die Gleichung $f'(x) = 0$ nach x auf:

$$-0,3x^2 - 0,6x + 0,4 = 0$$

mithilfe der abc-Formel erhält man die Lösungen $x_1 \approx 0,53$ und $x_2 \approx -2,53$.
Setzt man $x_1 \approx 0,53$ und $x_2 \approx -2,53$ in $f''(x)$ ein, ergibt sich:

$$f''(0,53) = -0,6 \cdot 0,53 - 0,6 \approx -0,92 < 0 \Rightarrow \text{ Hochpunkt}$$
$$f''(-2,53) = -0,6 \cdot (-2,53) - 0,6 \approx 0,92 > 0 \Rightarrow \text{ Tiefpunkt}$$

Den zum Hochpunkt zugehörigen y-Wert erhält man, indem man $x_1 \approx 0,53$ in $f(x)$ einsetzt:

$$y = f(0,53) = -0,1 \cdot 0,53^3 - 0,3 \cdot 0,53^2 + 0,4 \cdot 0,53 + 3,2 \approx 3,31$$

Somit hat der nördlichste Punkt der Umgehungsstraße die Koordinaten $\mathrm{H}(0,53 \mid 3,31)$.
Die Entfernung d von $\mathrm{H}(0,53 \mid 3,31)$ zu $\mathrm{M}(0 \mid 0,5)$ erhält man mithilfe der Formel $d = \sqrt{(x_2 - x_1)^2 + (y_2 - y_1)^2}$ für den Abstand zweier Punkte:

$$d = \sqrt{(0 - 0,53)^2 + (0,5 - 3,31)^2} \approx 2,86$$

Der nördlichste Punkt H ist also etwa 2,86 km vom Ortsmittelpunkt M entfernt.
Der Punkt, in welchem eine Linkskurve in eine Rechtskurve übergeht, ist der Wendepunkt. Diesen erhält man mithilfe der 2. und 3. Ableitung von $f(x)$:

$$f'(x) = -0,3x^2 - 0,6x + 0,4$$
$$f''(x) = -0,6x - 0,6$$
$$f'''(x) = -0,6$$

Die notwendige Bedingung $f''(x) = 0$ führt zu:

$$-0,6x - 0,6 = 0 \Rightarrow x = -1$$

Wegen $f'''(-1) \neq 0$ handelt es sich um eine Wendestelle.
Den zugehörigen y-Wert erhält man, indem man $x = -1$ in $f(x)$ einsetzt:

$$y = f(-1) = -0,1 \cdot (-1)^3 - 0,3 \cdot (-1)^2 + 0,4 \cdot (-1) + 3,2 = 2,6$$

Damit hat der Wendepunkt die Koordinaten $\mathrm{W}(-1 \mid 2,6)$.
Um zu zeigen, dass die Umgehungsstraße im Punkt A ohne Knick in die Ortsdurchfahrt einmündet, berechnet man mithilfe von $f'(x)$ die Steigung m_A der Kurve im Punkt A:

$$m_\mathrm{A} = f'(-3) = -0,3 \cdot (-3)^2 - 0,6 \cdot (-3) + 0,4 = -0,5$$

Die Steigung m_AB der Geraden durch $\mathrm{A}(-3 \mid 2)$ und $\mathrm{B}(3 \mid -1)$ erhält man mithilfe der Formel $m = \frac{y_2 - y_1}{x_2 - x_1}$ für die Steigung zwischen zwei Punkten:

$$m_\mathrm{AB} = \frac{-1-2}{3-(-3)} = \frac{-3}{6} = -0,5$$

Es ist $m_\mathrm{A} = m_\mathrm{AB}$, daher mündet die Umgehungsstraße ohne Knick in die Ortsdurchfahrt ein.

b) Den Flächeninhalt A_1 der Fläche zwischen dem Schaubild von $f(x)$ und der Geraden AB erhält man mithilfe eines Integrals.
Die Gleichung der Geraden g durch A und B erhält man mithilfe der Punkt-Steigungsform (PSF) $y = m \cdot (x - x_\mathrm{Q}) + y_\mathrm{Q}$. Setzt man die Koordinaten von A und m_AB in die PSF ein, ergibt sich:

$$\begin{aligned} g&: y = -0,5 \cdot (x - (-3)) + 2 \\ g&: y = -0,5x - 1,5 + 2 \\ g&: y = -0,5x + 0,5 \end{aligned}$$

Da das Schaubild von $f(x)$ oberhalb der Geraden verläuft, erhält man:

$$\begin{aligned} \mathrm{A}_1 &= \int_{-3}^{3} (f(x) - (-0,5x + 0,5))\,\mathrm{d}x \\ &= \int_{-3}^{3} \big(-0,1x^3 - 0,3x^2 + 0,4x + 3,2 - (-0,5x + 0,5)\big)\,\mathrm{d}x \\ &= \int_{-3}^{3} \big(-0,1x^3 - 0,3x^2 + 0,9x + 2,7\big)\,\mathrm{d}x \\ &= \big[-0,025x^4 - 0,1x^3 + 0,45x^2 + 2,7x\big]_{-3}^{3} \\ &= \big(-0,025 \cdot 3^4 - 0,1 \cdot 3^3 + 0,45 \cdot 3^2 + 2,7 \cdot 3\big) \\ &\quad - \big(-0,025 \cdot (-3)^4 - 0,1 \cdot (-3)^3 + 0,45 \cdot (-3)^2 + 2,7 \cdot (-3)\big) \\ &= 10,8 \end{aligned}$$

Das Gemeindegebiet zwischen der Umgehungsstraße und der Ortsdurchfahrt ist ein Halbkreis mit Radius $r = 1,5$. Damit gilt für den Flächeninhalt A_2 des Halbkreises:

$$A_2 = \frac{1}{2} \cdot \pi \cdot r^2 = \frac{1}{2} \cdot \pi \cdot 1,5^2 \approx 3,53$$

Den Flächeninhalt A_3 der Fläche, die von den beiden Straßen eingeschlossen wird, jedoch außerhalb des Gemeindegebiets liegt, erhält man durch:

$$A_3 = A_1 - A_2 \approx 10,8 - 3,53 = 7,27$$

Den prozentualen Anteil von A_3 zu A_1 erhält man, indem man A_3 durch A_1 teilt:

$$\frac{A_3}{A_1} = \frac{7,27}{10,8} \approx 0,67 = 67\,\%$$

Somit liegen etwa 67 % der Fläche außerhalb des Gemeindegebiets.

c) Um zu zeigen, dass der Fahrer die Windkraftanlage im Punkt $B(2 \mid 2)$ genau in Fahrtrichtung vor sich sieht, stellt man die Gleichung der Tangente t im Punkt $B(2 \mid 2)$ auf. Die Steigung m_t in B erhält man, indem man den x-Wert von B in $f'(x)$ einsetzt:

$$m_t = f'(2) = -0,3 \cdot 2^2 - 0,6 \cdot 2 + 0,4 = -2$$

Setzt man $m_t = -2$ und die Koordinaten von $B(2 \mid 2)$ in die Tangentengleichung $y = f'(u) \cdot (x-u) + f(u)$ ein, ergibt sich:

$$t\colon y = -2 \cdot (x-2) + 2$$
$$t\colon y = -2x + 6$$

Um zu prüfen, ob der Punkt $P(1,5 \mid 3)$ auf t liegt, setzt man die Koordinaten von P in die Tangentengleichung ein:

$$3 = -2 \cdot 1,5 + 6 \Leftrightarrow 3 = 3$$

Aufgrund der wahren Aussage liegt P auf t.
Somit sieht der Fahrer die Windkraftanlage im Punkt $B(2 \mid 2)$ genau in Fahrtrichtung vor sich.

Die Gerade AB der Ortsdurchfahrt hat die Steigung $m_{AB} = -0,5$.
Im Punkt R, in welchem ein Fahrzeug parallel zur Ortsdurchfahrt fährt, muss die Steigung ebenfalls $-0,5$ betragen.
Also löst man die Gleichung $f'(x) = -0,5$ nach x auf:

$$-0,3x^2 - 0,6x + 0,4 = -0,5$$
$$-0,3x^2 - 0,6x + 0,9 = 0$$

Mithilfe der *abc*-Formel erhält man die Lösungen $x_1 = 1$ und $x_2 = -3$.
Da $x_2 = -3$ der x-Wert des Punktes A ist, kommt nur $x_1 = 1$ als Lösung in Frage.
Den y-Wert des Punktes R erhält man, indem man $x = 1$ in $f(x)$ einsetzt:

$$y = f(1) = -0,1 \cdot 1^3 - 0,3 \cdot 1^2 + 0,4 \cdot 1 + 3,2 = 3,2$$

Somit hat der Punkt R die Koordinaten $\mathrm{R}\,(1 \mid 3,2)$.

Aufgabe A 2.2

Es ist $f_a(x) = a \cdot \sin(ax) + a$; $x \in \mathbb{R}$; $a > 0$.

a) Die Periode p_a von $f_a(x)$ ist $p_a = \frac{2\pi}{a}$.
Die Koordinaten des Hochpunkts H_a von K_a für $0 \leqslant x < \frac{2\pi}{a}$ erhält man mithilfe der 1. und 2. Ableitung von f_a, die man mit der Kettenregel bestimmt:

$$\begin{aligned} f_a{}'(x) &= a \cdot \cos(ax) \cdot a = a^2 \cdot \cos(ax) \\ f_a{}''(x) &= -a^2 \cdot \sin(ax) \cdot a = -a^3 \cdot \sin(ax) \end{aligned}$$

Die notwendige Bedingung $f_a{}'(x) = 0$ führt zu $a^2 \cdot \cos(ax) = 0$ bzw. $\cos(ax) = 0$.
Wegen $\cos\left(\frac{\pi}{2}\right) = 0$ und $\cos\left(\frac{3}{2}\pi\right) = 0$ ergeben sich als Lösungen:

$$ax = \frac{\pi}{2} \Rightarrow x_1 = \frac{\pi}{2a} \text{ und } ax = \frac{3}{2}\pi \Rightarrow x_2 = \frac{3\pi}{2a}$$

Setzt man $x_1 = \frac{\pi}{2a}$ und $x_2 = \frac{3\pi}{2a}$ in $f_a{}''(x)$ ein, ergibt sich:

$$\begin{aligned} f_a{}''\left(\frac{\pi}{2a}\right) &= -a^3 \cdot \sin\left(a \cdot \frac{\pi}{2a}\right) = -a^3 \cdot \sin\left(\frac{\pi}{2}\right) = -a^3 < 0 \text{ (da } a > 0) \\ f_a{}''\left(\frac{3\pi}{2a}\right) &= -a^3 \cdot \sin\left(a \cdot \frac{3\pi}{2a}\right) = -a^3 \cdot \sin\left(\frac{3\pi}{2}\right) = a^3 > 0 \text{ (da } a > 0) \end{aligned}$$

Wegen $f_a{}''\left(\frac{\pi}{2a}\right) = -a^3 < 0$ handelt es sich für $x = \frac{\pi}{2a}$ um einen Hochpunkt.

Den zugehörigen y-Wert erhält man, indem man $x = \frac{\pi}{2a}$ in $f_a(x)$ einsetzt:

$$y = f_a\left(\frac{\pi}{2a}\right) = a \cdot \sin\left(a \cdot \frac{\pi}{2a}\right) + a = a + a = 2a$$

Damit hat der Hochpunkt H_a die Koordinaten:

$$\mathrm{H}_a\left(\frac{\pi}{2a} \mid 2a\right)$$

Um eine Gleichung der Kurve, auf der alle diese Hochpunkte liegen, zu ermitteln, löst man

$x = \frac{\pi}{2a}$ nach a auf und setzt das erhaltene Ergebnis in $y = 2a$ ein:

$$x = \frac{\pi}{2a} \Rightarrow a = \frac{\pi}{2x}$$
$$y = 2a = 2 \cdot \frac{\pi}{2x} = \frac{\pi}{x}$$

Alle Hochpunkte H_a liegen auf einer Kurve mit der Gleichung $y = \frac{\pi}{x}$.

b) Den Wendepunkt W_a von K_a, der den kleinsten positiven x-Wert hat, erhält man mithilfe der 2. und 3. Ableitung von f_a, die man mithilfe der Kettenregel bestimmt:

$$\begin{aligned} f_a''(x) &= -a^3 \cdot \sin(ax) \\ f_a'''(x) &= -a^3 \cdot \cos(ax) \cdot a = -a^4 \cdot \cos(ax) \end{aligned}$$

Die notwendige Bedingung $f_a''(x) = 0$ führt zu $-a^3 \cdot \sin(ax) = 0$ bzw. $\sin(ax) = 0$.
Wegen $\sin(0) = 0$, $\sin(\pi) = 0$ und $\sin(2\pi) = 0$ ergeben sich als Lösungen:
$ax = 0 \Rightarrow x_1 = 0$, $ax = \pi \Rightarrow x_2 = \frac{\pi}{a}$ und $ax = 2\pi \Rightarrow x_3 = \frac{2\pi}{a}$
Setzt man den kleinsten positiven x-Wert, also $x_2 = \frac{\pi}{a}$ in $f_a'''(x)$ ein, ergibt sich:

$$f_a'''\left(\frac{\pi}{a}\right) = -a^4 \cdot \cos\left(a \cdot \frac{\pi}{a}\right) = a^4 \neq 0$$

Wegen $f_a'''\left(\frac{\pi}{a}\right) = a^4 \neq 0$ handelt es sich um eine Wendestelle.
Den zugehörigen y-Wert erhält man, indem man $x = \frac{\pi}{a}$ in $f_a(x)$ einsetzt:

$$y = f_a\left(\frac{\pi}{a}\right) = a \cdot \sin\left(a \cdot \frac{\pi}{a}\right) + a = 0 + a = a$$

Damit hat der Wendepunkt W_a die Koordinaten:

$$W_a\left(\frac{\pi}{a} \mid a\right)$$

3 Mond

Aufgabe A 3.1

Es ist $A(t) = \frac{1}{2} + \frac{1}{2} \cdot \sin\left(\frac{\pi}{15} \cdot t\right)$; $0 \leqslant t \leqslant 30$ (t in Tagen seit Beobachtungsbeginn).

a) Um das Schaubild von A zu skalieren, kann man sich Folgendes überlegen:
Die Amplitude ist $a = \frac{1}{2}$, die Periode p erhält man durch $p = \frac{2\pi}{b} = \frac{2\pi}{\frac{\pi}{15}} = 30$ und die «Mittellinie» ist bei $y = \frac{1}{2}$.
Alternativ kann man auch mithilfe des WTR eine Wertetabelle erstellen:

t	0	7,5	15	22,5	30
$A(t)$	0,5	1	0,5	0	0,5

Damit ergibt sich folgende Skalierung:

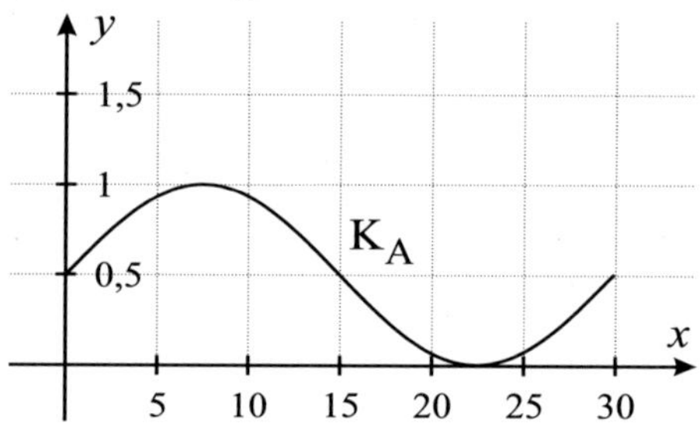

Eine Frage, die durch Lösen der Gleichung $A(t) = 0,95$ beantwortet werden kann, lautet: «Zu welchem Zeitpunkt beträgt der beleuchtete Anteil der Mondscheibe 95%?».
Die Lösungen der Gleichung $A(t) = 0,95$ erhält man durch Substitution und Symmetrieüberlegungen:

$$\frac{1}{2} + \frac{1}{2} \cdot \sin\left(\frac{\pi}{15} \cdot t\right) = 0,95$$
$$\frac{1}{2} \cdot \sin\left(\frac{\pi}{15} \cdot t\right) = 0,45$$
$$\sin\left(\frac{\pi}{15} \cdot t\right) = 0,9$$

Substituiert man $\frac{\pi}{15} \cdot t = z$, so erhält man die Gleichung:

$$\sin(z) = 0,9$$

mithilfe des WTR erhält man die Lösung $z_1 \approx 1,12$.
Da der Graph von $\sin(z)$ achsensymmetrisch zu $x = \frac{\pi}{2}$ verläuft, erhält man als zweite Lösung

$$z_2 = \frac{\pi}{2} + \left(\frac{\pi}{2} - 1,12\right) \approx 2,02$$

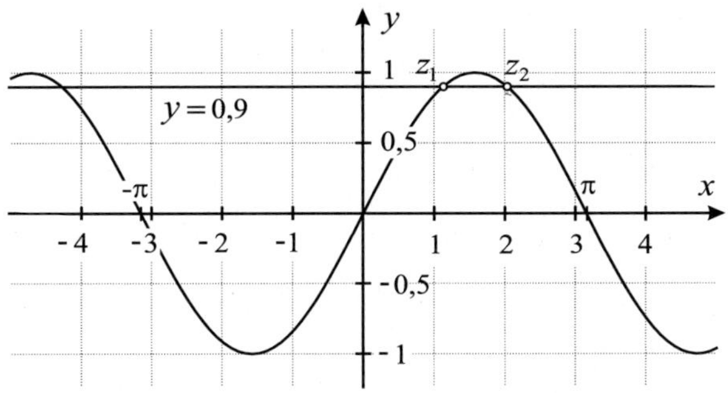

Durch Resubstitution ergibt sich damit:

$$\frac{\pi}{15} \cdot t \approx 1{,}12 \Rightarrow t_1 \approx 5{,}35$$
$$\frac{\pi}{15} \cdot t \approx 2{,}02 \Rightarrow t_2 \approx 9{,}64$$

Somit beträgt etwa Mitte des 6. Tages und Mitte des 10. Tages der beleuchtete Anteil der Mondscheibe 95%.

Die Änderungsrate des Anteils der Beleuchtung des Mondes zu Beobachtungsbeginn erhält man mithilfe der 1. Ableitung von A, die man mit der Kettenregel bestimmt:

$$\mathrm{A}'(t) = 0 + \frac{1}{2} \cdot \cos\left(\frac{\pi}{15} \cdot t\right) \cdot \frac{\pi}{15} = \frac{\pi}{30} \cdot \cos\left(\frac{\pi}{15} \cdot t\right)$$

Setzt man $t = 0$ in $\mathrm{A}'(t)$ ein, erhält man:

$$\mathrm{A}'(0) = \frac{\pi}{30} \cdot \cos\left(\frac{\pi}{15} \cdot 0\right) = \frac{\pi}{30} \approx 0{,}105$$

Somit beträgt die Änderungsrate des Anteils der Beleuchtung des Mondes zu Beobachtungsbeginn etwa 10,5% pro Tag.

Eine Gleichung, mit der man diejenigen Zeitpunkte bestimmen kann, zu denen die Änderungsrate der Beleuchtung des Mondes halb so groß ist wie zu Beobachtungsbeginn, lautet:

$$\mathrm{A}'(t) = \frac{1}{2} \cdot \mathrm{A}'(0)$$

b) Den durchschnittlichen Anteil $\overline{\mathrm{A}}$, der von Beobachtungsbeginn bis zum Ende des fünfzehnten Tages beleuchtet wird, erhält man mithilfe eines Integrals:

$$\overline{\mathrm{A}} = \frac{1}{15-0} \cdot \int_0^{15} \mathrm{A}(t)\,\mathrm{d}t$$
$$= \frac{1}{15} \cdot \int_0^{15} \left(\frac{1}{2} + \frac{1}{2} \cdot \sin\left(\frac{\pi}{15} \cdot t\right)\right) \mathrm{d}t$$

$$
\begin{aligned}
&= \frac{1}{15} \cdot \left[\frac{1}{2}t + \frac{1}{2} \cdot \left(-\frac{\cos\left(\frac{\pi}{15} \cdot t\right)}{\frac{\pi}{15}}\right)\right]_0^{15} \\
&= \frac{1}{15} \cdot \left[\frac{1}{2}t - \frac{15}{2\pi} \cdot \cos\left(\frac{\pi}{15} \cdot t\right)\right]_0^{15} \\
&= \left[\frac{1}{30}t - \frac{1}{2\pi} \cdot \cos\left(\frac{\pi}{15} \cdot t\right)\right]_0^{15} \\
&= \left(\frac{1}{30} \cdot 15 - \frac{1}{2\pi} \cdot \cos\left(\frac{\pi}{15} \cdot 15\right)\right) - \left(\frac{1}{30} \cdot 0 - \frac{1}{2\pi} \cdot \cos\left(\frac{\pi}{15} \cdot 0\right)\right) \\
&\approx 0,82
\end{aligned}
$$

Somit beträgt der durchschnittliche Anteil etwa 82%.

c) Wenn das Modell A mit

$$\mathrm{A}(t) = \frac{1}{2} + \frac{1}{2} \cdot \sin\left(\frac{\pi}{15} \cdot t\right)$$

zu einem Modell B mit

$$\mathrm{B}(t) = \frac{1}{2} + \frac{1}{2} \cdot \sin\left(\frac{\pi}{15} \cdot t + c\right)$$

abgeändert werden soll, sodass der Zeitpunkt $t = 0$ der Beleuchtung bei Vollmond entspricht, so muss das Schaubild von A um 7,5 LE nach links verschoben werden.
Damit erhält man den Funktionsterm:

$$\mathrm{B}(t) = \mathrm{A}(t + 7{,}5) = \frac{1}{2} + \frac{1}{2} \cdot \sin\left(\frac{\pi}{15} \cdot (t + 7{,}5)\right) = \frac{1}{2} + \frac{1}{2} \cdot \sin\left(\frac{\pi}{15} \cdot t + \frac{\pi}{2}\right)$$

Somit ist $c = \frac{\pi}{2}$.
Alternativ kann man sich auch überlegen, dass gelten muss: $\mathrm{B}(0) = 1$.
Dies führt zu folgender Gleichung:

$$
\begin{aligned}
\frac{1}{2} + \frac{1}{2} \cdot \sin\left(\frac{\pi}{15} \cdot 0 + c\right) &= 1 \\
\sin(c) &= 1 \\
c &= \frac{\pi}{2}
\end{aligned}
$$

Für $c = \frac{\pi}{2}$ wird Modell A zu Modell B abgeändert.
Eine weitere Funktion der Form $\mathrm{C}(t) = a \cdot \cos(b \cdot t - c) + d$ für Modell B hat beispielsweise die Gleichung:

$$\mathrm{C}(t) = \frac{1}{2} \cdot \cos\left(\frac{\pi}{15} \cdot t\right) + \frac{1}{2}$$

Aufgabe A 3.2

Es ist $g_a(x) = ax^2 - 4x + 2$; $a \neq 0$. Ihr Graph sei K_a.

a) Um zu zeigen, dass alle K_a einen gemeinsamen Punkt $B(0 \mid 2)$ haben, macht man eine Punktprobe. Hierzu setzt man die Koordinaten von B in die Funktionsgleichung ein:

$$2 = a \cdot 0^2 - 4 \cdot 0 + 2$$
$$2 = 2$$

Aufgrund der wahren Aussage liegt der Punkt $B(0 \mid 2)$ auf allen Graphen von g_a.
Um zu zeigen, dass alle K_a in diesem Punkt eine gemeinsame Tangente haben, stellt man die Gleichung der Tangente auf. Die Steigung m_t der Tangente erhält man mithilfe der 1. Ableitung $g_a'(x) = 2ax - 4$. Setzt man den x-Wert von B in $g_a'(x)$ ein, ergibt sich:

$$m_t = g_a'(0) = 2a \cdot 0 - 4 = -4$$

Die Tangentengleichung erhält man mit der Formel $y = f'(u) \cdot (x - u) + f(u)$. Damit ergibt sich:

$$y = -4 \cdot (x - 0) + 2$$
$$y = -4x + 2$$

Da die Tangentengleichung unabhängig von a ist, haben alle K_a im Punkt B eine gemeinsame Tangente.
Da alle K_a einen gemeinsamen Punkt und in diesem Punkt eine gemeinsame Tangente haben, berühren sich somit alle K_a im Punkt B.
Um eine Gleichung der Kurve C, auf der die Extrempunkte E_a aller K_a liegen, zu bestimmen, berechnet man zuerst die Koordinaten der Extrempunkte in Abhängigkeit von a. Hierzu verwendet man die 1. und 2. Ableitung von g_a:

$$g_a'(x) = 2ax - 4$$
$$g_a''(x) = 2a$$

Als notwendige Bedingung löst man die Gleichung $g_a'(x) = 0$ nach x auf:

$$2ax - 4 = 0$$
$$2ax = 4$$
$$x = \frac{2}{a}$$

Setzt man $x = \frac{2}{a}$ in $g_a''(x)$ ein, ergibt sich: $g_a''\left(\frac{2}{a}\right) = 2a \neq 0$.

Wegen $g_a''\left(\frac{2}{a}\right) \neq 0$ handelt es sich um eine Extremstelle.
Den zugehörigen y-Wert erhält man, indem man $x = \frac{2}{a}$ in $g_a(x)$ einsetzt:

$$y = g_a\left(\frac{2}{a}\right) = a \cdot \left(\frac{2}{a}\right)^2 - 4 \cdot \left(\frac{2}{a}\right) + 2 = a \cdot \frac{4}{a^2} - \frac{8}{a} + 2 = \frac{4}{a} - \frac{8}{a} + 2 = -\frac{4}{a} + 2$$

Somit haben die Extrempunkte aller K_a die Koordinaten $E_a\left(\frac{2}{a} \mid -\frac{4}{a} + 2\right)$.
Um eine Gleichung der Kurve C, auf der alle diese Extrempunkte liegen, zu ermitteln, löst man $x = \frac{2}{a}$ nach a auf und setzt das erhaltene Ergebnis in $y = -\frac{4}{a} + 2$ ein:

$$x = \frac{2}{a} \Rightarrow a = \frac{2}{x}$$
$$y = -\frac{4}{a} + 2 = -\frac{4}{\frac{2}{x}} + 2 = -2x + 2$$

Die Extrempunkte aller K_a liegen auf einer Kurve C mit der Gleichung $y = -2x + 2$.
Wegen $x = \frac{2}{a}$ kann der x-Wert des Extrempunkts E_a nie den Wert Null annehmen.
Setzt man $x = 0$ in die Gleichung von C ein, ergibt sich: $y = -2 \cdot 0 + 2 = 2$.
Somit ist der Punkt $Q(0 \mid 2)$ ein Punkt von C, der kein Extrempunkt von K_a ist.

b) Die Gleichung der Normalen n_a an K_a an der Stelle $x = 1$ erhält man, indem man zuerst den zugehörigen y-Wert bestimmt. Diesen erhält man, indem man $x = 1$ in $g_a(x)$ einsetzt:

$$y = g_a(1) = a \cdot 1^2 - 4 \cdot 1 + 2 = a - 2$$

Somit hat ein Punkt T die Koordinaten $T(1 \mid a - 2)$.
Die Steigung m_t der Tangente an der Stelle $x = 1$ erhält man, indem man $x = 1$ in $g_a'(x) = 2ax - 4$ einsetzt:

$$m_t = g_a'(1) = 2a \cdot 1 - 4 = 2a - 4$$

Die Steigung m_n der Normalen ist der negative Kehrwert der Tangentensteigung, also:

$$m_n = -\frac{1}{m_t} = -\frac{1}{2a - 4}$$

Setzt man die Koordinaten von T und m_n in die Normalengleichung $y = -\frac{1}{f'(u)} \cdot (x - u) + f(u)$ ein, ergibt sich:

$$y = -\frac{1}{2a - 4} \cdot (x - 1) + a - 2$$
$$y = -\frac{1}{2a - 4} \cdot x + \frac{1}{2a - 4} + a - 2$$

Somit hat die Normale n_a die Gleichung: $y = -\frac{1}{2a-4} \cdot x + \frac{1}{2a-4} + a - 2$.
Damit die Normale n_a die y-Achse in $Z(0 \mid 1,5)$ schneidet, setzt man die Koordinaten von Z in die Normalengleichung ein und löst die Gleichung nach a auf:

$$\begin{aligned} 1,5 &= -\frac{1}{2a-4} \cdot 0 + \frac{1}{2a-4} + a - 2 \\ 3,5 - a &= \frac{1}{2a-4} \\ (3,5-a) \cdot (2a-4) &= 1 \\ -2a^2 + 11a - 15 &= 0 \end{aligned}$$

Mithilfe der *abc*-Formel erhält man die Lösungen $a_1 = 3$ und $a_2 = 2,5$.

4 Medikament

Aufgabe A 4.1

a) Es ist $f(t) = 130 \cdot \left(e^{-0,2 \cdot t} - e^{-0,8 \cdot t}\right)$; $0 \leqslant t \leqslant 24$.

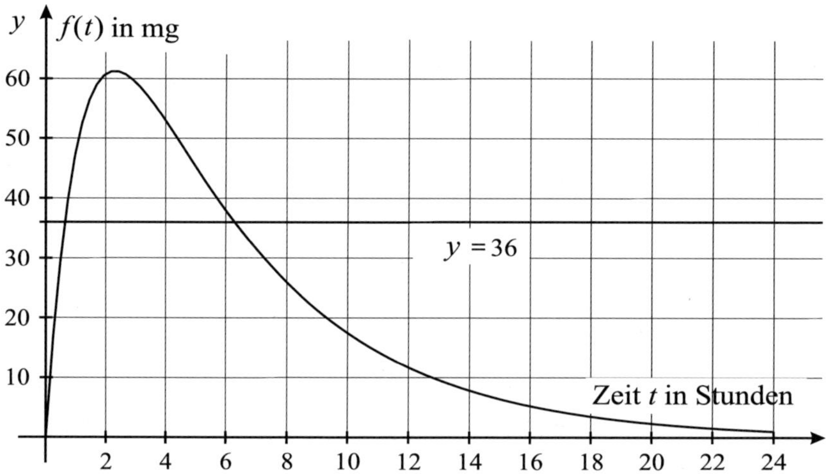

Um den Zeitraum zu bestimmen, in dem das Medikament wirkt, bestimmt man mithilfe der gegebenen Abbildung die Schnittstellen des Graphen von f mit der Geraden $y = 36$. Man erhält: $t_1 \approx 0,6$ und $t_2 \approx 6,3$.

Wegen $t_2 - t_1 \approx 6,3 - 0,6 = 5,7$ wirkt das Medikament in einem Zeitraum von etwa $5,7$ Stunden.

Die Abnahme der Wirkstoffmenge im Blut nach 5 Stunden erhält man mithilfe der 1. Ableitung von f, die man mit der Kettenregel bestimmt:

$$f'(t) = 130 \cdot \left(e^{-0,2 \cdot t} \cdot (-0,2) - e^{-0,8 \cdot t} \cdot (-0,8)\right) = 130 \cdot \left(-0,2 \cdot e^{-0,2 \cdot t} + 0,8 \cdot e^{-0,8 \cdot t}\right)$$

Setzt man $t = 5$ in $f'(t)$ ein, ergibt sich:

$$f'(5) = 130 \cdot \left(-0,2 \cdot e^{-0,2 \cdot 5} + 0,8 \cdot e^{-0,8 \cdot 5}\right) \approx -7,66$$

Somit beträgt die Abnahme der Wirkstoffmenge im Blut nach 5 Stunden etwa $7,7\,\text{mg}$ pro Stunde.

Die mittlere Wirkstoffmenge $\overline{m}$ im Blut während der ersten 12 Stunden erhält man mithilfe eines Integrals:

$$\begin{aligned}
\overline{m} &= \frac{1}{12-0}\cdot\int_0^{12} f(t)\mathrm{d}t \\
&= \frac{1}{12}\cdot\int_0^{12} 130\cdot\left(e^{-0,2\cdot t}-e^{-0,8\cdot t}\right)\mathrm{d}t \\
&= \frac{1}{12}\cdot\left[130\cdot\left(\frac{e^{-0,2\cdot t}}{-0,2}-\frac{e^{-0,8\cdot t}}{-0,8}\right)\right]_0^{12} \\
&= \frac{1}{12}\cdot\left[130\cdot\left(-5\cdot e^{-0,2\cdot t}+\frac{5}{4}e^{-0,8\cdot t}\right)\right]_0^{12} \\
&= \frac{1}{12}\cdot\left(130\cdot\left(-5\cdot e^{-0,2\cdot 12}+\frac{5}{4}e^{-0,8\cdot 12}\right)-\left(130\cdot\left(-5\cdot e^{-0,2\cdot 0}+\frac{5}{4}e^{-0,8\cdot 0}\right)\right)\right) \\
&\approx 35,71
\end{aligned}$$

Die mittlere Wirkstoffmenge im Blut beträgt während der ersten 12 Stunden etwa 35,7 mg.

Da ab dem Zeitpunkt $t=5$ die Wirkstoffmenge im Blut näherungsweise durch die Tangente an das Schaubild von f an der Stelle $t=5$ beschrieben wird, kann man die Tangente mit der Steigung $m=f'(5)\approx -7,7$ in die gegebene Abbildung einzeichnen:

Der Zeitpunkt, zu dem kein Wirkstoff mehr vorhanden ist, ist die Schnittstelle der Tangente mit der t-Achse: $t\approx 11$.
Somit ist nach etwa 11 Stunden kein Wirkstoff mehr vorhanden.

b) Es ist $g(t)=80\cdot\left(1-e^{-0,05\cdot t}\right)=80-80\cdot e^{-0,05\cdot t}$; $t\geqslant 0$.
Für $t\to\infty$ geht $e^{-0,05\cdot t}$ gegen Null, somit geht $g(t)$ für $t\to\infty$ gegen 80.
Die langfristige Wirkstoffmenge im Blut beträgt damit annähernd 80 mg.

Um zu zeigen, dass die Wirkstoffmenge im Blut ständig zunimmt, bestimmt man die 1. Ableitung von $g(t) = 80 \cdot \left(1 - e^{-0{,}05 \cdot t}\right) = 80 - 80 \cdot e^{-0{,}05 \cdot t}$ mit der Kettenregel:

$$g'(t) = 0 - 80 \cdot e^{-0{,}05 \cdot t} \cdot (-0{,}05) = 4 \cdot e^{-0{,}05 \cdot t}$$

Wegen $e^{-0{,}05 \cdot t} > 0$ gilt: $g'(t) > 0$. Also ist g streng monoton wachsend.
Somit nimmt die Wirkstoffmenge ständig zu.

Den Zeitpunkt, zu dem die momentane Änderungsrate der Wirkstoffmenge im Blut $1\,\frac{\text{mg}}{\text{min}}$ beträgt, erhält man, indem man die Gleichung $g'(t) = 1$ nach t auflöst:

$$\begin{aligned} 4 \cdot e^{-0{,}05 \cdot t} &= 1 \\ e^{-0{,}05 \cdot t} &= 0{,}25 \\ -0{,}05 \cdot t &= \ln(0{,}25) \\ t &= \frac{\ln(0{,}25)}{-0{,}05} \\ t &\approx 27{,}73 \end{aligned}$$

Somit beträgt etwa nach 28 Minuten die Änderungsrate der Wirkstoffmenge im Blut $1\,\frac{\text{mg}}{\text{min}}$.

In der gegebenen Gleichung beschreibt t einen bestimmten Zeitpunkt, $g(t)$ die Wirkstoffmenge zu diesem Zeitpunkt, $g(t+15)$ die Wirkstoffmenge 15 Minuten später. Somit berechnet man mithilfe der Gleichung $g(t+15) = g(t) + 30$ den Beginn (t) eines 15-minütigen Zeitraumes $[t\,; t+15]$, in dem sich die Wirkstoffmenge um 30 mg vergrößert.

c) Es ist $h(t) = at \cdot e^{-bt}$; $a > 0$, $b > 0$.
Da der größte Wert der Wirkstoffmenge $h(t)$ angegeben ist, verwendet man die 1. Ableitung von $h(t)$. Diese erhält man mit der Produkt- und Kettenregel:

$$h'(t) = a \cdot e^{-bt} + ate^{-bt} \cdot (-b) = (a - abt) \cdot e^{-bt}$$

Da die Wirkstoffmenge $h(t)$ nach 4 Stunden ihren größten Wert 10 mg annimmt, gelten folgende Bedingungen:

$$\begin{array}{llcccrcl} \text{I} & h(4) & = & 10 & \Rightarrow & 4a \cdot e^{-4b} & = & 10 \\ \text{II} & h'(4) & = & 0 & \Rightarrow & (a - 4ab) \cdot e^{-4b} & = & 0 \end{array}$$

Löst man Gleichung II, so ergibt sich wegen $a > 0$:

$$\begin{aligned} a - 4ab &= 0 \\ a \cdot (1 - 4b) &= 0 \\ 1 - 4b &= 0 \\ 1 &= 4b \\ b &= 0{,}25 \end{aligned}$$

Setzt man $b = 0,25$ in Gleichung I ein, so ergibt sich:

$$4a \cdot e^{-4 \cdot 0,25} = 10 \Rightarrow a = 2,5e$$

Die Wirkstoffmenge erreicht 4 Stunden nach der Einnahme ihren größten Wert 10 mg, wenn die Konstanten $a = 2,5e$ und $b = 0,25$ für die neue Zusammensetzung gewählt werden.

Aufgabe A 4.2

a) Es ist $f(x) = \frac{2}{x} = 2 \cdot x^{-1}$ mit $f'(x) = -2 \cdot x^{-2} = -\frac{2}{x^2}$.
Der Punkt B $(u \mid f(u))$ mit $0 < u < 1$ hat die Koordinaten B $\left(u \mid \frac{2}{u}\right)$.

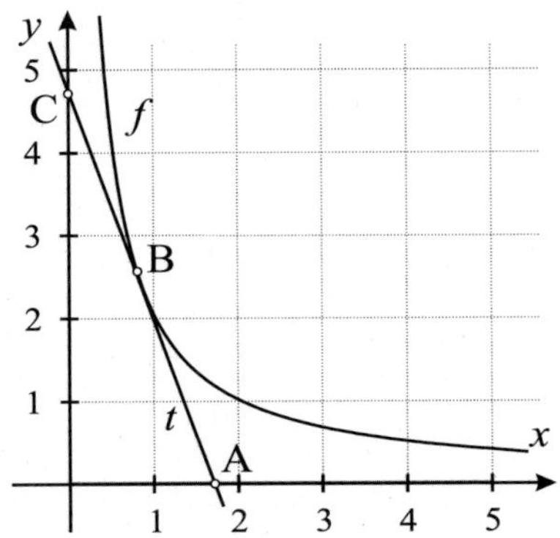

Die Tangente t in B $(u \mid f(u))$ hat die Steigung

$$m = f'(u) = -\frac{2}{u^2}$$

Setzt man B und m in die Tangentengleichung

$$y = f'(u) \cdot (x - u) + f(u)$$

ein, erhält man:

$$t: y = -\frac{2}{u^2} \cdot (x - u) + \frac{2}{u}$$
$$t: y = -\frac{2}{u^2} \cdot x + \frac{4}{u}$$

Den Schnittpunkt A der Tangente t mit der x-Achse erhält man durch $y = 0$.
Dies führt zu:

$$0 = -\frac{2}{u^2} \cdot x + \frac{4}{u}$$
$$x = 2u$$

Damit hat der Punkt A die Koordinaten A $(2u \mid 0)$.

Den Schnittpunkt C der Tangente t mit der y-Achse erhält man, indem man $x = 0$ in t einsetzt:

$$y = -\frac{2}{u^2} \cdot 0 + \frac{4}{u} = \frac{4}{u}$$

Damit hat der Punkt C die Koordinaten $C\left(0 \mid \frac{4}{u}\right)$.
Um zu zeigen, dass der Flächeninhalt A des Dreiecks OAC unabhängig von u ist, berechnet man diesen mithilfe der Formel $A = \frac{g \cdot h}{2}$. Als Grundlinie g verwendet man $g = \overline{OA} = 2u$, die zugehörige Höhe h ist $h = \overline{OC} = \frac{4}{u}$.
Damit ergibt sich:

$$A = \frac{2u \cdot \frac{4}{u}}{2} = 4$$

Der Flächeninhalt des Dreiecks OAC beträgt 4 FE, unabhängig von u.

b) Wenn das Dreieck OAC um die y-Achse rotiert, entsteht ein Kegel.

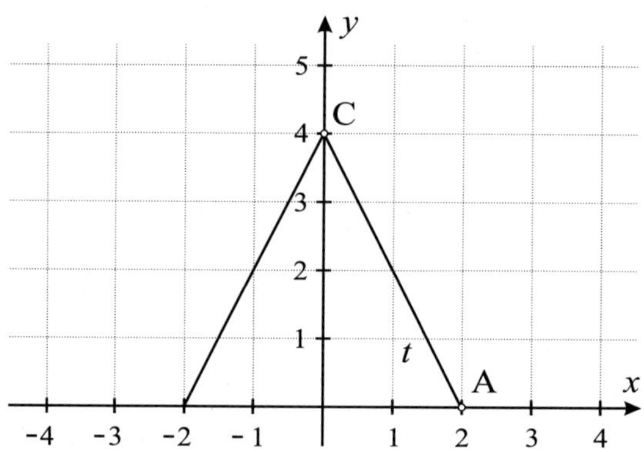

Das Volumen V eines Kegels erhält man mit der Formel $V = \frac{1}{3} \cdot \pi \cdot r^2 \cdot h$.
Der Radius des Kegels beträgt $r = 2u$, die Höhe h des Kegels ist $h = \frac{4}{u}$.
Damit gilt für das Volumen des Kegels in Abhängigkeit von u:

$$V(u) = \frac{1}{3} \cdot \pi \cdot r^2 \cdot h = \frac{1}{3} \cdot \pi \cdot (2u)^2 \cdot \frac{4}{u} = \frac{16}{3} \cdot \pi \cdot u$$

Da das Volumen des Rotationskörpers 16 VE beträgt, löst man die Gleichung $V(u) = 16$ nach u auf:

$$16 = \frac{16}{3} \cdot \pi \cdot u \Rightarrow u = \frac{3}{\pi}$$

Den y-Wert des Punktes B erhält man, indem man $u = \frac{3}{\pi}$ in $f(x)$ einsetzt:

$$f\left(\frac{3}{\pi}\right) = \frac{2}{\frac{3}{\pi}} = \frac{2}{3}\pi$$

Damit hat der Punkt B die Koordinaten $B\left(\frac{3}{\pi} \mid \frac{2}{3}\pi\right)$.

5 Virus

Aufgabe A 5.1

Es ist $f(t) = 150 \cdot t^2 \cdot e^{-0,2t}$; $t \geqslant 0$ (Zeit t in Wochen seit Beobachtungsbeginn).

a) Um nachzuweisen, dass 10 Wochen nach Beobachtungsbeginn die Anzahl der Neuerkrankungen am höchsten ist, verwendet man die 1. Ableitung von f, die man mithilfe der Produkt- und Kettenregel bestimmt:

$$f'(t) = 300 \cdot t \cdot e^{-0,2t} + 150 \cdot t^2 \cdot e^{-0,2t} \cdot (-0,2) = \left(300 \cdot t - 30 \cdot t^2\right) \cdot e^{-0,2t} = 30t \cdot (10 - t) \cdot e^{-0,2t}$$

Setzt man $t = 10$ in $f'(t)$ ein, ergibt sich:

$$f'(10) = \left(300 \cdot 10 - 30 \cdot 10^2\right) \cdot e^{-0,2 \cdot 10} = 0$$

Da $f'(t)$ bei $t = 10$ das Vorzeichen von $+$ nach $-$ wechselt, handelt es sich um ein Maximum.
Also ist 10 Wochen nach Beobachtungsbeginn die Anzahl der Neuerkrankungen am höchsten.
Den Maximalwert an Neuerkrankungen erhält man, indem man $t = 10$ in $f(t)$ einsetzt:

$$f(10) = 150 \cdot 10^2 \cdot e^{-0,2 \cdot 10} \approx 2030$$

Somit gibt es maximal etwa 2030 Neuerkrankungen pro Woche.
Um zu zeigen, dass ab diesem Zeitpunkt die momentane Erkrankungsrate rückläufig ist, betrachtet man

$$f'(t) = \left(300 \cdot t - 30 \cdot t^2\right) \cdot e^{-0,2t} = 30t \cdot (10 - t) \cdot e^{-0,2t}$$

Es ist $e^{-0,2t}$ stets größer als Null. Der Term $30t \cdot (10 - t)$ ist für $t < 0$ oder $t > 10$ negativ.
Somit gilt für $t > 10$:

$$f'(t) < 0$$

Damit ist für $t > 10$ die Funktion f streng monoton fallend und die momentane Erkrankungsrate ist nach 10 Wochen rückläufig.

Den Zeitraum, in welchem es mehr als 1500 Neuerkrankungen pro Woche gibt, erhält man, indem man die Gerade $y = 1500$ mit dem Graphen von f schneidet:

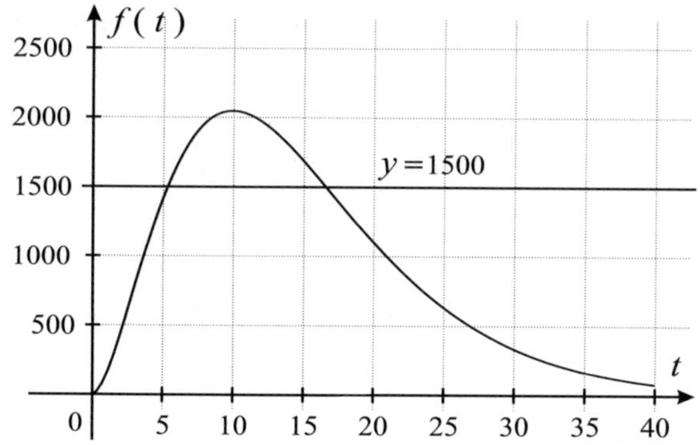

Anhand der gegebenen Abbildung ergeben sich die Schnittstellen $t_1 \approx 5$ und $t_2 \approx 17$. Somit gibt es im Zeitraum von etwa 5 Wochen bis etwa 17 Wochen mehr als 1500 Neuerkrankungen pro Woche.

Mithilfe des angegebenen Integrals $\frac{1}{10}\int_5^{15} f(t)\,dt$ werden die durchschnittlichen Neuerkrankungen pro Woche im Zeitraum von 5 Wochen bis 15 Wochen berechnet, da durch das Integral die Neuerkrankungen während 10 Wochen summiert werden und anschließend durch 10 geteilt wird.

b) Um zu zeigen, dass die Funktion F mit $\mathrm{F}(t) = -750 \cdot \left(t^2 + 10t + 50\right) \cdot e^{-0,2t}$ eine Stammfunktion von f ist, bestimmt man mithilfe der Produkt- und Kettenregel die 1. Ableitung von F:

$$\begin{aligned}
\mathrm{F}'(t) &= -750 \cdot \left((2t+10) \cdot e^{-0,2t} + \left(t^2 + 10t + 50\right) \cdot e^{-0,2t} \cdot (-0,2)\right) \\
&= -750 \cdot \left(\left(2t + 10 - 0,2t^2 - 2t - 10\right) \cdot e^{-0,2t}\right) \\
&= -750 \cdot \left(-0,2t^2 \cdot e^{-0,2t}\right) \\
&= 150 \cdot t^2 \cdot e^{-0,2t} \\
&= f(t)
\end{aligned}$$

Wegen $\mathrm{F}'(t) = f(t)$ ist F eine Stammfunktion von f.

Die Anzahl $\mathrm{A}(t)$ der Personen, die nach t Wochen insgesamt krank gemeldet sind, erhält man mithilfe der gegebenen Stammfunktion $\mathrm{F}(t) = -750 \cdot \left(t^2 + 10 \cdot t + 50\right) \cdot e^{-0,2t}$ und der Nebenbedingung, dass zu Beginn 100 Personen erkrankt sind. Als Ansatz verwendet man:

$$\mathrm{A}(t) = \mathrm{F}(t) + c$$

Mit der Nebenbedingung $\mathrm{A}(0) = 100$ ergibt sich:

$$\begin{aligned}
\mathrm{A}(0) &= \mathrm{F}(0) + c \\
100 &= -750 \cdot \left(0^2 + 10 \cdot 0 + 50\right) \cdot e^{-0,2 \cdot 0} + c \\
100 &= -37\,500 + c \\
37\,600 &= c
\end{aligned}$$

Damit erhält man für die Anzahl $A(t)$ der Personen, die nach t Wochen insgesamt krank gemeldet sind:

$$A(t) = -750 \cdot \left(t^2 + 10t + 50\right) \cdot e^{-0,2t} + 37\,600$$

Die Anzahl der Personen, die nach 12 Wochen insgesamt krank gemeldet sind, erhält man, indem man $t = 12$ in $A(t)$ einsetzt:

$$\begin{aligned} A(12) &= -750 \cdot \left(12^2 + 10 \cdot 12 + 50\right) \cdot e^{-0,2 \cdot 12} + 37\,600 \\ &\approx 16236 \end{aligned}$$

Nach 12 Wochen sind insgesamt etwa 16 236 Personen krank gemeldet.

Um nachzuweisen, dass die Anzahl der Meldungen unter 40 000 bleiben wird, bestimmt man den Grenzwert von $A(t)$ für $t \longrightarrow \infty$. Wegen $A'(t) = f(t) > 0$ für $t > 0$ ist $A(t)$ streng monoton wachsend. Da $e^{-0,2t}$ für $t \longrightarrow \infty$ gegen Null geht, gilt:

$$\lim_{t \longrightarrow \infty} A(t) = 37\,600 < 40\,000$$

Damit wird die Anzahl der Meldungen unter 40 000 bleiben.

c) Es ist $B(t) = a - b \cdot e^{-0,1 \cdot t}$.

Da im Laufe der Zeit alle 30 000 Einwohner von der Krankheit erfasst werden können, geht $B(t)$ für $t \longrightarrow \infty$ gegen 30 000. Da $b \cdot e^{-0,1 \cdot t}$ für $t \longrightarrow \infty$ gegen Null und somit $B(t)$ gegen a geht, muss gelten: $a = 30\,000$.

Damit erhält man:

$$B(t) = 30\,000 - b \cdot e^{-0,1 \cdot t}$$

Mit der Nebenbedingung, dass zu Beginn $(t = 0)$ bereits die Hälfte der Einwohner (15 000) an diesem Virus erkrankt ist, gilt:

$$\begin{aligned} B(0) &= 15\,000 \\ 30\,000 - b \cdot e^{-0,1 \cdot 0} &= 15\,000 \\ 15\,000 &= b \end{aligned}$$

Damit ergibt sich als Funktion, welche die Anzahl der von der Krankheit erfassten Personen beschreibt:

$$B(t) = 30\,000 - 15\,000 \cdot e^{-0,1 \cdot t}$$

Den Zeitpunkt, zu dem 95% aller Einwohner von der Krankheit erfasst sind, erhält man, indem man die Gleichung $B(t) = 0,95 \cdot 30\,000$ nach t auflöst:

$$\begin{aligned} 30\,000 - 15\,000 \cdot e^{-0,1 \cdot t} &= 0,95 \cdot 30\,000 \\ 30\,000 - 0,95 \cdot 30\,000 &= 15\,000 \cdot e^{-0,1 \cdot t} \\ 1500 &= 15\,000 \cdot e^{-0,1 \cdot t} \end{aligned}$$

$$\begin{aligned} 0,1 &= e^{-0,1\cdot t} \\ \ln(0,1) &= -0,1\cdot t \\ \frac{\ln(0,1)}{-0,1} &= t \\ t &\approx 23 \end{aligned}$$

Nach etwa 23 Wochen sind 95% aller Einwohner von der Krankheit erfasst.

Aufgabe A 5.2

Es ist $f(x) = 6x - \frac{1}{2}x^3$.

a) Den Mittelwert $\overline{m}(t)$ der Funktionswerte von f auf dem Intervall $[0\,:\,t]$ erhält man mithilfe eines Integrals:

$$\begin{aligned} \overline{m}(t) &= \frac{1}{t}\cdot\int_0^t\left(6x-\frac{1}{2}x^3\right)\mathrm{d}x = \frac{1}{t}\cdot\left[3x^2-\frac{1}{8}x^4\right]_0^t = \frac{1}{t}\cdot\left(\left(3t^2-\frac{1}{8}t^4\right)-\left(3\cdot 0^2-\frac{1}{8}\cdot 0^4\right)\right) \\ &= 3t-\frac{1}{8}t^3 \end{aligned}$$

Damit der Mittelwert möglichst groß ist, berechnet man mithilfe der 1. und 2. Ableitung von $\overline{m}(t)$ das Maximum:

$$\begin{aligned} \overline{m}'(t) &= 3-\frac{3}{8}t^2 \\ \overline{m}''(t) &= -\frac{3}{4}t \end{aligned}$$

Als notwendige Bedingung löst man die Gleichung $\overline{m}'(t) = 0$ nach t auf:

$$\begin{aligned} 3-\frac{3}{8}t^2 &= 0 \\ 8 &= t^2 \\ \pm\sqrt{8} &= t_{1,2} \end{aligned}$$

Wegen $t > 0$ kommt nur $t = \sqrt{8}$ als Lösung in Frage.
Setzt man $t = \sqrt{8}$ in $\overline{m}''(t)$ ein, ergibt sich:

$$\overline{m}''\left(\sqrt{8}\right) = -\frac{3}{4}\cdot\sqrt{8} < 0 \Rightarrow \text{Maximum}$$

Somit ist für $t = \sqrt{8}$ der Mittelwert am größten.

b) Zeichnet man die Punkte P und Q ein, erhält man folgenden Sachverhalt:

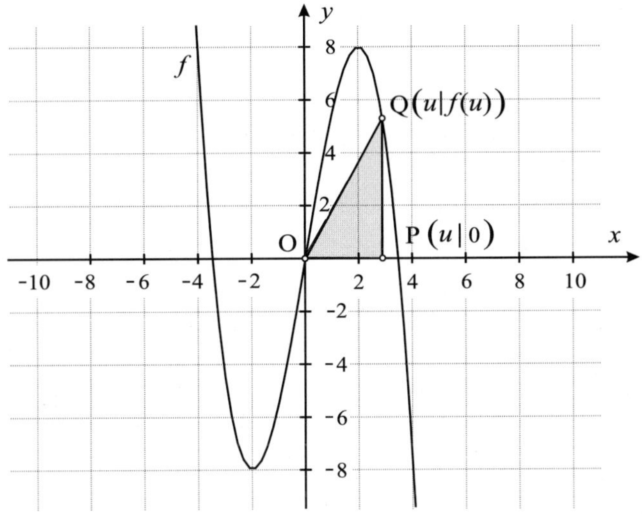

Durch den Rechenschritt (I) $A(u) = \frac{u \cdot f(u)}{2} = 3u^2 - \frac{1}{4}u^4$ wird der Flächeninhalt $A(u)$ des Dreiecks OPQ in Abhängigkeit von u bestimmt.

Durch den Rechenschritt (II) $A'(u) = 0 \Rightarrow u_1 = 0, u_2 = \sqrt{6}$ wird die 1. Ableitung von $A(u)$ gleich Null gesetzt, um die Extremwerte von $A(u)$ zu bestimmen. Als mögliche Lösungen erhält man $u_1 = 0$ und $u_2 = \sqrt{6}$.

Durch den Rechenschritt (III) $A''\left(\sqrt{6}\right) = -12$ wird die Art des Extremwerts bestimmt.

Wegen $A''\left(\sqrt{6}\right) = -12 < 0$ handelt es sich um ein Maximum.

Somit hat das Dreieck OPQ für $u = \sqrt{6}$ einen maximalen Flächeninhalt.

Wegen des Rechenschritts (IV) $A\left(\sqrt{6}\right) = 9$ beträgt der maximale Flächeninhalt 9 FE.

Geometrie

6 Kiste

a)

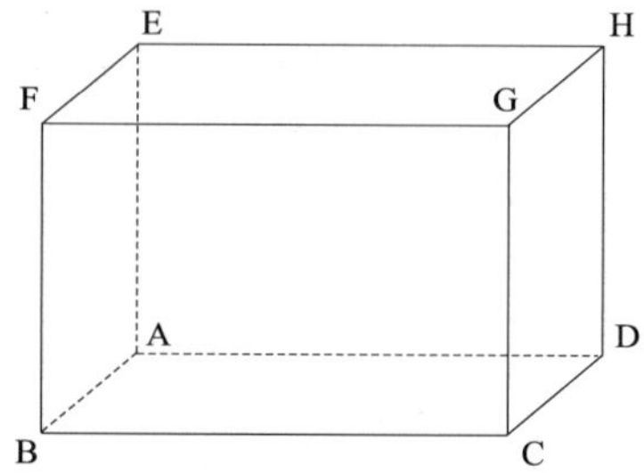

Die Koordinaten der Eckpunkte der Kiste sind $A(0 \mid 0 \mid 0)$, $B(3 \mid 0 \mid 0)$, $C(3 \mid 5 \mid 0)$, $D(0 \mid 5 \mid 0)$, $E(0 \mid 0 \mid 4)$, $F(3 \mid 0 \mid 4)$, $G(3 \mid 5 \mid 4)$ und $H(0 \mid 5 \mid 4)$.
Den Abstand zwischen den Kanten AB und GH erhält man, indem man die Entfernung der Punkte A und H berechnet, da die Kiste quaderförmig ist :

$$\overline{AH} = |\overrightarrow{AH}| = \left| \begin{pmatrix} 0 \\ 5 \\ 4 \end{pmatrix} \right| = \sqrt{0^2+5^2+4^2} = \sqrt{41} \approx 6{,}4$$

Der Abstand der Kanten AB und GH beträgt etwa 6,4 LE.

Um zu zeigen, dass die Gerade g durch E und H in jeder Ebene $E_t : tx_1 - x_3 = -4$ liegt, stellt man die Geradengleichung von g auf und setzt sie in E_t ein. Man erhält:

$$g : \vec{x} = \begin{pmatrix} 0 \\ 0 \\ 4 \end{pmatrix} + s \cdot \begin{pmatrix} 0 \\ 1 \\ 0 \end{pmatrix} ; s \in \mathbb{R}$$

Einsetzen von g in E_t ergibt: $t \cdot 0 - (4 + s \cdot 0) = -4$ bzw. $-4 = -4$.
Aufgrund der wahren Aussage liegt die Gerade g in jeder der Ebenen E_t.

Bei geschlossener Kiste liegt der Punkt $F(3 \mid 0 \mid 4)$ auf dem Deckel. Setzt man die Koordinaten von F in E_t ein, so erhält man: $t \cdot 3 - 4 = -4 \Rightarrow t = 0$.
Somit liegt der Deckel bei geschlossener Kiste in der Ebene $E_0 : -x_3 = -4$ bzw. $x_3 = 4$.

Wird der Deckel um 90° geöffnet, so geht der Eckpunkt F des geschlossenen Deckels in den Eckpunkt $\overline{F}(0 \mid 0 \mid 7)$ über.
Setzt man die Koordinaten von $\overline{F}$ in E_t ein, so erhält man: $t \cdot 0 - 7 = -4 \Rightarrow -7 = -4$.
Aufgrund des Widerspruchs liegt der um 90° geöffnete Deckel in keiner der Ebenen E_t.

b) 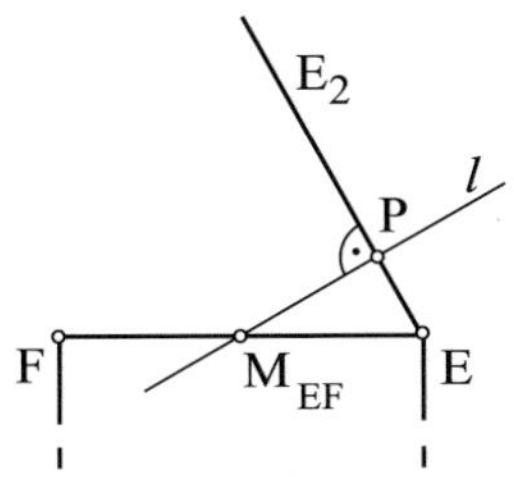

Der Punkt P ist der Schnittpunkt der Lotgeraden l und der Ebene E_2.
Die Ebene E_2 hat die Gleichung $E_2: \ 2x_1 - x_3 = -4$. Der Mittelpunkt der Kante EF hat die Koordinaten $M_{EF}(1{,}5 \mid 0 \mid 4)$. Die Lotgerade l geht durch den Punkt M_{EF} und ist orthogonal zu E_2 (der Richtungsvektor von l ist somit der Normalenvektor von E_2):

$$l\colon \vec{x} = \begin{pmatrix} 1{,}5 \\ 0 \\ 4 \end{pmatrix} + r \cdot \begin{pmatrix} 2 \\ 0 \\ -1 \end{pmatrix}; \ r \in \mathbb{R}$$

Schneidet man l mit E_2, so ergibt sich: $2 \cdot (1{,}5 + 2r) - (4 - r) = -4 \ \Rightarrow \ r = -0{,}6$.
Setzt man $r = -0{,}6$ in l ein, so erhält man den gesuchten Punkt $P(0{,}3 \mid 0 \mid 4{,}6)$, in welchem der Stützstab auf den Deckel trifft.

c) Um den Öffnungswinkel α zu bestimmen, wenn der Deckel in E_2 liegt, berechnet man den Winkel zwischen dem Normalenvektor $\vec{n_2} = \begin{pmatrix} 2 \\ 0 \\ -1 \end{pmatrix}$ von E_2 und dem Normalenvektor $\vec{n_1} = \begin{pmatrix} 0 \\ 0 \\ 1 \end{pmatrix}$ der Ebene EFGH. Man erhält:

$$\cos\alpha = \frac{|\vec{n_1} \cdot \vec{n_2}|}{|\vec{n_1}| \cdot |\vec{n_2}|} = \frac{\left|\begin{pmatrix} 0 \\ 0 \\ 1 \end{pmatrix} \cdot \begin{pmatrix} 2 \\ 0 \\ -1 \end{pmatrix}\right|}{\left|\begin{pmatrix} 0 \\ 0 \\ 1 \end{pmatrix}\right| \cdot \left|\begin{pmatrix} 2 \\ 0 \\ -1 \end{pmatrix}\right|} = \frac{|-1|}{\sqrt{1} \cdot \sqrt{5}} = \frac{1}{\sqrt{5}} \ \Rightarrow \ \alpha \approx 63{,}4^\circ$$

Wenn der Deckel in E_2 liegt, beträgt der Öffnungswinkel etwa 63,4°.

Bei einem Öffnungswinkel von $\alpha = 60^\circ$ erhält man:

$$\cos 60^\circ = \frac{|\vec{n_1} \cdot \vec{n_t}|}{|\vec{n_1}| \cdot |\vec{n_t}|} = \frac{\left|\begin{pmatrix} 0 \\ 0 \\ 1 \end{pmatrix} \cdot \begin{pmatrix} t \\ 0 \\ -1 \end{pmatrix}\right|}{\left|\begin{pmatrix} 0 \\ 0 \\ 1 \end{pmatrix}\right| \cdot \left|\begin{pmatrix} t \\ 0 \\ -1 \end{pmatrix}\right|} = \frac{|-1|}{\sqrt{1} \cdot \sqrt{t^2 + (-1)^2}} = \frac{1}{\sqrt{t^2+1}}$$

Da $\cos 60 = \frac{1}{2}$ ist, gilt: $\frac{1}{2} = \frac{1}{\sqrt{t^2+1}} \ \Rightarrow \ \sqrt{t^2+1} = 2 \Rightarrow t^2 + 1 = 4 \ \Rightarrow \ t = \sqrt{3}$ ist einzige Lösung wegen $t \geqslant 0$.
Somit liegt der um 60° geöffnete Deckel in der Ebene $E_{\sqrt{3}}\colon \sqrt{3}x_1 - x_3 = -4$.

Um den Parameter t in Abhängigkeit vom Öffnungswinkel α zu bestimmen, löst man die Gleichung $\cos\alpha = \frac{|\overrightarrow{n_1} \cdot \overrightarrow{n_t}|}{|\overrightarrow{n_1}| \cdot |\overrightarrow{n_t}|} = \frac{1}{\sqrt{t^2+1}}$ nach t auf. Wegen $\alpha < 90°$ ist $\cos\alpha \neq 0$ und man erhält:

$$\begin{aligned}
\frac{1}{\sqrt{t^2+1}} &= \cos\alpha \\
\frac{1}{\cos\alpha} &= \sqrt{t^2+1} \\
\frac{1}{(\cos\alpha)^2} &= t^2+1 \\
\frac{1}{(\cos\alpha)^2} - 1 &= t^2 \\
t_{1,2} &= \pm\sqrt{\frac{1}{(\cos\alpha)^2} - 1}
\end{aligned}$$

Wegen $t \geqslant 0$ ist $t = \sqrt{\frac{1}{(\cos\alpha)^2} - 1}$ die einzige Lösung.

7 Geradenschar

Gegeben sind E: $3x_1+6x_2+4x_3=16$ und $g_a\colon \vec{x}=\begin{pmatrix}5\\1\\1\end{pmatrix}+t\cdot\begin{pmatrix}a\\1\\0\end{pmatrix}$; $a,t\in\mathbb{R}$.

a) Den Schnittpunkt der Geraden $g_4\colon \vec{x}=\begin{pmatrix}5\\1\\1\end{pmatrix}+t\cdot\begin{pmatrix}4\\1\\0\end{pmatrix}$ mit der Ebene E erhält man, indem man den allgemeinen Punkt $P_t\,(5+4t\mid 1+t\mid 1)$ von g_4 in die Ebenengleichung einsetzt:

$$3\cdot(5+4t)+6\cdot(1+t)+4\cdot 1=16 \Rightarrow t=-\frac{1}{2}$$

Setzt man $t=-\frac{1}{2}$ in P_t ein, erhält man den Schnittpunkt $S\left(3\mid\frac{1}{2}\mid 1\right)$.
Die Gerade g_a ist parallel zu E, wenn der Richtungsvektor $\vec{u}_a$ von g_a orthogonal zum Normalenvektor von E ist, d.h. wenn das Skalarprodukt dieser beiden Vektoren Null ergibt:

$$\vec{u}_a\cdot\vec{n}=0$$
$$\begin{pmatrix}a\\1\\0\end{pmatrix}\cdot\begin{pmatrix}3\\6\\4\end{pmatrix}=0$$
$$a\cdot 3+1\cdot 6+0\cdot 4=0$$
$$a=-2$$

Somit ist für $a=-2$ die Gerade g_{-2} parallel zu E.

Eine Gerade der Schar ist orthogonal zu g_4, wenn der Richtungsvektor $\vec{u}_a=\begin{pmatrix}a\\1\\0\end{pmatrix}$ der Geradenschar orthogonal zum Richtungsvektor $\vec{u}_4=\begin{pmatrix}4\\1\\0\end{pmatrix}$ von g_4 ist, d.h. wenn das Skalarprodukt dieser beiden Vektoren Null ergibt:

$$\vec{u}_a\cdot\vec{u}_4=0$$
$$\begin{pmatrix}a\\1\\0\end{pmatrix}\cdot\begin{pmatrix}4\\1\\0\end{pmatrix}=0$$
$$a\cdot 4+1\cdot 1+0\cdot 0=0$$
$$a=-\frac{1}{4}$$

Somit ist die Gerade $g_{-\frac{1}{4}}: \vec{x} = \begin{pmatrix} 5 \\ 1 \\ 1 \end{pmatrix} + t \cdot \begin{pmatrix} -\frac{1}{4} \\ 1 \\ 0 \end{pmatrix}$ der Geradenschar orthogonal zu g_4.

b) Den Schnittwinkel α von g_4 und E erhält man mit der Formel $\sin\alpha = \frac{|\vec{u}_4 \cdot \vec{n}|}{|\vec{u}_4| \cdot |\vec{n}|}$, wobei $\vec{n} = \begin{pmatrix} 3 \\ 6 \\ 4 \end{pmatrix}$ ein Normalenvektor von E und $\vec{u}_4 = \begin{pmatrix} 4 \\ 1 \\ 0 \end{pmatrix}$ der Richtungsvektor von g_4 ist.
Damit erhält man:

$$\sin\alpha = \frac{|\vec{u}_4 \cdot \vec{n}|}{|\vec{u}_4| \cdot |\vec{n}|} = \frac{\left|\begin{pmatrix} 4 \\ 1 \\ 0 \end{pmatrix} \cdot \begin{pmatrix} 3 \\ 6 \\ 4 \end{pmatrix}\right|}{\left|\begin{pmatrix} 4 \\ 1 \\ 0 \end{pmatrix}\right| \cdot \left|\begin{pmatrix} 3 \\ 6 \\ 4 \end{pmatrix}\right|} = \frac{|4 \cdot 3 + 1 \cdot 6 + 0 \cdot 5|}{\sqrt{4^2+1^2+0^2} \cdot \sqrt{3^2+6^2+4^2}} = \frac{18}{\sqrt{17} \cdot \sqrt{61}}$$

$$\Rightarrow \alpha \approx 33{,}98^\circ$$

Der Winkel α zwischen g_4 und E beträgt etwa 34°.
Man könnte vermuten, dass mithilfe der Gleichung $\sin 10^\circ = \frac{|3a+6|}{\sqrt{a^2+1} \cdot \sqrt{61}}$ diejenigen Werte von a berechnet werden, für die der Schnittwinkel von g_a und E die Weite $\alpha = 10^\circ$ hat. Um dies zu bestätigen, erstellt man eine Gleichung für den Winkel zwischen g_a und E (entsprechend der vorherigen Aufgabe):

$$\sin\alpha = \frac{|\vec{u}_a \cdot \vec{n}|}{|\vec{u}_a| \cdot |\vec{n}|}$$

$$\sin 10^\circ = \frac{\left|\begin{pmatrix} a \\ 1 \\ 0 \end{pmatrix} \cdot \begin{pmatrix} 3 \\ 6 \\ 4 \end{pmatrix}\right|}{\left|\begin{pmatrix} a \\ 1 \\ 0 \end{pmatrix}\right| \cdot \left|\begin{pmatrix} 3 \\ 6 \\ 4 \end{pmatrix}\right|}$$

$$\sin 10^\circ = \frac{|a \cdot 3 + 1 \cdot 6 + 0 \cdot 5|}{\sqrt{a^2+1^2+0^2} \cdot \sqrt{3^2+6^2+4^2}}$$

$$\sin 10^\circ = \frac{|3a+6|}{\sqrt{a^2+1} \cdot \sqrt{61}}$$

Somit werden mithilfe der Gleichung $\sin 10^\circ = \frac{|3a+6|}{\sqrt{a^2+1} \cdot \sqrt{61}}$ diejenigen Werte von a berechnet, für die der Schnittwinkel von g_a und E die Weite $\alpha = 10^\circ$ hat.

c) Um zu begründen, dass alle Geraden g_a in der Ebene $F: x_3 = 1$ liegen, setzt man den allgemeinen Punkt $P_t\,(5 + t \cdot a \mid 1 + t \mid 1)$ von g_a in F ein und man erhält:

$$1 = 1$$

Aufgrund der wahren Aussage liegen alle Geraden g_a in der Ebene F.
Alternativ kann man sich auch Folgendes überlegen:
Der Stützpunkt $P(5 \mid 1 \mid 1)$ von g_a liegt in F, da der x_3-Wert 1 beträgt. Außerdem ist der Richtungsvektor $\vec{u}_a = \begin{pmatrix} a \\ 1 \\ 0 \end{pmatrix}$ orthogonal zum Normalenvektor $\vec{n}_F = \begin{pmatrix} 0 \\ 0 \\ 1 \end{pmatrix}$, da das Skalarprodukt der beiden Vektoren Null ergibt:

$$\vec{u}_a \cdot \vec{n}_F = \begin{pmatrix} a \\ 1 \\ 0 \end{pmatrix} \cdot \begin{pmatrix} 0 \\ 0 \\ 1 \end{pmatrix} = a \cdot 0 + 1 \cdot 0 + 0 \cdot 1 = 0$$

Somit liegen alle Geraden g_a in der Ebene F.

Der Richtungsvektor $\vec{u}_h = \begin{pmatrix} x \\ y \\ z \end{pmatrix}$ der Geraden h, die durch den Punkt $P(5 \mid 1 \mid 1)$ geht und in F liegt, aber nicht zur Schar gehört, muss folgende beiden Bedingungen erfüllen:
$\vec{u}_h$ muss orthogonal zum Normalenvektor $\vec{n}_F = \begin{pmatrix} 0 \\ 0 \\ 1 \end{pmatrix}$ von F sein, d.h. das Skalarprodukt der beiden Vektoren muss Null ergeben:

$$\vec{u}_h \cdot \vec{n}_F = 0 \Rightarrow \begin{pmatrix} x \\ y \\ z \end{pmatrix} \cdot \begin{pmatrix} 0 \\ 0 \\ 1 \end{pmatrix} = 0 \Rightarrow z = 0$$

Außerdem darf $\vec{u}_h = \begin{pmatrix} x \\ y \\ 0 \end{pmatrix}$ kein Vielfaches von $\vec{u}_a = \begin{pmatrix} a \\ 1 \\ 0 \end{pmatrix}$ sein. Dies ist nur dann der Fall, wenn $y = 0$ ist. Somit kann man $x = 1$ und damit $\vec{u}_h = \begin{pmatrix} 1 \\ 0 \\ 0 \end{pmatrix}$ als Richtungsvektor wählen.

Damit hat die Gerade h beispielsweise die Gleichung: $h\colon \vec{x} = \begin{pmatrix} 5 \\ 1 \\ 1 \end{pmatrix} + t \cdot \begin{pmatrix} 1 \\ 0 \\ 0 \end{pmatrix}$.

8 Flugzeug

Gegeben ist die Flugbahn $f_1: \vec{x} = \begin{pmatrix} 7 \\ 29 \\ 7 \end{pmatrix} + t \cdot \begin{pmatrix} 3 \\ -2 \\ -1 \end{pmatrix}$ eines Flugzeugs F_1 (t in Minuten nach 7.00 Uhr, Koordinatenangaben in km).

a) Die Uhrzeit 7.01 Uhr entspricht $t = 1$; setzt man $t = 1$ in f_1 ein, erhält man:

$$\vec{q} = \begin{pmatrix} 7 \\ 29 \\ 7 \end{pmatrix} + 1 \cdot \begin{pmatrix} 3 \\ -2 \\ -1 \end{pmatrix} = \begin{pmatrix} 10 \\ 27 \\ 6 \end{pmatrix} \Rightarrow \mathrm{Q}(10 \mid 27 \mid 6)$$

Also befindet sich das Flugzeug um 7.01 Uhr im Punkt $\mathrm{Q}(10 \mid 27 \mid 6)$.

Man kann erkennen, dass sich das Flugzeug im Sinkflug befindet, da die x_3-Komponente des Richtungsvektors der Flugbahn negativ ist.

Die Geschwindigkeit v des Flugzeugs erhält man, indem man die in der ersten Minute zurückgelegte Wegstrecke $\overline{\mathrm{PQ}}$ durch die benötigte Zeit $\left(\frac{1}{60}\text{ Stunde}\right)$ teilt:

$$v = \frac{\overline{\mathrm{PQ}}}{\frac{1}{60}} = \frac{\left|\overrightarrow{\mathrm{PQ}}\right|}{\frac{1}{60}} = \frac{\left|\begin{pmatrix} 3 \\ -2 \\ -1 \end{pmatrix}\right|}{\frac{1}{60}} = \frac{\sqrt{3^2 + (-2)^2 + (-1)^2}}{\frac{1}{60}} = 60 \cdot \sqrt{14} \approx 224,5$$

Das Flugzeug hat damit eine Geschwindigkeit von etwa $224,5\,\frac{\mathrm{km}}{\mathrm{h}}$.

Den Neigungswinkel α zwischen der Flugbahn f_1 und der x_1x_2-Ebene erhält man mithilfe des Richtungsvektors $\vec{u}_1 = \begin{pmatrix} 3 \\ -2 \\ -1 \end{pmatrix}$ von f_1 und des Normalenvektors $\vec{n} = \begin{pmatrix} 0 \\ 0 \\ 1 \end{pmatrix}$ der x_1x_2-Ebene:

$$\sin\alpha = \frac{|\vec{u}_1 \cdot \vec{n}|}{|\vec{u}_1| \cdot |\vec{n}|} = \frac{\left|\begin{pmatrix} 3 \\ -2 \\ -1 \end{pmatrix} \cdot \begin{pmatrix} 0 \\ 0 \\ 1 \end{pmatrix}\right|}{\left|\begin{pmatrix} 3 \\ -2 \\ -1 \end{pmatrix}\right| \cdot \left|\begin{pmatrix} 0 \\ 0 \\ 1 \end{pmatrix}\right|} = \frac{|3 \cdot 0 + (-2) \cdot 0 + (-1) \cdot 1|}{\sqrt{3^2 + (-2)^2 + (-1)^2} \cdot 1} = \frac{|-1|}{\sqrt{14}} = \frac{1}{\sqrt{14}}$$

$$\Rightarrow \alpha \approx 15,5^\circ$$

Das Flugzeug fliegt etwa unter einem Winkel von $15,5^\circ$ auf den Boden zu.

Schneidet man f_1 mit der x_1x_2-Ebene ($x_3 = 0$), erhält man: $7 - t = 0 \Rightarrow t = 7$
Setzt man $t = 7$ in f_1 ein, ergibt sich:

$$\vec{s} = \begin{pmatrix} 7 \\ 29 \\ 7 \end{pmatrix} + 7 \cdot \begin{pmatrix} 3 \\ -2 \\ -1 \end{pmatrix} = \begin{pmatrix} 28 \\ 15 \\ 0 \end{pmatrix} \Rightarrow \mathrm{S}\,(28 \mid 15 \mid 0)$$

Also würde das Flugzeug um 7.07 Uhr im Punkt S (28 | 15 | 0) auf dem Boden aufsetzen.

b) Es ist zu prüfen, ob f_1, R_1 und R_2 in einer Ebene liegen, damit der Anflug optimal ist.
Die Ebene E, in der R_1 und f_1 liegen, hat die Spannvektoren

$$\vec{v}_1 = \vec{u}_1 = \begin{pmatrix} 3 \\ -2 \\ -1 \end{pmatrix} \text{ und } \vec{v}_2 = \overrightarrow{PR_1} = \begin{pmatrix} -1 \\ -26 \\ -7 \end{pmatrix}.$$

Damit lautet die Parametergleichung:

$$\mathrm{E}\colon \vec{x} = \begin{pmatrix} 7 \\ 29 \\ 7 \end{pmatrix} + t \cdot \begin{pmatrix} 3 \\ -2 \\ -1 \end{pmatrix} + s \cdot \begin{pmatrix} -1 \\ -26 \\ -7 \end{pmatrix}, \; s,\, t \in \mathbb{R}$$

Um zu prüfen, ob $R_2\,(17 \mid 9 \mid 0)$ auch in der Ebene E liegt, setzt man den Ortsvektor von R_2 in E ein und erhält folgendes lineares Gleichungssystem:

$$\begin{array}{llcccccc} \text{I} & 17 & = & 7 & + & 3t & - & s \\ \text{II} & 9 & = & 29 & - & 2t & - & 26s \\ \text{III} & 0 & = & 7 & - & t & - & 7s \end{array}$$

Subtrahiert man das 2-fache von Gleichung III von Gleichung II, erhält man:

$$9 = 15 - 12s \Rightarrow s = 0{,}5$$

Setzt man $s = 0{,}5$ in Gleichung II ein, ergibt sich: $9 = 29 - 2t - 26 \cdot 0{,}5 \Rightarrow t = 3{,}5$
Setzt man $s = 0{,}5$ und $t = 3{,}5$ in Gleichung I ein, erhält man:

$$17 = 7 + 3 \cdot 3{,}5 - 0{,}5 \Rightarrow 17 = 17$$

Aufgrund der wahren Aussage liegt auch R_2 in der Ebene E und damit ist der Anflug optimal.

Das Flugzeug F_1 entfernt sich von R_1 ab demjenigen Zeitpunkt, an dem der Abstand von R_1 zu f_1 minimal ist.

Hierzu stellt man eine zu f_1 orthogonale Hilfsebene E_H auf, die den Punkt R_1 enthält und deren Normalenvektor der Richtungsvektor $\vec{u}_1$ von f_1 ist:

$$E_H: \left(\vec{x} - \begin{pmatrix} 6 \\ 3 \\ 0 \end{pmatrix}\right) \cdot \begin{pmatrix} 3 \\ -2 \\ -1 \end{pmatrix} = 0$$

$$E_H: (x_1 - 6) \cdot 3 + (x_2 - 3) \cdot (-2) + (x_3 - 0) \cdot (-1) = 0$$

$$E_H: 3x_1 - 2x_2 - x_3 = 12$$

Alternativ kann man auch die Koordinaten des Punktes $R_1(6 \mid 3 \mid 0)$ in den Ansatz $3x_1 - 2x_2 - x_3 = d$ einsetzen:

$$3 \cdot 6 - 2 \cdot 3 - 0 = d \Rightarrow d = 12$$

Damit erhält man die Koordinatengleichung: E_H: $3x_1 - 2x_2 - x_3 = 12$.

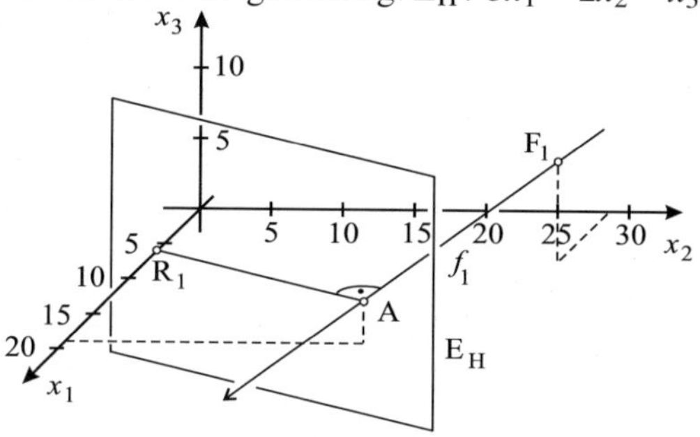

Schneidet man E_H mit f_1 ergibt sich der Schnittpunkt A zum gesuchten Zeitpunkt t:

$$3 \cdot (7 + 3t) - 2 \cdot (29 - 2t) - (7 - t) = 12 \Rightarrow t = 4$$

Damit übernimmt die Radarstation R_2 um 7.04 Uhr die Flugüberwachung.

c) Um zu bestimmen, wie weit die Flugzeuge F_1 und F_2 um 7.04 Uhr voneinander entfernt sind, setzt man $t = 4$ in f_1 und f_2 ein und berechnet den Abstand d der beiden zugehörigen Punkte A und B:

$$\vec{a} = \begin{pmatrix} 7 \\ 29 \\ 7 \end{pmatrix} + 4 \cdot \begin{pmatrix} 3 \\ -2 \\ -1 \end{pmatrix} = \begin{pmatrix} 19 \\ 21 \\ 3 \end{pmatrix} \Rightarrow A(19 \mid 21 \mid 3)$$

$$\vec{b} = \begin{pmatrix} 18 \\ 11 \\ 7 \end{pmatrix} + 4 \cdot \begin{pmatrix} 2 \\ 2 \\ 0 \end{pmatrix} = \begin{pmatrix} 26 \\ 19 \\ 7 \end{pmatrix} \Rightarrow B(26 \mid 19 \mid 7)$$

$$d = \left|\overrightarrow{AB}\right| = \left|\begin{pmatrix} 7 \\ -2 \\ 4 \end{pmatrix}\right| = \sqrt{7^2 + (-2)^2 + 4^2} = \sqrt{69} \approx 8,31$$

Die beiden Flugzeuge sind um 7.04 Uhr etwa 8,3 km voneinander entfernt.

Um zu berechnen, zu welchem Zeitpunkt die beiden Flugzeuge einen Abstand von 10 km haben, wird zuerst der Abstand $d(t)$ der beiden Positionen $A_t\,(7+3t \mid 29-2t \mid 7-t)$ von F_1 und $B_t\,(18+2t \mid 11+2t \mid 7)$ von F_2 zum Zeitpunkt t bestimmt:

$$d(t) = \left|\overrightarrow{A_tB_t}\right| = \left|\begin{pmatrix} 11-t \\ -18+4t \\ t \end{pmatrix}\right| = \sqrt{(11-t)^2 + (-18+4t)^2 + t^2}$$

Anschließend löst man die Gleichung $d(t) = 10$ durch Quadrieren nach t auf:

$$\begin{aligned} \sqrt{(11-t)^2 + (-18+4t)^2 + t^2} &= 10 \\ (11-t)^2 + (-18+4t)^2 + t^2 &= 100 \\ 121 - 22t + t^2 + 324 - 144t + 16t^2 + t^2 &= 100 \\ 18t^2 - 166t + 345 &= 0 \end{aligned}$$

Mithilfe der *abc*-Formel erhält man $t_1 \approx 3,16$ und $t_2 \approx 6,06$.
Somit haben die beiden Flugzeuge etwa um 7.03 Uhr und um 7.06 Uhr einen Abstand von 10 km.

9 Pyramide

Gegeben sind die Punkte A (5 | −5 | 0), B (5 | 5 | 0), C (−5 | 5 | 0), D (−5 | −5 | 0) sowie S (0 | 0 | 12).

a) Die Ebene E, in der die Punkte B (5 | 5 | 0), C (−5 | 5 | 0) und S (0 | 0 | 12) liegen, hat beispielsweise den Stützpunkt B und die Spannvektoren $\overrightarrow{BC} = \begin{pmatrix} -10 \\ 0 \\ 0 \end{pmatrix} = -10 \cdot \begin{pmatrix} 1 \\ 0 \\ 0 \end{pmatrix}$ und $\overrightarrow{BS} = \begin{pmatrix} -5 \\ -5 \\ 12 \end{pmatrix}$. Damit hat E die Parametergleichung:

$$E\colon \vec{x} = \begin{pmatrix} 5 \\ 5 \\ 0 \end{pmatrix} + s \cdot \begin{pmatrix} 1 \\ 0 \\ 0 \end{pmatrix} + t \cdot \begin{pmatrix} -5 \\ -5 \\ 12 \end{pmatrix}; \; s,t \in \mathbb{R}$$

Einen Normalenvektor $\vec{n}$ von S erhält man mithilfe des Kreuzprodukts (siehe Seite 39) der Spannvektoren $\begin{pmatrix} 1 \\ 0 \\ 0 \end{pmatrix}$ und $\begin{pmatrix} -5 \\ -5 \\ 12 \end{pmatrix}$:

$$\begin{pmatrix} 1 \\ 0 \\ 0 \end{pmatrix} \times \begin{pmatrix} -5 \\ -5 \\ 12 \end{pmatrix} = \begin{pmatrix} 0 \\ -12 \\ -5 \end{pmatrix} = -1 \cdot \begin{pmatrix} 0 \\ 12 \\ 5 \end{pmatrix} \Rightarrow \vec{n} = \begin{pmatrix} 0 \\ 12 \\ 5 \end{pmatrix}$$

Alternativ kann man $\vec{n}$ auch mithilfe des Skalarprodukts bestimmen, da $\vec{n}$ auf beiden Spannvektoren senkrecht steht. Damit gilt:

$$\begin{pmatrix} n_1 \\ n_2 \\ n_3 \end{pmatrix} \cdot \begin{pmatrix} 1 \\ 0 \\ 0 \end{pmatrix} = 0$$

und

$$\begin{pmatrix} n_1 \\ n_2 \\ n_3 \end{pmatrix} \cdot \begin{pmatrix} -5 \\ -5 \\ 12 \end{pmatrix} = 0$$

Daraus ergibt sich das lineare Gleichungssystem:

$$\begin{array}{lrcrcrcl} \text{I} & n_1 & + & 0 \cdot n_2 & + & 0 \cdot n_3 & = & 0 \\ \text{II} & -5n_1 & - & 5n_2 & + & 12n_3 & = & 0 \end{array}$$

Aus Gleichung I erhält man: $n_1 = 0$.
Setzt man $n_1 = 0$ in Gleichung II ein, ergibt sich: $-5n_2 + 12n_3 = 0$.
Wählt man in Gleichung II z.B. $n_3 = 5$, erhält man: $-5n_2 + 12 \cdot 5 = 0 \Rightarrow n_2 = 12$.

Damit ergibt sich ein Normalenvektor $\vec{n} = \begin{pmatrix} 0 \\ 12 \\ 5 \end{pmatrix}$.

Eine Koordinatengleichung von E erhält man mithilfe der Punkt-Normalenform:

$$\text{E: } \left(\vec{x} - \vec{b}\right) \cdot \vec{n} = 0$$

$$\text{E: } \left(\vec{x} - \begin{pmatrix} 5 \\ 5 \\ 0 \end{pmatrix}\right) \cdot \begin{pmatrix} 0 \\ 12 \\ 5 \end{pmatrix} = 0$$

$$\text{E: } (x_1 - 5) \cdot 0 + (x_2 - 5) \cdot 12 + (x_3 - 0) \cdot 5 = 0$$

$$\text{E: } 12x_2 - 60 + 5x_3 = 0$$

$$\text{E: } 12x_2 + 5x_3 = 60$$

Alternativ kann man auch die Koordinaten des Punktes B (5 | 5 | 0) in den Ansatz $12x_2 + 5x_3 = d$ einsetzen:

$$12 \cdot 5 + 5 \cdot 0 = d \Rightarrow d = 60$$

Die Ebene E hat somit die Koordinatengleichung E: $12x_2 + 5x_3 = 60$.

Den Winkel α, der von der Seitenfläche BCS und der Grundfläche der Pyramide (x_1x_2-Ebene) eingeschlossen wird, erhält man mithilfe der Formel $\cos\alpha = \frac{|\vec{n}_1 \cdot \vec{n}_2|}{|\vec{n}_1| \cdot |\vec{n}_2|}$, wobei $\vec{n}_1 = \begin{pmatrix} 0 \\ 12 \\ 5 \end{pmatrix}$ ein Normalenvektor von E und $\vec{n}_2 = \begin{pmatrix} 0 \\ 0 \\ 1 \end{pmatrix}$ ein Normalenvektor der x_1x_2-Ebene ist. Damit erhält man:

$$\cos\alpha = \frac{|\vec{n}_1 \cdot \vec{n}_2|}{|\vec{n}_1| \cdot |\vec{n}_2|} = \frac{\left|\begin{pmatrix} 0 \\ 12 \\ 5 \end{pmatrix} \cdot \begin{pmatrix} 0 \\ 0 \\ 1 \end{pmatrix}\right|}{\left|\begin{pmatrix} 0 \\ 12 \\ 5 \end{pmatrix}\right| \cdot \left|\begin{pmatrix} 0 \\ 0 \\ 1 \end{pmatrix}\right|} = \frac{|0 \cdot 0 + 12 \cdot 0 + 5 \cdot 1|}{\sqrt{0^2 + 12^2 + 5^2} \cdot \sqrt{0^2 + 0^2 + 1^2}} = \frac{5}{13}$$

$$\Rightarrow \alpha \approx 67{,}4^\circ$$

Der Winkel α zwischen den beiden Ebenen beträgt etwa $67{,}4^\circ$.

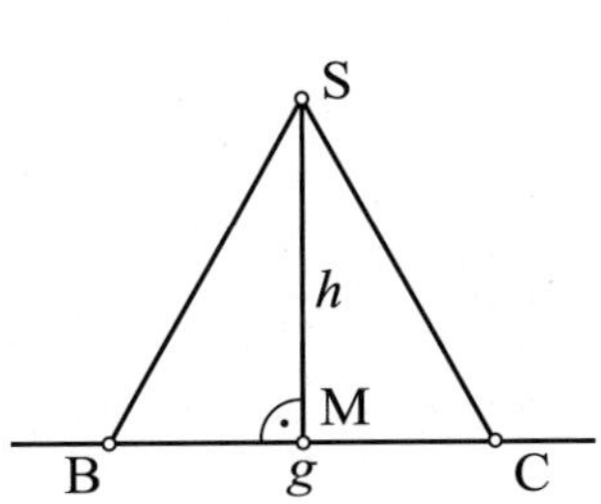

Das Dreieck BCS ist gleichschenklig. Den Flächeninhalt A des gleichschenkligen Dreiecks BCS erhält man mithilfe der Formel $A = \frac{1}{2} \cdot g \cdot h$.
Als Grundseite g des Dreiecks BCS verwendet man $g = \overline{BC} = 10$.

Die zugehörige Höhe h ist die Entfernung vom Mittelpunkt M$(0 \mid 5 \mid 0)$ der Punkte B und C zur Spitze S:

$$h = \overline{\mathrm{MS}} = \left|\overrightarrow{\mathrm{MS}}\right| = \left|\begin{pmatrix} 0 \\ -5 \\ 12 \end{pmatrix}\right| = \sqrt{0^2 + (-5)^2 + 12^2} = \sqrt{169} = 13$$

Damit erhält man:

$$\mathrm{A} = \frac{10 \cdot 13}{2} = 65$$

Der Flächeninhalt des Dreiecks BCS beträgt 65 FE.

b) Aus Symmetriegründen liegt der Punkt R im Innern der Pyramide, der von allen Seitenflächen und von der Grundfläche genau gleich weit entfernt, auf der x_3-Achse und hat die Koordinaten $\mathrm{R}(0 \mid 0 \mid t)$ mit $0 < t < 12$.

Der Abstand d_1 von R zur Bodenfläche der Pyramide entspricht der x_3-Koordinate von R, also $\mathrm{d}_1 = t$.

Den Abstand d_2 von R zur Seitenfläche BCS mit der Gleichung $\mathrm{E}\colon\ 12x_2 + 5x_3 = 60$ erhält man mit der Abstandsformel:

$$\mathrm{d}_2 = \frac{|12 \cdot 0 + 5 \cdot t - 60|}{\sqrt{0^2 + 12^2 + 5^2}} = \frac{|5t - 60|}{13}$$

Da R von der Bodenfläche und von den Seitenflächen genau gleich weit entfernt ist, gilt:

$$\begin{aligned} \mathrm{d}_1 &= \mathrm{d}_2 \\ t &= \frac{|5t - 60|}{13} \\ 13t &= |5t - 60| \end{aligned}$$

Diese Betragsgleichung löst man durch Fallunterscheidung:

I) $5t - 60 = 13t$ führt zu $t_1 = -7{,}5$.

II) $5t - 60 = -13t$ führt zu $t_2 = \frac{10}{3}$.

Wegen $0 < t < 12$ kommt nur $t = \frac{10}{3}$ als Lösung in Frage.

Somit hat der Punkt R die Koordinaten $\mathrm{R}\left(0 \mid 0 \mid \frac{10}{3}\right)$.

c) Die Situation von Pyramide und Quader kann anhand der nebenstehenden Zeichnung veranschaulicht werden.

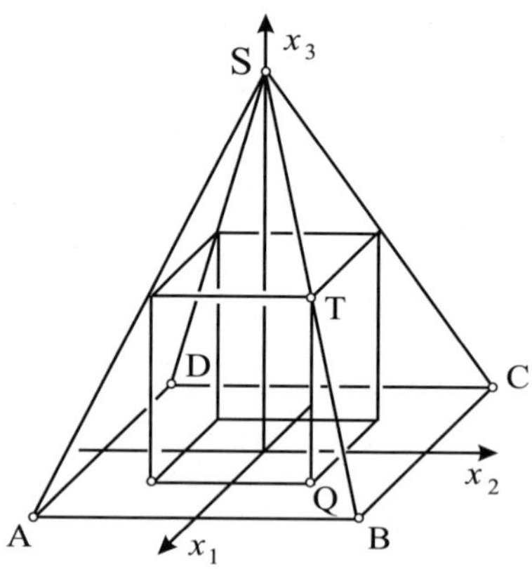

Das Volumen V eines Quaders erhält man mithilfe der Formel $\mathrm{V} = a \cdot b \cdot c$. Ein Quader mit dem Eckpunkt $\mathrm{Q}(2{,}5 \mid 2{,}5 \mid 0)$ hat die Grundseiten $a = 5$ und $b = 5$.

Der Eckpunkt T oberhalb von Q liegt auf der Kante BS, und damit auf der Geraden g durch B und S. Diese hat die Gleichung:

$$g\colon \vec{x} = \begin{pmatrix} 5 \\ 5 \\ 0 \end{pmatrix} + t \cdot \begin{pmatrix} -5 \\ -5 \\ 12 \end{pmatrix}$$

Der Eckpunkt T liegt auch auf der Lotgeraden l, die durch Q geht und orthogonal zur Grundfläche ist. Als Richtungsvektor von l verwendet man den Normalenvektor der x_1x_2-Ebene. Damit hat die Lotgerade l die Gleichung:

$$l\colon \vec{x} = \begin{pmatrix} 2{,}5 \\ 2{,}5 \\ 0 \end{pmatrix} + r \cdot \begin{pmatrix} 0 \\ 0 \\ 1 \end{pmatrix}$$

Die Koordinaten von T erhält man, indem man g und l schneidet:

$$\begin{pmatrix} 5 \\ 5 \\ 0 \end{pmatrix} + t \cdot \begin{pmatrix} -5 \\ -5 \\ 12 \end{pmatrix} = \begin{pmatrix} 2{,}5 \\ 2{,}5 \\ 0 \end{pmatrix} + r \cdot \begin{pmatrix} 0 \\ 0 \\ 1 \end{pmatrix}$$

Dies führt zu folgendem Gleichungssystem:

$$\begin{array}{lcccl} \text{I} & 5 & - & 5t & = & 2{,}5 \\ \text{II} & 5 & - & 5t & = & 2{,}5 \\ \text{III} & & & 12t & = & r \end{array}$$

Aus Gleichung I und II ergibt sich: $5 - 5t = 2{,}5 \;\Rightarrow\; t = 0{,}5$
Setzt man $t = 0{,}5$ in Gleichung III ein, erhält man: $12 \cdot 0{,}5 = r \;\Rightarrow\; r = 6$
Setzt man $t = 0{,}5$ in g oder $r = 6$ in l ein, erhält man: $\mathrm{T}\,(2{,}5 \mid 2{,}5 \mid 6)$.
Die Höhe c des Quaders ist gleich groß wie die x_3-Koordinate von T, also $c = 6$.
Damit ergibt sich für das Volumen des Quaders:

$$\mathrm{V} = 5 \cdot 5 \cdot 6 = 150$$

Der Quader hat ein Volumen von 150 VE.

Der obere rechte Eckpunkt T eines Quaders liegt auf der Geraden g durch B und S, hat also die allgemeinen Koordinaten $\mathrm{T}_t\,(5 - 5t \mid 5 - 5t \mid 12t)$.
Die x_1- und die x_2-Koordinaten von T_t sind gleich, genau wie beim Punkt Q in der Grundfläche. Die Grundfläche liegt symmetrisch um den Ursprung herum. Damit der Quader ein Würfel ist, muss die x_3-Koordinate von T_t doppelt so groß sein wie die x_1- bzw. x_2-Koordinate. Also muss gelten:

$$12t = 2 \cdot (5 - 5t) \;\Rightarrow\; t = \frac{5}{11}$$

Setzt man $t = \frac{5}{11}$ in T_t ein, ergibt sich: $\mathrm{T}^*\left(\frac{30}{11} \mid \frac{30}{11} \mid \frac{60}{11}\right)$.
Der Eckpunkt T^* des Würfels auf der Kante BS hat die Koordinaten $\mathrm{T}^*\left(\frac{30}{11} \mid \frac{30}{11} \mid \frac{60}{11}\right)$.

10 Platte

Gegeben sind die Punkte A (10 | 6 | 0), B (0 | 6 | 0), C (0 | 0 | 3), D (10 | 0 | 3), F (5 | 6 | 0) und L (8 | 10 | 2).

a) Die Ebene E, in der die Platte mit den Eckpunkten A (10 | 6 | 0), B (0 | 6 | 0) und C (0 | 0 | 3) liegt, hat beispielsweise den Stützpunkt A und die Spannvektoren

$$\overrightarrow{AB} = \begin{pmatrix} -10 \\ 0 \\ 0 \end{pmatrix} = -10 \cdot \begin{pmatrix} 1 \\ 0 \\ 0 \end{pmatrix} \text{ und } \overrightarrow{AC} = \begin{pmatrix} -10 \\ -6 \\ 3 \end{pmatrix}.$$

Damit hat E die Parametergleichung:

$$E\colon \vec{x} = \begin{pmatrix} 10 \\ 6 \\ 0 \end{pmatrix} + s \cdot \begin{pmatrix} 1 \\ 0 \\ 0 \end{pmatrix} + t \cdot \begin{pmatrix} -10 \\ -6 \\ 3 \end{pmatrix};\ s,t \in \mathbb{R}$$

Einen Normalenvektor $\vec{n}$ von E erhält man mithilfe des Kreuzprodukts (siehe Seite 39) der Spannvektoren $\begin{pmatrix} 1 \\ 0 \\ 0 \end{pmatrix}$ und $\begin{pmatrix} -10 \\ -6 \\ 3 \end{pmatrix}$:

$$\begin{pmatrix} 1 \\ 0 \\ 0 \end{pmatrix} \times \begin{pmatrix} -10 \\ -6 \\ 3 \end{pmatrix} = \begin{pmatrix} 0 \\ -3 \\ -6 \end{pmatrix} = -3 \cdot \begin{pmatrix} 0 \\ 1 \\ 2 \end{pmatrix} \Rightarrow \vec{n} = \begin{pmatrix} 0 \\ 1 \\ 2 \end{pmatrix}$$

Alternativ kann man $\vec{n}$ auch mithilfe des Skalarprodukts bestimmen, da $\vec{n}$ auf beiden Spannvektoren senkrecht steht. Damit gilt:

$$\begin{pmatrix} n_1 \\ n_2 \\ n_3 \end{pmatrix} \cdot \begin{pmatrix} 1 \\ 0 \\ 0 \end{pmatrix} = 0$$

und

$$\begin{pmatrix} n_1 \\ n_2 \\ n_3 \end{pmatrix} \cdot \begin{pmatrix} -10 \\ -6 \\ 3 \end{pmatrix} = 0$$

Daraus ergibt sich das lineare Gleichungssystem:

$$\begin{array}{lrcrcrcl} \text{I} & n_1 & + & 0 \cdot n_2 & + & 0 \cdot n_3 & = & 0 \\ \text{II} & -10n_1 & - & 6n_2 & + & 3n_3 & = & 0 \end{array}$$

Aus Gleichung I ergibt sich: $n_1 = 0$.
Setzt man $n_1 = 0$ in Gleichung II ein, erhält man: $-6n_2 + 3n_3 = 0$.
Wählt man in Gleichung II z.B. $n_3 = 2$, erhält man: $-6n_2 + 3 \cdot 2 = 0 \Rightarrow n_2 = 1$

Damit ergibt sich ein Normalenvektor $\vec{n} = \begin{pmatrix} 0 \\ 1 \\ 2 \end{pmatrix}$.

Eine Koordinatengleichung von E erhält man mithilfe der Punkt-Normalenform:

$$\text{E: } (\vec{x} - \vec{a}) \cdot \vec{n} = 0$$

$$\text{E: } \left(\vec{x} - \begin{pmatrix} 10 \\ 6 \\ 0 \end{pmatrix}\right) \cdot \begin{pmatrix} 0 \\ 1 \\ 2 \end{pmatrix} = 0$$

$$\text{E: } (x_1 - 10) \cdot 0 + (x_2 - 6) \cdot 1 + (x_3 - 0) \cdot 2 = 0$$

$$\text{E: } x_2 - 6 + 2x_3 = 0$$

$$\text{E: } x_2 + 2x_3 = 6$$

Alternativ kann man auch die Koordinaten des Punktes A (10 | 6 | 0) in den Ansatz $x_2 + 2x_3 = d$ einsetzen:

$$6 + 2 \cdot 0 = d \Rightarrow d = 6$$

Die Ebene E hat die Koordinatengleichung E: $x_2 + 2x_3 = 6$.

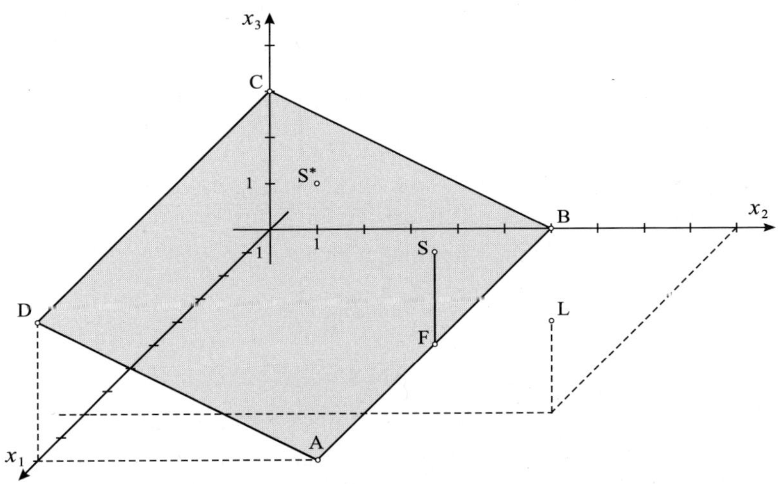

Das obere Ende des Stabes hat die Koordinaten S (5 | 6 | 2).

Den Abstand d des oberen Endes S des Stabes von der Ebene E: $x_2 + 2x_3 = 6$ erhält man mithilfe der Abstandsformel:

$$\text{d} = \frac{|6 + 2 \cdot 2 - 6|}{\sqrt{0^2 + 1^2 + 2^2}} = \frac{4}{\sqrt{5}} \approx 1{,}79$$

Der Abstand des oberen Endes des Stabes von der Ebene E beträgt etwa 1,79 m.

Den Winkel zwischen dem Stab und der Platte erhält man mit der Formel $\sin\alpha = \frac{|\vec{n}\cdot\vec{r}|}{|\vec{n}|\cdot|\vec{r}|}$, wobei $\vec{n} = \begin{pmatrix} 0 \\ 1 \\ 2 \end{pmatrix}$ ein Normalenvektor von E und $\vec{r} = \begin{pmatrix} 0 \\ 0 \\ 1 \end{pmatrix}$ ein Richtungsvektor der Geraden ist, auf der der Stab liegt. Damit erhält man:

$$\sin\alpha = \frac{|\vec{n}\cdot\vec{r}|}{|\vec{n}|\cdot|\vec{r}|} = \frac{\left|\begin{pmatrix} 0 \\ 1 \\ 2 \end{pmatrix}\cdot\begin{pmatrix} 0 \\ 0 \\ 1 \end{pmatrix}\right|}{\left|\begin{pmatrix} 0 \\ 1 \\ 2 \end{pmatrix}\right|\cdot\left|\begin{pmatrix} 0 \\ 0 \\ 1 \end{pmatrix}\right|} = \frac{|0\cdot 0+1\cdot 0+2\cdot 1|}{\sqrt{0^2+1^2+2^2}\cdot\sqrt{0^2+0^2+1^2}} = \frac{2}{\sqrt{5}}$$

$$\Rightarrow \alpha \approx 63{,}4^\circ$$

Der Winkel zwischen dem Stab und der Platte beträgt etwa $63{,}4^\circ$.

b) Das obere Ende des Stabes hat die Koordinaten $S\,(5 \mid 6 \mid 2)$.
Den Schattenpunkt S^* des oberen Endes des Stabes auf der Platte erhält man, indem man die Gerade g durch die Punkte S und L aufstellt und mit der Ebene E, in der die Platte liegt, schneidet. Die Gerade g hat die Gleichung:

$$g: \vec{x} = \begin{pmatrix} 5 \\ 6 \\ 2 \end{pmatrix} + t\cdot\begin{pmatrix} 3 \\ 4 \\ 0 \end{pmatrix}$$

Den Schnittpunkt S^* von g und E erhält man, indem man den allgemeinen Punkt $P_t\,(5+3t \mid 6+4t \mid 2)$ in die Koordinatengleichung von E: $x_2 + 2x_3 = 6$ einsetzt:

$$6+4t+2\cdot 2 = 6 \Rightarrow t = -1$$

Setzt man $t = -1$ in P_t ein, ergibt sich: $S^*\,(2 \mid 2 \mid 2)$.
Der Schattenpunkt des oberen Endes des Stabes hat die Koordinaten $S^*\,(2 \mid 2 \mid 2)$.

Um zu begründen, dass der Schatten vollständig auf der Platte liegt, kann man sich Folgendes überlegen:
Das untere Ende des Stabes, also der Punkt F, liegt auf der Platte, da er der Mittelpunkt der Eckpunkte A und B ist.
Der Punkt $S^*\,(2 \mid 2 \mid 2)$ liegt auf der Platte, da die x_1-Koordinate von S^* zwischen den x_1-Koordinaten der Eckpunkte A und B liegt, die x_2-Koordinate von S^* zwischen den x_2-Koordinaten der Eckpunkte B und C liegt und die x_3-Koordinate von S^* zwischen den x_3-Koordinaten der Eckpunkte A und D bzw. B und C liegt.
Damit liegt der gesamte Schatten des Stabes von F zu S^* auf der Platte.

c) Da sich die Lichtquelle von L aus auf einer zur x_1x_2-Ebene parallelen Kreisbahn bewegt, deren Mittelpunkt das obere Ende des Stabes ist, liegt diese Kreisbahn in der Ebene $\mathrm{K}: x_3 = 2$. Die Kollisionspunkte der Kreisbahn mit der Platte liegen also auf der Schnittgeraden s von E und K.
Eine Gleichung von s erhält man durch Lösen des zugehörigen Gleichungssystems:

$$\begin{array}{llcccl} \mathrm{I} & x_2 & + & 2x_3 & = & 6 \\ \mathrm{II} & & & x_3 & = & 2 \end{array}$$

Setzt man $x_3 = 2$ in Gleichung I ein, ergibt sich: $x_2 + 2 \cdot 2 = 6 \Rightarrow x_2 = 2$.
Wählt man $x_1 = t$, so erhält man:

$$s: \vec{x} = \begin{pmatrix} 0 \\ 2 \\ 2 \end{pmatrix} + t \cdot \begin{pmatrix} 1 \\ 0 \\ 0 \end{pmatrix}$$

Die Koordinaten der beiden möglichen Kollisionspunkte erhält man, indem man den Abstand eines allgemeinen Punktes $\mathrm{P}_t\,(t \mid 2 \mid 2)$ von s zum Mittelpunkt S des Kreises gleichsetzt mit dem Radius r der Kreisbahn.

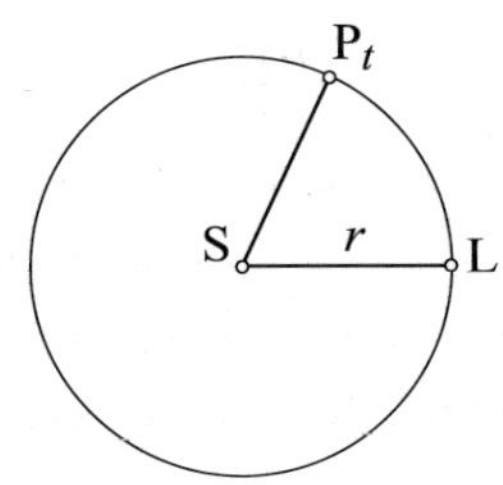

Der Radius r der Kreisbahn ist der Abstand von S zu L:

$$r = \overline{\mathrm{SL}} = \left|\overrightarrow{\mathrm{SL}}\right| = \left|\begin{pmatrix} 3 \\ 4 \\ 0 \end{pmatrix}\right| = \sqrt{3^2 + 4^2 + 0^2} = \sqrt{25} = 5$$

Der Abstand d_t eines allgemeinen Punktes P_t von s zum Mittelpunkt S des Kreises beträgt:

$$d_t = \overline{\mathrm{P}_t\mathrm{S}} = \left|\overrightarrow{\mathrm{P}_t\mathrm{S}}\right| = \left|\begin{pmatrix} 5-t \\ 4 \\ 0 \end{pmatrix}\right| = \sqrt{(5-t)^2 + 4^2 + 0^2} = \sqrt{(5-t)^2 + 16}$$

Die Gleichung $d_t = r$ löst man durch Quadrieren nach t auf:

$$\begin{aligned} \sqrt{(5-t)^2 + 16} &= 5 \\ (5-t)^2 + 16 &= 25 \\ 25 - 10t + t^2 + 16 &= 25 \\ t^2 - 10t + 16 &= 0 \end{aligned}$$

Mithilfe der *abc*- oder *pq*-Formel erhält man die Lösungen $t_1 = 2$ und $t_2 = 8$.
Setzt man $t_1 = 2$ und $t_2 = 8$ in P_t ein, erhält man die Kollisionspunkte $\mathrm{P}_1\,(2 \mid 2 \mid 2)$ und $\mathrm{P}_2\,(8 \mid 2 \mid 2)$.

11 Ebenenschar

a) Eine Gerade ist orthogonal zu einer Ebene, wenn der Richtungsvektor $\vec{u}$ der Geraden und der Normalenvektor $\vec{n}_a$ der Ebene linear abhängig, d.h. ein Vielfaches voneinander sind:

$$\begin{pmatrix} a \\ 8-a \\ 8 \end{pmatrix} = k \cdot \begin{pmatrix} 1 \\ 1 \\ 2 \end{pmatrix}; k \in \mathbb{R} \text{ führt zu } \begin{array}{rclcrcl} a & = & k & & & & \\ 8-a & = & k & \Rightarrow & a & = & 4 \\ 8 & = & 2k & \Rightarrow & k & = & 4 \end{array}$$

Für $a = 4$ sind g und E_a orthogonal.
Um zu zeigen, dass g für keinen Wert von a in E_a enthalten ist, setzt man den allgemeinen Punkt $P_t\,(1+t \mid 1+t \mid 3+2t)$ in die Gleichung von E_a ein:

$$a \cdot (1+t) + (8-a) \cdot (1+t) + 8 \cdot (3+2t) - 4 = 0 \Rightarrow t = -\frac{7}{6}$$

Da sich für t ein konkreter Wert ergibt, haben g und E_a unabhängig von a immer genau einen Schnittpunkt, d.h. g kann für keinen Wert von a in E_a enthalten sein.
Alternativ kann man sich auch folgendes überlegen: Wenn g in E_a enthalten wäre, so müssten der Richtungsvektor $\vec{u}$ der Geraden und der Normalenvektor $\vec{n}_a$ der Ebene E_a orthogonal sein, d.h. das Skalarprodukt wäre Null:

$$\begin{pmatrix} a \\ 8-a \\ 8 \end{pmatrix} \cdot \begin{pmatrix} 1 \\ 1 \\ 2 \end{pmatrix} = a + 8 - a + 16 = 24$$

Da das Skalarprodukt für keinen Wert von a Null ergibt, kann g für keinen Wert von a in E_a enthalten sein.

b) Den Winkel zwischen der Geraden g und der Ebene E_a berechnet man mit folgender Formel:

$$\sin\alpha = \frac{|\vec{u} \cdot \vec{n}_a|}{|\vec{u}| \cdot |\vec{n}_a|} = \frac{\left|\begin{pmatrix} 1 \\ 1 \\ 2 \end{pmatrix} \cdot \begin{pmatrix} a \\ 8-a \\ 8 \end{pmatrix}\right|}{\left|\begin{pmatrix} 1 \\ 1 \\ 2 \end{pmatrix}\right| \cdot \left|\begin{pmatrix} a \\ 8-a \\ 8 \end{pmatrix}\right|} = \frac{24}{\sqrt{1^2+1^2+2^2} \cdot \sqrt{a^2+(8-a)^2+8^2}}$$

$$= \frac{24}{\sqrt{6} \cdot \sqrt{2a^2 - 16a + 128}}.$$

Da $\sin 30^\circ = \frac{1}{2}$ ist, erhält man folgende Gleichung:

$$\begin{aligned}\frac{24}{\sqrt{6}\cdot\sqrt{2a^2-16a+128}} &= \frac{1}{2}\\ 48 &= \sqrt{6}\cdot\sqrt{2a^2-16a+128}\\ 48^2 &= 6\cdot\left(2a^2-16a+128\right)\\ 384 &= 2a^2-16a+128\\ 192 &= a^2-8a+64\\ 0 &= a^2-8a-128\end{aligned}$$

Mit Hilfe der *pq*- oder *abc*-Formel erhält man die Lösungen $a_1 = 16$ und $a_2 = -8$.
Wenn E_a und E_{a^*} orthogonal zueinander sind, muss das Skalarprodukt der Normalenvektoren Null ergeben:

$$\begin{aligned}\begin{pmatrix} a\\ 8-a\\ 8\end{pmatrix}\cdot\begin{pmatrix} a^*\\ 8-a^*\\ 8\end{pmatrix} &= 0\\ a\cdot a^*+(8-a)\cdot(8-a^*)+8\cdot 8 &= 0\\ a\cdot a^*+64-8a^*-8a+a\cdot a^*+64 &= 0\\ 2\cdot a\cdot a^*+128-8a^*-8a &= 0\\ a\cdot a^*+64-4a^*-4a &= 0\\ a\cdot(a^*-4) &= 4a^*-64\\ a &= \frac{4a^*-64}{a^*-4};\ \text{mit } a^*\neq 4\end{aligned}$$

c) Den Abstand des Ursprungs zu E_a berechnet man mit Hilfe der Abstandsformel:

$$d\left(O;E_a\right) = \frac{|a\cdot 0+(8-a)\cdot 0+8\cdot 0-4|}{\sqrt{a^2+(8-a)^2+8^2}} = \frac{4}{\sqrt{2a^2-16a+128}}$$

Setzt man diesen mit $\frac{1}{8}\sqrt{8}$ gleich, so erhält man folgende Gleichung:

$$\begin{aligned}\frac{4}{\sqrt{2a^2-16a+128}} &= \frac{1}{8}\sqrt{8}\\ 32 &= \sqrt{8}\cdot\sqrt{2a^2-16a+128}\\ 1024 &= 8\cdot\left(2a^2-16a+128\right)\\ 128 &= 2a^2-16a+128\\ 64 &= a^2-8a+64\\ 0 &= a^2-8a\\ 0 &= a\cdot(a-8)\end{aligned}$$

Mit Hilfe des Satzes vom Nullprodukt erhält man die Lösungen $a_1 = 0$ und $a_2 = 8$.
Um die Ebene mit maximalen Abstand zum Ursprung zu bestimmen, betrachtet man die Abstandsfunktion

$$d(a) = \frac{4}{\sqrt{2a^2 - 16a + 128}}$$

Das Maximum der Funktion $d(a)$ erhält man, indem man das Minimum des Nenners bzw. des Terms $g(a) = 2a^2 - 16a + 128$ unter der Wurzel bestimmt.
Die Ableitungen von $g(a)$ sind:

$$g'(a) = 4a - 16$$
$$g''(a) = 4$$

Als notwendige Bedingung löst man die Gleichung $g'(a) = 0$ nach a auf:

$$4a - 16 = 0 \Rightarrow a = 4$$

Wegen $g''(4) = 4 > 0$ handelt es sich um ein Minumum von $g(a)$.
Damit hat $d(a)$ für $a = 4$ ein Maximum.
Somit hat die Ebene E_4 vom Ursprung den maximalen Abstand.

12 Haus

a) Anhand der gegebenen Abbildung und der Koordinaten des Punktes G(9 | 15 | 6) kann man die Koordinaten der Punkte C, F und J angeben:

Der Punkt C liegt genau unterhalb von G auf der x_1x_2-Ebene, hat also die Koordinaten C(9 | 15 | 0).

Der Punkt F liegt genau auf gleicher Höhe wie G und oberhalb von B, der auf der x_1-Achse liegt, hat also die Koordinaten F(9 | 0 | 6).

Der Punkt J liegt auf der Höhe 9m und ist mittig über der Strecke GH, hat also die Koordinaten J(4,5 | 15 | 9).

Damit ergibt sich auch folgende Skalierung der Achsen:

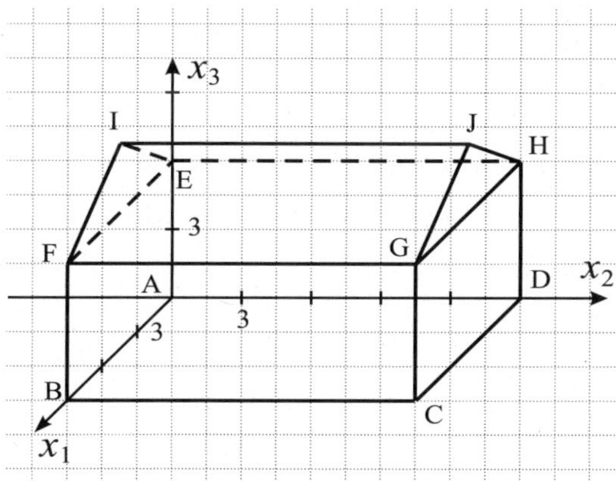

Die Ebene T, in der die Dachfläche FGJI liegt, enthält die Punkte F(9 | 0 | 6), G(9 | 15 | 6) und J(4,5 | 15 | 9). Sie hat beispielsweise den Stützpunkt F und die beiden Spannvektoren

$$\overrightarrow{FG} = \begin{pmatrix} 0 \\ 15 \\ 0 \end{pmatrix} = 15 \begin{pmatrix} 0 \\ 1 \\ 0 \end{pmatrix} \text{ und } \overrightarrow{FJ} = \begin{pmatrix} -4,5 \\ 15 \\ 3 \end{pmatrix} = 1,5 \cdot \begin{pmatrix} -3 \\ 10 \\ 2 \end{pmatrix}$$

Damit hat T die Parametergleichung:

$$T\colon \vec{x} = \begin{pmatrix} 9 \\ 0 \\ 6 \end{pmatrix} + s \cdot \begin{pmatrix} 0 \\ 1 \\ 0 \end{pmatrix} + t \cdot \begin{pmatrix} -3 \\ 10 \\ 2 \end{pmatrix}; \ s,t \in \mathbb{R}$$

Einen Normalenvektor $\vec{n}$ von T erhält man mithilfe des Vektorprodukts (siehe Seite 39) der verkürzten Spannvektoren:

$$\begin{pmatrix} 0 \\ 1 \\ 0 \end{pmatrix} \times \begin{pmatrix} -3 \\ 10 \\ 2 \end{pmatrix} = \begin{pmatrix} 2 \\ 0 \\ 3 \end{pmatrix} \Rightarrow \vec{n} = \begin{pmatrix} 2 \\ 0 \\ 3 \end{pmatrix}$$

Alternativ kann man $\vec{n}$ auch mithilfe des Skalarprodukts bestimmen, da $\vec{n}$ auf beiden verkürzten Spannvektoren senkrecht steht. Damit gilt:

$$\begin{pmatrix} n_1 \\ n_2 \\ n_3 \end{pmatrix} \cdot \begin{pmatrix} 0 \\ 1 \\ 0 \end{pmatrix} = 0 \text{ und } \begin{pmatrix} n_1 \\ n_2 \\ n_3 \end{pmatrix} \cdot \begin{pmatrix} -3 \\ 10 \\ 2 \end{pmatrix} = 0$$

Daraus ergibt sich das lineare Gleichungssystem:

$$\begin{array}{lcccccccc} \text{I} & & + & 1n_1 & & & = & 0 \\ \text{II} & -3 \cdot n_1 & + & 10 \cdot n_2 & + & 2 \cdot n_3 & = & 0 \end{array}$$

Aus Gleichung I ergibt sich: $n_2 = 0$.
Setzt man $n_2 = 0$ in Gleichung II ein, ergibt sich:

$$-3n_1 + 2n_3 = 0$$

Wählt man geschickterweise $n_1 = 2$, so erhält man:

$$-3 \cdot 2 + 2 \cdot n_3 = 0 \Rightarrow n_3 = 3$$

Damit ergibt sich ein Normalenvektor $\vec{n} = \begin{pmatrix} 2 \\ 0 \\ 3 \end{pmatrix}$.
Die Ebene T hat damit die Form:

$$\text{T}: 2x_1 + 3x_3 = d$$

Die Koordinatengleichung von T erhält man, indem man z.B. die Koordinaten des Punktes F(9 | 0 | 6) in obige Gleichung einsetzt und so die Konstante d bestimmt:

$$2 \cdot 9 + 3 \cdot 6 = d \Rightarrow d = 36$$

Somit hat die Ebene T die Koordinatengleichung $\text{T}:\ 2x_1 + 3x_3 = 36$.
Alternativ kann man eine Koordinatengleichung der Ebene T auch mit Hilfe der Punkt-Normalenform bestimmen:

$$\text{T}: \left(\vec{x} - \vec{f}\right) \cdot \vec{n} = 0$$

$$\text{T}: \left(\begin{pmatrix} x_1 \\ x_2 \\ x_3 \end{pmatrix} - \begin{pmatrix} 9 \\ 0 \\ 6 \end{pmatrix}\right) \cdot \begin{pmatrix} 2 \\ 0 \\ 3 \end{pmatrix} = 0$$

$$\text{T}: (x_1 - 9) \cdot 2 + (x_2 - 0) \cdot 0 + (x_3 - 6) \cdot 3 = 0$$

$$\text{T}: 2x_1 - 18 + 3x_3 - 18 = 0$$

$$\text{T}: 2x_1 + 3x_3 = 36$$

Die Ebene T hat somit die Koordinatengleichung $\text{T}:\ 2x_1 + 3x_3 = 36$.

b) Die Dachfläche besteht aus zwei gleich großen Rechtecken. Das Rechteck FGJI hat die Länge 15m, die Breite ist der Abstand von G zu J. Diesen erhält man, indem man den Betrag des zugehörigen Verbindungsvektors bestimmt:

$$\overline{GJ} = \left|\overrightarrow{GJ}\right| = \left|\begin{pmatrix} -4,5 \\ 0 \\ 3 \end{pmatrix}\right| = \sqrt{(-4,5)^2 + 0^2 + 3^2} = \sqrt{29,25}$$

Damit erhält man den Flächeninhalt A der gesamten Dachfläche des Hauses:

$$A = 2 \cdot 15 \cdot \sqrt{29,25} \approx 162,25$$

Der Flächeninhalt der gesamten Dachfläche beträgt etwa $162,25\,\text{m}^2$.

Das Volumen V des Mehrfamilienhauses erhält man, indem man das Volumen V_1 des Quaders ABCDEFGH und das Volumen V_2 des Prismas EFGHIJ bestimmt.
Für das Volumen des Quaders mit Länge 15 m, Breite 9 m und Höhe 6 m gilt:

$$V_1 = 15 \cdot 9 \cdot 6 = 810$$

Das Prisma hat als Grundfläche das Dreieck GHJ und die Prismenhöhe $h^* = \overline{FG} = 15\,\text{m}$.
Den Flächeninhalt A^* des Dreiecks GHJ erhält man mit der Formel $A^* = \frac{g \cdot h}{2}$.
Als Grundlinie verwendet man $g = \overline{GH} = 9\,\text{m}$, die Dreieckshöhe beträgt $h = 3\,\text{m}$, da das Dach 9 m und der Quader 6 m hoch ist.
Damit erhält man das Volumen V_2 des Prismas:

$$V_2 = A^* \cdot h^* = \frac{g \cdot h}{2} \cdot h^* = \frac{9 \cdot 3}{2} \cdot 15 = 202,5$$

Somit erhält man das Volumen V:

$$V = V_1 + V_2 = 810 + 202,5 = 1012,5$$

Das Volumen des Mehrfamilienhauses beträgt $1012,5\,\text{m}^3$.

c) In Zeile (1) $\vec{u}_1 = \begin{pmatrix} -4,5 \\ 0 \\ 3 \end{pmatrix}$, $\vec{u}_2 = \begin{pmatrix} -9 \\ 0 \\ 0 \end{pmatrix}$ werden beispielsweise die beiden Vektoren

$\overrightarrow{GJ} = \vec{u}_1 = \begin{pmatrix} -4,5 \\ 0 \\ 3 \end{pmatrix}$ und $\overrightarrow{GH} = \vec{u}_2 = \begin{pmatrix} -9 \\ 0 \\ 0 \end{pmatrix}$ gebildet, welche den Winkel α der Dachneigung beim Punkt G bilden.

In Zeile (2) $\cos\alpha = \frac{\begin{pmatrix}-4,5\\0\\3\end{pmatrix}\cdot\begin{pmatrix}-9\\0\\0\end{pmatrix}}{\left|\begin{pmatrix}-4,5\\0\\3\end{pmatrix}\right|\cdot\left|\begin{pmatrix}-9\\0\\0\end{pmatrix}\right|} = \ldots$ werden die beiden Vektoren $\overrightarrow{GJ}$ und $\overrightarrow{GH}$ in die Formel zur Berechnung des Winkels α zwischen zwei Vektoren eingesetzt.

Damit erhält man:

$$\begin{aligned}\cos\alpha &= \frac{\begin{pmatrix}-4,5\\0\\3\end{pmatrix}\cdot\begin{pmatrix}-9\\0\\0\end{pmatrix}}{\left|\begin{pmatrix}-4,5\\0\\3\end{pmatrix}\right|\cdot\left|\begin{pmatrix}-9\\0\\0\end{pmatrix}\right|}\\ &= \frac{-4,5\cdot(-9)+0\cdot 0+3\cdot 0}{\sqrt{(-4,5)^2+0^2+3^2}\cdot\sqrt{(-9)^2+0^2+0^2}}\\ &= \frac{40,5}{\sqrt{29,25\cdot 9}}\\ \Rightarrow \alpha &\approx 33,69^\circ\end{aligned}$$

Da $\alpha \approx 33,69$ zwischen 30 und 35 Grad liegt, ist das Dach für die geplante Installation einer Photovoltaikanlage geeignet.

d) Um zu prüfen, ob der Schatten der Tannenspitze auf die Dachfläche FGJI trifft, stellt man zuerst die Gleichung der Geraden g durch den Punkt $P^*(30,75 \mid 6 \mid 13,5)$ mit Richtungsvektor $\vec{v} = \begin{pmatrix}-2\\0\\-0,5\end{pmatrix}$ auf:

$$g: \vec{x} = \begin{pmatrix}30,75\\6\\13,5\end{pmatrix} + t\cdot\begin{pmatrix}-2\\0\\-0,5\end{pmatrix}$$

Anschließend berechnet man den Schnittpunkt S von g und der Ebene T, in der die Dachfläche FGJI liegt, indem man einen allgemeinen Punkt $P^*_t(30,75-2t \mid 6 \mid 13,5-0,5t)$ von g in die Koordinatengleichung $T\colon\ 2x_1+3x_3=36$ einsetzt:

$$\begin{aligned}2\cdot(30,75-2t)+3\cdot(13,5-0,5t) &= 36\\ 61,5-4t+40,5-1,5t &= 36\\ -5,5t &= -66\\ t &= 12\end{aligned}$$

Setzt man $t = 12$ in P_t ein, ergibt sich der Schnittpunkt $S(6,75 \mid 6 \mid 7,5)$.
Nun ist noch zu prüfen, ob der Punkt S innerhalb des Vierecks FGJI liegt. Dazu vergleicht man die Koordinaten von S mit den Koordinaten der Randpunkte des Vierecks:
Wegen $4,5 \leqslant x_{1S} \leqslant 9$ und $0 \leqslant x_{2S} \leqslant 15$ sowie $6 \leqslant x_{3S} \leqslant 9$ trifft der Schatten der Tannenspitze auf die Dachfläche FGJI.

Stochastik

13 Weizen

a) Da aus einem großen Behälter 200 Weizenkörner entnommen werden, ist die Wahrscheinlichkeit zu keimen für jedes entnommene Weizenkorn gleich groß, nämlich $p = 0,8$. Legt man X als Zufallsvariable für die Anzahl der keimenden Weizenkörner fest, so ist X binomialverteilt mit den Parametern $n = 200$ und $p = 0,8$.
Die Wahrscheinlichkeit für das Ereignis A: «Es keimen mehr als 150 Weizenkörner.» erhält man mithilfe der Wahrscheinlichkeit des Gegenereignisses und der kumulierten Binomialverteilung:

frv.tv/ck

$$P(A) = P(X > 150) = 1 - P(X \leqslant 150) \approx 1 - 0,049 = 0,951$$

Die Wahrscheinlichkeit für das Ereignis A beträgt etwa 95,1 %.
Wenn höchstens 15 % der entnommenen Weizenkörner nicht keimen, so ist dies gleichbedeutend damit, dass mindestens 85 % der entnommenen Weizenkörner keimen, also dass mindestens 170 Weizenkörner keimen.
Damit erhält man die Wahrscheinlichkeit des Ereignisses B: «Es keimen höchstens 15 % der entnommenen Weizenkörner nicht.» mithilfe der Wahrscheinlichkeit des Gegenereignisses und der kumulierten Binomialverteilung:

frv.tv/ck

$$P(B) = P(X \geqslant 170) = 1 - P(X \leqslant 169) \approx 1 - 0,957 = 0,043$$

Die Wahrscheinlichkeit für das Ereignis B beträgt etwa 4,3 %.
Zur Bestimmung der Wahrscheinlichkeit des Ereignisses C: «Es keimen genau so viele Weizenkörner, wie man erwarten würde.» berechnet man zuerst den Erwartungswert von X:

$$E(X) = \mu = n \cdot p = 200 \cdot 0,8 = 160$$

Damit ergibt sich mithilfe der Binomialverteilung:

frv.tv/ci

$$P(C) = P(X = 160) \approx 0,070$$

Die Wahrscheinlichkeit für das Ereignis C beträgt etwa 7,0 %.

b) Die Zufallsvariable X beschreibt die Anzahl der keimenden Weizenkörner von 200 entnommenen Weizenkörnern. X ist binomialverteilt mit den Parametern $n = 200$ und $p = 0,8$.
Den Erwartungswert μ von X erhält man durch:

$$\mu = n \cdot p = 200 \cdot 0,8 = 160$$

mithilfe der kumulierten Binomialverteilung erhält man für Intervalle $I_c = [\mu - c; \mu + c]$, die zum Erwartungswert von X symmetrisch sind, die folgenden Wahrscheinlichkeiten:

$$P(150 \leqslant X \leqslant 170) = P(X \leqslant 170) - P(X \leqslant 149) \approx 0,972 - 0,034 = 0,938$$
$$P(149 \leqslant X \leqslant 171) = P(X \leqslant 171) - P(X \leqslant 148) \approx 0,982 - 0,024 = 0,958$$

Somit ist das kleinstmögliche Intervall, in dem die Anzahl der keimenden Weizenkörner mit einer Wahrscheinlichkeit von mindestens 95% liegt, das Intervall: $[149; 171]$.
Damit gilt: $c = 171 - 160 = 11$.
Somit ist $c = 11$ die kleinstmögliche Zahl.

c) Legt man X als Zufallsvariable für die Anzahl der keimenden Weizenkörner fest, so ist X binomialverteilt mit den Parametern $p = 0,8$ und $n = 500$, da es sich um eine Bernoullikette handelt.
Die Nullhypothese (Angabe des Großhändlers) lautet: $H_0: p \geqslant 0,8$ bei Treffer «Weizenkorn keimt». Die zugehörige Alternativhypothese lautet $H_1: p < 0,8$.
Wegen $H_1: p < 0,8$ handelt es sich um einen linksseitigen Test mit Signifikanzniveau (Irrtumswahrscheinlichkeit) $\alpha = 10\%$.
Man wird die Nullhypothese verwerfen, wenn bei den 500 Weizenkörnern deutlich weniger als 400 (Erwartungswert $E(X) = n \cdot p = 500 \cdot 0,8 = 400$) keimen.
Also ist ein maximales $k \in \mathbb{N}$ und damit ein Ablehnungsbereich $\overline{A} = \{0,...,k\}$ der Nullhypothese so zu bestimmen, dass gilt:

$$P(X \in \overline{A}) \leqslant \alpha$$
$$P(X \leqslant k) \leqslant 0,1$$

Für $n = 500$ und $p = 0,8$ ergibt sich durch Ausprobieren:

frv.tv/ck

$$P(X \leqslant 387) \approx 0,0826$$
$$P(X \leqslant 388) \approx 0,1004$$

Also ist $k = 387$ das maximale $k \in \mathbb{N}$ und man erhält damit den Ablehnungsbereich:

$$\overline{A} = \{0,...,387\}$$

Damit ergibt sich folgende Entscheidungsregel:
Wenn bei 500 Weizenkörner höchstens 387 keimen, wird die Nullhypothese verworfen. Mit einer Irrtumswahrscheinlichkeit von höchstens 10 % kann der Verdacht bestätigt werden, dass die Wahrscheinlichkeit p für «Weizenkorn keimt» geringer als 80 % ist.
Keimen mehr als 387 Weizenkörner, wird der Verdacht nicht bestätigt.

Wenn die tatsächliche Keimfähigkeit des Saatguts 82 % beträgt, legt man Y als binomialverteilte Zufallsvariable für die Anzahl der keimenden Weizenkörner mit den Parametern $p^* = 0,82$ und $n = 500$ fest.

Die Wahrscheinlichkeit, dass bei obigem Test die Nullhypothese fälschlicherweise verworfen wird, erhält man, indem man die Wahrscheinlichkeit berechnet, dass Y im Ablehnungsbereich $\overline{A} = \{0, ..., 387\}$ liegt. Mit $p^* = 0,82$ und $n = 500$ ergibt sich:

frv.tv/ck

$$P(Y \leqslant 387) \approx 0,005$$

Die Wahrscheinlichkeit, dass in diesem Fall die Nullhypothese fälschlicherweise verworfen wird, beträgt etwa 0,5 %.

14 Biathlon

a) Wenn der Biathlet stehend schießt, handelt es sich um ein Bernoulli-Experiment, da es nur die Ausgänge «Treffer» oder «nicht Treffer» gibt. Die Trefferwahrscheinlichkeit beim Stehendschießen beträgt bei jedem Schuss $p_1 = 88\% = 0,88$. Da fünf Mal geschossen wird, ist die Länge der Bernoullikette $n = 5$. Legt man X als Zufallsvariable für die Anzahl der Treffer beim Stehendschießen fest, so ist X binomialverteilt mit den Parametern $n = 5$ und $p_1 = 0,88$.

Die Wahrscheinlichkeit für das Ereignis A, dass der Athlet stehend bei fünf Schüssen genau vier Mal trifft, erhält man mithilfe der Binomialverteilung:

$$P(A) = P(X = 4) \approx 0,360 = 36,0\%$$

frv.tv/ck

Die Wahrscheinlichkeit für das Ereignis A beträgt etwa 36 %.

Legt man Y als Zufallsvariable für die Anzahl der Treffer beim Liegendschießen fest, so ist Y binomialverteilt mit den Parametern $n = 5$ und $p_2 = 0,93$.

Die Wahrscheinlichkeit für das Ereignis B, dass der Athlet liegend bei fünf Schüssen mindestens drei Mal trifft, erhält man mithilfe der Wahrscheinlichkeit des Gegenereignisses und der kumulierten Binomialverteilung:

$$P(B) = P(Y \geqslant 3) = 1 - P(Y \leqslant 2) \approx 1 - 0,003 = 0,997 = 99,7\%$$

frv.tv/ck

Die Wahrscheinlichkeit für das Ereignis B beträgt etwa 99,7 %.

Zur Bestimmung der Wahrscheinlichkeit des Ereignisses C, dass der Athlet stehend genau drei Mal trifft, und zwar unmittelbar hintereinander, kann man sich Folgendes überlegen: Bezeichnet man mit t: Treffer und mit $\bar{t}$: Fehlschuss, so ergibt sich mithilfe der Pfadregeln:

$$\begin{aligned} P(C) &= P(t,t,t,\bar{t},\bar{t}) + P(\bar{t},t,t,t,\bar{t}) + P(\bar{t},\bar{t},t,t,t) \\ &= 0,88^3 \cdot 0,12^2 + 0,12 \cdot 0,88^3 \cdot 0,12 + 0,12^2 \cdot 0,88^3 \\ &= 3 \cdot 0,88^3 \cdot 0,12^2 \\ &\approx 0,029 = 2,9\% \end{aligned}$$

Die Wahrscheinlichkeit für das Ereignis C beträgt etwa 2,9 %.

b) Wenn der Athlet im gesamten Wettbewerb höchstens eine Strafrunde laufen muss, so setzt sich dieses Ereignis E aus drei Ereignissen zusammen:

A: Er trifft beim Stehendschießen fünf Mal und beim Liegendschießen fünf Mal.

B: Er trifft beim Stehendschießen genau vier Mal und beim Liegendschießen fünf Mal.

C: Er trifft beim Stehendschießen fünf Mal und beim Liegendschießen genau vier Mal.

Legt man X als Zufallsvariable für die Anzahl der Treffer beim Stehendschießen fest, so ist X binomialverteilt mit den Parametern $n = 5$ und $p_1 = 0,88$.

Legt man Y als Zufallsvariable für die Anzahl der Treffer beim Liegendschießen fest, so ist Y binomialverteilt mit den Parametern $n = 5$ und $p_2 = 0,93$.

frv.tv/ci

Da das Stehendschießen unabhängig vom Liegendschießen ist, erhält man mithilfe der Binomialverteilung:

$$P(A) = P(X = 5) \cdot P(Y = 5) \approx 0,5277 \cdot 0,6957 \approx 0,3671$$
$$P(B) = P(X = 4) \cdot P(Y = 5) \approx 0,3598 \cdot 0,6957 \approx 0,2503$$
$$P(C) = P(X = 5) \cdot P(Y = 4) \approx 0,5277 \cdot 0,2618 \approx 0,1382$$

Somit ergibt sich:

$$P(E) = P(A) + P(B) + P(C) \approx 0,3671 + 0,2503 + 0,1382 = 0,7556$$

Die Wahrscheinlichkeit dafür, dass der Athlet im gesamten Wettbewerb höchstens einmal eine Strafrunde laufen muss, beträgt etwa 75,6%.

c) Legt man p als Trefferwahrscheinlichkeit beim Stehendschießen fest, so beträgt die Wahrscheinlichkeit für einen Fehlschuss $1 - p$. Man bezeichnet mit t: Treffer und mit $\bar{t}$: Fehlschuss. Die Wahrscheinlichkeit, zumindest die ersten vier Mal hintereinander zu treffen, erhält man mithilfe der Pfadregeln. Da diese künftig über 85% betragen soll, muss gelten:

$$P(tttt\bar{t}) + P(ttttt) > 0,85$$
$$p^4 \cdot (1-p) + p^5 > 0,85$$
$$p^4 - p^5 + p^5 > 0,85$$
$$p^4 > 0,85$$
$$p > \sqrt[4]{0,85}$$
$$p > 0,96$$

Somit muss seine Trefferwahrscheinlichkeit beim Stehendschießen mind. 96% betragen.

d) Legt man Z als Zufallsvariable für die Anzahl der Fehlschüsse beim Liegendschießen fest, so ist Z binomialverteilt mit den Parametern $p = 1 - 0,93 = 0,07$ und unbekanntem n. Um zu bestimmen, wie oft der Athlet im Training liegend schießen müsste, damit er mit mehr als 95 % Wahrscheinlichkeit mindestens 2 Fehlschüsse hat, löst man folgende Ungleichung mithilfe der Wahrscheinlichkeit des Gegenereignisses:

$$P(Z \geqslant 2) > 0,95\%$$
$$1 - P(Z \leqslant 1) > 0,95$$
$$0,05 > P(Z \leqslant 1)$$

frv.tv/cm

Durch Ausprobieren ergibt sich:

$$n = 65: P(Z \leqslant 1) \approx 0,0527$$
$$n = 66: P(Z \leqslant 1) \approx 0,0496$$

Somit muss er mindestens 66 Mal liegend schießen.

15 Kugeln

a) Wenn aus Gefäß G_1 20 Mal eine Kugel mit Zurücklegen gezogen wird, handelt es sich um ein Bernoulli-Experiment, da es nur die Ausgänge «schwarz» oder «weiß» gibt. Die Trefferwahrscheinlichkeit für «schwarz» beträgt $p = \frac{6}{10} = 0{,}6$. Da 20 Mal eine Kugel gezogen wird, ist die Länge der Bernoullikette $n = 20$. Legt man X als Zufallsvariable für die Anzahl der schwarzen Kugeln fest, so ist X binomialverteilt mit den Parametern $n = 20$ und $p = 0{,}6$.
Die Wahrscheinlichkeit für das Ereignis A: »Mindestens 12 Mal wird eine schwarze Kugel gezogen», erhält man mithilfe der Wahrscheinlichkeit des Gegenereignisses und der kumulierten Binomialverteilung:

frv.tv/ck

$$P(A) = P(X \geqslant 12) = 1 - P(X \leqslant 11) \approx 1 - 0{,}404 = 0{,}596 = 59{,}6\%$$

Die Wahrscheinlichkeit für das Ereignis A beträgt etwa 59,6 %.
Um die Wahrscheinlichkeit für das Ereignis B: «Es werden genau so viele schwarze Kugeln gezogen wie man erwartet.» zu bestimmen, berechnet man zuerst den Erwartungswert von X:

$$E(X) = \mu = n \cdot p = 20 \cdot 0{,}6 = 12$$

Damit erhält man mithilfe der Binomialverteilung:

frv.tv/ci

$$P(B) = P(X = 12) \approx 0{,}180$$

Die Wahrscheinlichkeit für das Ereignis B beträgt etwa 18,0 %.

b) Wenn aus Gefäß G_2 8 Mal eine Kugel mit Zurücklegen gezogen wird, erhält man die Wahrscheinlichkeit für das Ereignis C: »Genau 2 schwarze Kugeln werden bei direkt aufeinander folgenden Zügen gezogen» mithilfe der Pfadregeln. Bezeichnet man mit s: schwarze Kugel und mit w: weiße Kugel, so ergibt sich:

$$\begin{aligned} P(B) &= P(sswwwwww) + P(wsswwwww) + P(wwsswwww) + P(wwwsswww) \\ &\quad + P(wwwwssww) + P(wwwwwssw) + P(wwwwwwss) \\ &= \left(\frac{3}{10}\right)^2 \cdot \left(\frac{7}{10}\right)^6 \cdot 7 \\ &\approx 0{,}074 = 7{,}4\% \end{aligned}$$

Die Wahrscheinlichkeit, dass genau 2 schwarze Kugeln gezogen werden, und zwar bei direkt aufeinander folgenden Zügen, beträgt ungefähr 7,4 %.

c) Wenn aus beiden Gefäßen insgesamt mindestens neun schwarze Kugeln gezogen werden, so setzt sich dieses Ereignis E aus drei Ereignissen zusammen:
A: Aus G_1 und aus G_2 werden jeweils fünf schwarze Kugeln gezogen.
B: Aus G_1 werden genau vier schwarze Kugeln und aus G_2 werden fünf schwarze Kugeln gezogen.
C: Aus G_1 werden fünf schwarze Kugeln und aus G_2 werden genau vier schwarze Kugeln gezogen.
Legt man X als Zufallsvariable für die Anzahl der schwarzen Kugeln aus G_1 fest, so ist X binomialverteilt mit den Parametern $n = 5$ und $p_1 = 0,6$.
Legt man Y als Zufallsvariable für die Anzahl der schwarzen Kugeln aus G_2 fest, so ist Y binomialverteilt mit den Parametern $n = 5$ und $p_2 = 0,3$.
Da das Ziehen aus G_1 unabhängig vom Ziehen aus G_2 ist, erhält man mithilfe der Binomialverteilung:

frv.tv/ci

$$P(A) = P(X = 5) \cdot P(Y = 5) \approx 0,0778 \cdot 0,0024 \approx 0,0002$$
$$P(B) = P(X = 4) \cdot P(Y = 5) \approx 0,2592 \cdot 0,0024 \approx 0,0006$$
$$P(C) = P(X = 5) \cdot P(Y = 4) \approx 0,0778 \cdot 0,0284 \approx 0,0022$$

Somit ergibt sich:

$$P(E) = P(A) + P(B) + P(C) \approx 0,0002 + 0,0006 + 0,0022 = 0,0030$$

Die Wahrscheinlichkeit dafür, dass man insgesamt mindestens neun schwarze Kugeln zieht, beträgt etwa $0,3\%$.

d) Wenn aus G_1 zwei Kugeln ohne Zurücklegen gezogen und in das Gefäß G_2 gelegt werden, so ist die Anzahl der Kugeln insgesamt bei jedem Zug verschieden. Beim ersten Zug sind es 10 Kugeln, beim zweiten Zug 9 Kugeln (jeweils in Gefäß G_1) und beim dritten Zug 12 Kugeln (in Gefäß G_2). Auch die Anzahl der vorhandenen schwarzen und weißen Kugeln ändert sich bei jedem Zug.
Um die Wahrscheinlichkeit für das Ereignis C: «die zuletzt gezogene Kugel ist schwarz» zu berechnen, zeichnet man ein Baumdiagramm und verwendet die Pfadregeln. Bezeichnet man mit s: schwarze Kugel und mit w: weiße Kugel, so ergibt sich das nebenstehende Baumdiagramm.

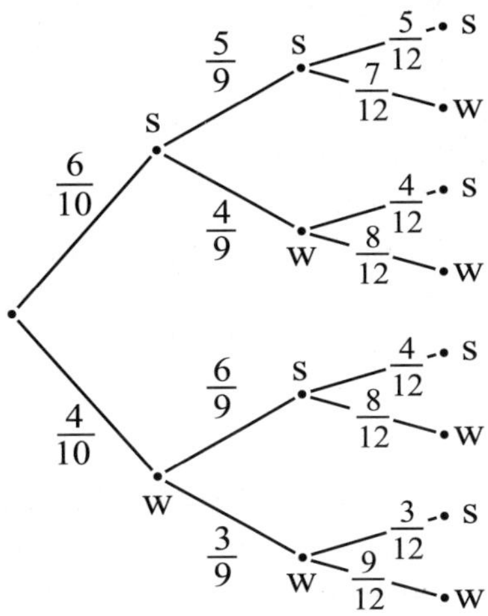

Die Wahrscheinlichkeit für das Ereignis C erhält man mithilfe der Pfadregeln:

$$\begin{aligned}
P(C) &= P(sss) + P(sws) + P(wss) + P(wws) \\
&= \frac{6}{10}\cdot\frac{5}{9}\cdot\frac{5}{12} + \frac{6}{10}\cdot\frac{4}{9}\cdot\frac{4}{12} + \frac{4}{10}\cdot\frac{6}{9}\cdot\frac{4}{12} + \frac{4}{10}\cdot\frac{3}{9}\cdot\frac{3}{12} \\
&= \frac{7}{20} \\
&= 0,35 = 35\%
\end{aligned}$$

Die Wahrscheinlichkeit, dass die aus Gefäß G_2 gezogene Kugel schwarz ist, beträgt 35 %.

16 Bleistifte

a) Bei der Entnahme eines Bleistiftes handelt es sich um ein Bernoulli-Experiment, da es nur die beiden Ausgänge «fehlerhaft» und «nicht fehlerhaft» gibt. Da der Anteil fehlerhafter Stifte erfahrungsgemäß 5 % beträgt, gilt $p = 0,05$ bei Treffer «Stift ist fehlerhaft».
Die Zufallsvariable X, welche die Anzahl der fehlerhaften Stifte in einer Stichprobe von 800 Bleistiften angibt, ist damit binomialverteilt mit den Parametern $n = 800$ und $p = 0,05$. Die Wahrscheinlichkeit $P(X \leqslant 30)$, also dass höchstens 30 Stifte fehlerhaft sind, erhält man mithilfe der kumulierten Binomialverteilung:

frv.tv/ck

$$P(X \leqslant 30) \approx 0,057 = 5,7\%$$

Die Wahrscheinlichkeit $P(X > 40)$, also dass mehr als 40 Stifte fehlerhaft sind, erhält man mithilfe der Wahrscheinlichkeit des Gegenereignisses und der kumulierten Binomialverteilung:

frv.tv/ck

$$P(X > 40) = 1 - P(X \leqslant 40) \approx 1 - 0,542 = 0,458 = 45,8\%$$

Um zu berechnen, mit welcher Wahrscheinlichkeit der Wert von X um weniger als 10 vom Erwartungswert von X abweicht, bestimmt man zuerst den Erwartungswert von X:

$$E(X) = n \cdot p = 800 \cdot 0,05 = 40$$

Damit gilt für die Werte von X:

$$31 \leqslant X \leqslant 49$$

Die gesuchte Wahrscheinlichkeit erhält man mithilfe der kumulierten Binomialverteilung:

frv.tv/ck

$$P(31 \leqslant X \leqslant 49) = P(X \leqslant 49) - P(X \leqslant 30) \approx 0,935 - 0,057 = 0,878$$

Die Wahrscheinlichkeit beträgt etwa 87,8 %.

b) Die Zufallsvariable X, welche die Anzahl der fehlerhaften Stifte in einer Stichprobe von n Bleistiften angibt, ist binomialverteilt mit den Parametern n und $p = 0,05$. Um zu bestimmen, wie viele Stifte vom Qualitätsprüfer der Produktion mindestens entnommen werden müssen, damit mit einer Wahrscheinlichkeit von mehr als 98 % mindestens 10 fehlerhafte Stifte gefunden werden, löst man folgende Ungleichung mithilfe der Wahrscheinlichkeit des Gegenereignisses:

$$\begin{aligned} P(X \geqslant 10) &> 0,98 \\ 1 - P(X \leqslant 9) &> 0,98 \\ 0,02 &> P(X \leqslant 9) \end{aligned}$$

Durch Ausprobieren ergibt sich:

frv.tv/cm

$$n = 345: P(X \leqslant 9) \approx 0,0205$$
$$n = 346: P(X \leqslant 9) \approx 0,0199$$

Somit müssen mindestens 346 Stifte entnommen werden.

c) Da behauptet wird, dass höchstens 2 % der produzierten Bleistifte fehlerhaft sind, lautet die Nullhypothese: $H_0: p \leqslant 0,02$ bei Treffer «Stift ist fehlerhaft» und $n = 800$.
Legt man X als Zufallsvariable für die Anzahl der fehlerhaften Stifte fest, so ist X binomialverteilt mit den Parametern $p = 0,02$ und $n = 800$.
Die zugehörige Alternativhypothese lautet $H_1: p > 0,02$.
Wegen $H_1: p > 0,02$ handelt es sich um einen rechtsseitigen Test mit der maximalen Irrtumswahrscheinlichkeit $\alpha = 5\%$.
Man wird die Nullhypothese verwerfen, wenn bei der Stichprobe k oder mehr fehlerhafte Stifte vorkommen.
Also ist ein minimales $k \in \mathbb{N}$ und damit ein Ablehnungsbereich $\overline{A} = \{k, ..., n\}$ der Nullhypothese so zu bestimmen, dass gilt:

$$P(X \in \overline{A}) \leqslant \alpha$$
$$P(X \geqslant k) \leqslant 0,05$$
$$1 - P(X \leqslant k-1) \leqslant 0,05$$
$$0,95 \leqslant P(X \leqslant k-1)$$

Für $n = 800$ und $p = 0,02$ erhält man durch Ausprobieren:

frv.tv/ck

$$P(X \leqslant 22) \approx 0,944$$
$$P(X \leqslant 23) \approx 0,965$$

Also ist $k - 1 = 23 \Rightarrow k = 24$ das minimale $k \in \mathbb{N}$ und man erhält damit den Ablehnungsbereich:

$$\overline{A} = \{24, ..., 800\}$$

Dies bedeutet, dass man sich bei mindestens 24 fehlerhaften Stiften gegen die Nullhypothese entscheidet.
Den Fehler 1. Art erhält man, indem man die Wahrscheinlichkeit berechnet, dass X im Ablehnungsbereich liegt:

$$\alpha = P\left(X \in \overline{A}\right) = P(X \geqslant 24) = 1 - P(X \leqslant 23) \approx 1 - 0,965 = 0,035$$

Der Fehler 1. Art beträgt etwa 3,5 %.

17 Hundefutter

a) Legt man X als Zufallsgröße für die Anzahl der gewürfelten Einsen fest, so ist X binomialverteilt mit den Parametern $n = 100$ und $p = \frac{9}{12} = 0,75$.
Die Wahrscheinlichkeit für das Ereignis A: «Bei 100 Würfen fällt genau 77-mal die Zahl 1.» erhält man mit Hilfe der Binomialverteilung unter Verwendung des Taschenrechners:

frv.tv/ci

$$P(A) = P(X = 77) \approx 0,0847 = 8,47\%$$

Die Wahrscheinlichkeit für das Ereignis A beträgt etwa 8,47 %.

Die Wahrscheinlichkeit für das Ereignis B: «Bei 100 Würfen fällt mindestens 73-mal aber höchstens 81-mal die Zahl 1.» erhält man mit Hilfe der kumulierten Binomialverteilung unter Verwendung des Taschenrechners:

frv.tv/ck

$$\begin{aligned} P(B) &= P(73 \leqslant X \leqslant 81) = P(X \leqslant 81) - P(X \leqslant 72) \\ &\approx 0,9370 - 0,2776 = 0,6594 = 65,94\% \end{aligned}$$

Die Wahrscheinlichkeit für das Ereignis B beträgt also etwa 65,94 %.

Die Summe der geworfenen Zahlen ist genau dann gleich 4, wenn bei jedem Wurf eine 1 erscheint. Die Wahrscheinlichkeit dafür beträgt $p_1 = 0,75^4 = \frac{81}{256}$. Die Summe der geworfenen Zahlen ist genau dann gleich 8, wenn bei jedem Wurf eine 2 erscheint. Die Wahrscheinlichkeit dafür beträgt $p_2 = 0,25^4 = \frac{1}{256}$. Es gilt: $p_1 > p_2$. Da die Mehrzahl der Seiten des Spielwürfels mit der Zahl 1 beschriftet ist, ist die Wahrscheinlichkeit dafür, dass die Summe der geworfenen Zahlen 4 beträgt, deutlich größer als die Wahrscheinlichkeit dafür, dass die Summe der geworfenen Zahlen 8 ist.

Einen Hauptpreis erhält eine Spielerin bzw. ein Spieler, wenn die Summe der geworfenen Zahlen mindestens 7 ist, d.h wenn höchstens einmal eine 1 geworfen wird.
Mit Hilfe der kumulierten Binomialverteilung unter Verwendung des Taschenrechners ergibt sich:

frv.tv/ck

$$P(\text{Hauptpreis}) = P(X \leqslant 1) \approx 0,0508 \approx \frac{1}{20}$$

Alternativ kann man die gesuchte Wahrscheinlichkeit auch mit Hilfe der Pfadregeln berechnen:

$$\begin{aligned} P(\text{Hauptpreis}) &= P(1222) + P(2122) + P(2212) + P(2221) + P(2222) \\ &= 0,75 \cdot 0,25^3 + 0,75 \cdot 0,25^3 + 0,75 \cdot 0,25^3 + 0,75 \cdot 0,25^3 + 0,25^4 \\ &= \frac{13}{256} \approx 0,0508 \\ &\approx \frac{1}{20} \end{aligned}$$

Da die Wahrscheinlichkeit für einen Hauptpreis bei etwa $\frac{1}{20}$ liegt, wird auf lange Sicht im Mittel etwa bei einem von zwanzig Spielen ein Hauptpreis vergeben.

Die Wahrscheinlichkeit, dass man bei vier Würfen genau viermal eine 1 wirft, erhält man mit Hilfe der Pfadregeln:

$$P(1111) = 0,75^4 = \frac{81}{256}$$

Somit erhält die Spielerin bzw. der Spieler einen Trostpreis, wenn die Summe der geworfenen Zahlen 4 ergibt.

b) Man bezeichnet mit T: «Die Person kauft Trockenfutter.», mit $\overline{T}$: «Die Person kauft Nassfutter.», mit L: «Die Person entscheidet sich für eine der beiden Light-Varianten.» und mit $\overline{L}$: «Die Person entscheidet sich für eine der beiden normalen Varianten.» Da zwei Drittel der Personen Trockenfutter kaufen und 40% davon sich für die Light-Variante entscheiden, und von den Personen, die Nassfutter kaufen, sich nur 25% für die Light-Variante entscheiden, ergibt sich folgendes Baumdiagramm:

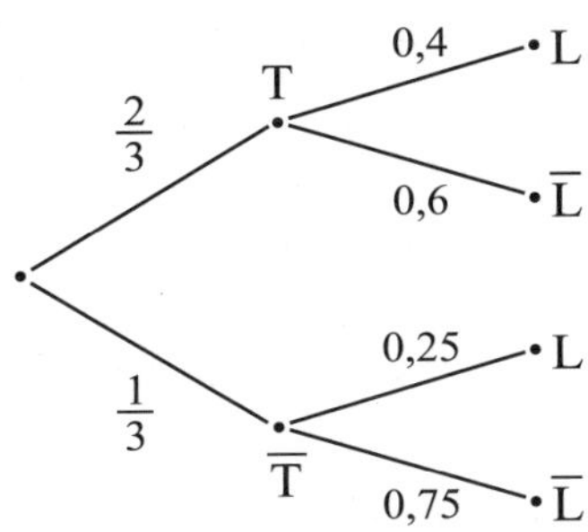

Die Wahrscheinlichkeit dafür, dass das Ereignis L eintritt, erhält man mit Hilfe der Pfadregeln:

$$\begin{aligned} P(L) &= P(TL) + P\left(\overline{T}L\right) \\ &= \frac{2}{3} \cdot 0,4 + \frac{1}{3} \cdot 0,25 \\ &= \frac{7}{20} \\ &= 0,35 \end{aligned}$$

Somit beträgt die Wahrscheinlichkeit, dass das Ereignis L eintritt, 35%.

c) Mit Hilfe eines geeigneten Hypothesentests soll überprüft werden, ob der Anteil der Personen, die Trockenfutter kaufen, gestiegen ist. Die Nullhypothese lautet: $H_0: p \leqslant \frac{2}{3}$. Da vermutet wird, dass sich der Anteil erhöht hat, lautet die Alternativhypothese: $H_1: p > \frac{2}{3}$. Wegen $H_1: p > \frac{2}{3}$ handelt es sich um einen rechtsseitigen Test mit dem Ablehnungsbereich $\overline{A} = \{k, ..., 100\}$ und dem Signifikanzniveau $\alpha \leqslant 5\,\%$. Legt man X als Zufallsvariable für die Anzahl der Käufer von Trockenfutter fest, so ist x binomialverteilt mit den Parametern $n = 100$ und $p = \frac{2}{3}$.

Es ist also ein minimales $k \in \mathbb{N}$ so zu bestimmen, dass die Wahrscheinlichkeit, dass X einen Wert zwischen k und 100 annimmt, kleiner als α ist, d.h. dass gilt: $P\left(X \in \overline{A}\right) \leqslant \alpha$.
Mit Hilfe der Wahrscheinlichkeit des Gegenereignisses erhält man:

$$\begin{aligned} P(X \geqslant k) &\leqslant 0,05 \\ 1 - P(X \leqslant k-1) &\leqslant 0,05 \\ 0,95 &\leqslant P(X \leqslant k-1) \end{aligned}$$

Mit Hilfe der Wahrscheinlichkeit der kumulierten Binomialverteilung unter Verwendung des Taschenrechners ergibt sich:

frv.tv/cl

$$\begin{aligned} P(X \leqslant 73) &\approx 0,9285 \\ P(X \leqslant 74) &\approx 0,9542 \end{aligned}$$

Somit ist $k - 1 = 74 \Rightarrow k = 75$ das minimale k und man erhält den Ablehnungsbereich der Nullhypothese: $\overline{A} = \{75, ..., 100\}$.
Damit ergibt sich folgende Entscheidungsregel:
Wenn unter den 100 Personen, die Futter kaufen, mindestens 75 Personen Trockenfutter kaufen, ist die Nullhypothese zu verwerfen, d.h. der Anteil an Käufern von Trockenfutter hat sich mit einer Irrtumswahrscheinlichkeit von höchstens 5% erhöht.

Wahlteil Abitur 2017*

Tipps ab Seite 123, Lösungen ab Seite 130

Mathematik Wahlteil 2017 Analysis A1

Aufgabe A 1.1
Die Anzahl der Käufer einer neu eingeführten Smartphone-App soll modelliert werden. Dabei wird die momentane Änderungsrate beschrieben durch die Funktion f mit

$$f(t) = 6000 \cdot t \cdot e^{-0{,}5t} \; ; \; t \geqslant 0$$

(t in Monaten nach der Einführung, $f(t)$ in Käufer pro Monat).
Der Graph von f ist durch folgende Abbildung gegeben:

a) Zunächst werden nur die ersten zwölf Monate nach der Einführung betrachtet. Geben Sie die maximale momentane Änderungsrate an. Bestimmen Sie den Zeitraum, in dem die momentane Änderungsrate größer als 4000 Käufer pro Monat ist. Bestimmen Sie näherungsweise die Zeitpunkte, zu denen die momentane Änderungsrate am stärksten abnimmt bzw. zunimmt.

(4,5 VP)

b) Zeigen Sie, dass für $t > 2$ die Funktion f streng monoton fallend ist und nur positive Werte annimmt. Interpretieren Sie dies in Bezug auf die Entwicklung der Käuferzahlen.

(4 VP)

*Die Aufgaben wurden an die Vorgaben des Abiturs 2019 angepasst

c) Ermitteln Sie die Gesamtzahl der Käufer sechs Monate nach Einführung der App. Erläutern Sie im Sachzusammenhang, was mit folgender Gleichung berechnet werden kann:

$$\int_t^{t+2} f(x)\,\mathrm{d}x = 5000$$

(3,5 VP)

d) Bei einer anderen neuen App erwartet man auf lange Sicht 30 000 Käufer. In einem Modell soll angenommen werden, dass sich die Gesamtzahl der Käufer nach dem Gesetz

$$\mathrm{G}(t) = \mathrm{S} - a \cdot e^{-k \cdot t}$$

(t in Monaten nach Verkaufsbeginn, $\mathrm{G}(t)$ in Anzahl der Käufer) entwickelt. Sechs Monate nach Verkaufsbeginn gibt es bereits 20 000 Käufer. Bestimmen Sie einen Funktionsterm, welcher die Gesamtzahl der Käufer in Abhängigkeit von der Zeit beschreibt.

(3 VP)

Aufgabe A 1.2

Die Funktion g ist gegeben durch $g(x) = x - \frac{1}{x^3}$; $x \neq 0$.

a) Die Tangente an den Graphen von g im Punkt B verläuft durch $\mathrm{P}(0 \mid -0{,}5)$. Bestimmen Sie die Koordinaten von B.

(2,5 VP)

b) Es gibt einen Punkt auf dem Graphen von g, der den kleinsten Abstand zur Geraden mit der Gleichung $y = 2x - 1$ besitzt. Ermitteln Sie die x-Koordinate dieses Punktes.

(2,5 VP)

Tipps ab Seite 124, Lösungen ab Seite 135

Mathematik Wahlteil 2017 Analysis A2

Aufgabe A 2.1

An einem Stausee wird der Zu- und Abfluss künstlich geregelt. Dabei wird die momentane Zuflussrate beschrieben durch die Funktion z mit

$$z(t) = 20 \cdot \sin\left(\frac{\pi}{12} \cdot t\right) + 25 \; ; \; t \geqslant 0.$$

Die konstante Abflussrate wird beschrieben durch die Funktion a mit

$$a(t) = 19 \; ; \; t \geqslant 0$$

(t in Stunden seit Beobachtungsbeginn, $z(t)$ und $a(t)$ in $1\,000\,\frac{\text{m}^3}{\text{h}}$).

a) Zunächst werden die ersten 24 Stunden nach Beobachtungsbeginn betrachtet.
Zeichnen Sie die Graphen von z und a.
Bestimmen Sie die minimale momentane Zuflussrate.
Geben Sie an, in welchem Zeitraum die Wassermenge im Stausee abnimmt.
Bestimmen Sie die maximale momentane Änderungsrate der Wassermenge.
(4 VP)

b) Zu Beobachtungsbeginn befinden sich $2\,500\,000\,\text{m}^3$ Wasser im See.
Berechnen Sie die Wassermenge im Stausee 12 Stunden nach Beobachtungsbeginn.
Begründen Sie, dass die Wassermenge in jedem 24-Stunden-Zeitraum um $144\,000\,\text{m}^3$ zunimmt.
Berechnen Sie den Wert, den die konstante Abflussrate haben müsste, damit nach Ablauf von 14 Tagen die Wassermenge im Stausee $4\,180\,000\,\text{m}^3$ betragen würde.
(5,5 VP)

Aufgabe A 2.2

Gegeben ist die Funktion f mit $f(x) = x^3 - 9x^2 + 24x - 14$.

Der Graph von f ist durch folgende Abbildung gegeben:

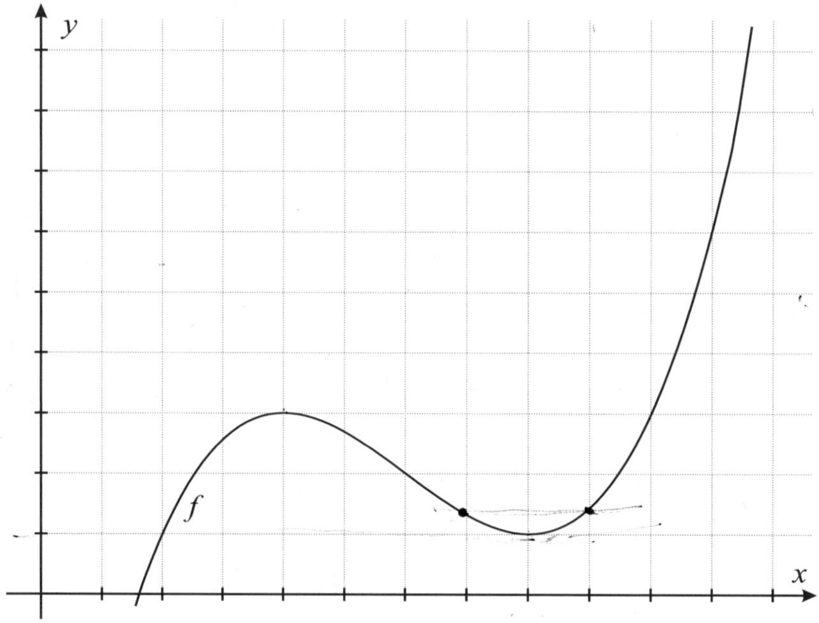

a) Berechnen Sie die Koordinaten der Extrempunkte des Graphen von f und skalieren Sie die Achsen in der Abbildung.
Die Gerade g durch den Hochpunkt H und den Tiefpunkt T des Graphen von f schneidet die Koordinatenachsen in den Punkten P und Q.
Bestimmen Sie den prozentualen Anteil der Strecke HT an der Strecke PQ. (4 VP)

b) Begründen Sie, dass die Steigung des Graphen von f keine Werte kleiner als -3 annehmen kann. (2 VP)

c) Der Graph von f und die Gerade h mit der Gleichung $y = 2$ schließen eine Fläche ein.
Berechnen Sie den Flächeninhalt dieser Fläche. (2,5 VP)

d) Eine Parallele zur x-Achse schneidet aus dem Graphen von f ein Kurvenstück aus, das den Tiefpunkt enthält. Die Endpunkte dieses Kurvenstücks haben den Abstand 2,5 voneinander.
Erläutern Sie, wie man eine Gleichung dieser Parallelen bestimmen kann. (2 VP)

Tipps ab Seite 126, Lösungen ab Seite 143

Mathematik Wahlteil 2017 Analytische Geometrie B1

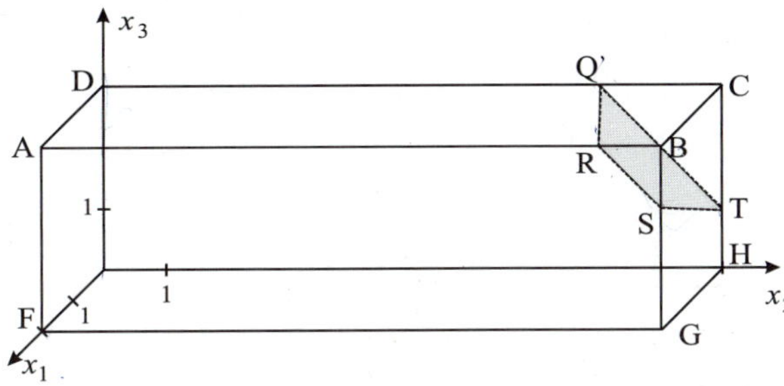

Ein Künstler teilt einen quaderförmigen Container durch einen ebenen Schnitt in einen großen und einen kleinen Teilkörper. Der Container wird in einem Koordinatensystem als Quader mit den Eckpunkten $A(2\,|\,0\,|\,3)$, $B(2\,|\,10\,|\,3)$, $C(0\,|\,10\,|\,3)$, D, F, $G(2\,|\,10\,|\,0)$, H und $O(0\,|\,0\,|\,0)$ dargestellt (Koordinatenangaben in Meter).

Die Ebene E schneidet die Kanten des Quaders in den Punkten $R(2\,|\,9\,|\,3)$, $S(2\,|\,10\,|\,2)$, $T(0\,|\,10\,|\,1)$ und $Q(0\,|\,8\,|\,3)$. Der kleine Teilkörper hat also die Eckpunkte Q, R, S, T, B, C.

a) Bestimmen Sie eine Koordinatengleichung der Ebene E.
Begründen Sie, dass es sich bei dem Viereck QRST um ein Trapez handelt.
Berechnen Sie den Flächeninhalt des Trapezes QRST.
(Teilergebnis: $E\colon\ -x_1+2x_2+2x_3=22$)

(6 VP)

b) Der kleine Teilkörper wird mit den Schnittkanten nach unten auf den großen Teilkörper gestellt.
Bestimmen Sie die Höhe des zusammengesetzten Körpers.

(1,5 VP)

c) Der Container besitzt eine Tür, die im geschlossenen Zustand durch das Viereck ODAF dargestellt wird. Die Tür ist drehbar um die Kante, die durch die Strecke OD beschrieben wird.
Jede Ebene $T_a\colon\ ax_1+x_2=0\,;\ a\geqslant 0$ beschreibt eine mögliche Stellung dieser Tür.
Bestimmen Sie den Wert für a, für den der Öffnungswinkel der Tür 30° beträgt.

(2,5 VP)

Tipps ab Seite 127, Lösungen ab Seite 148 ☐

Mathematik Wahlteil 2017 Analytische Geometrie B2

Zwei Flugzeuge F_1 und F_2 bewegen sich geradlinig mit jeweils konstanter Geschwindigkeit über dem offenen Meer. In einem Koordinatensystem beschreibt dabei die x_1x_2-Ebene die Meeresoberfläche. Die Beobachtung der Flugzeuge beginnt um 14.00 Uhr.
Die Flugbahn von F_1 wird beschrieben durch die Gleichung

$$g_1 : \vec{x} = \begin{pmatrix} 15 \\ 6 \\ 3{,}4 \end{pmatrix} + t \cdot \begin{pmatrix} -4 \\ 12 \\ 0{,}3 \end{pmatrix} \quad (t \text{ in Minuten nach Beobachtungsbeginn}).$$

Der Punkt $P(-17 \mid 54 \mid 3{,}2)$ beschreibt die Position von F_2 um 14.00 Uhr, der Punkt $Q(1 \mid 36 \mid 3{,}8)$ die Position von F_2 um 14.03 Uhr (1 LE entspricht 1 km).

a) Berechnen Sie die Geschwindigkeit von F_1 in km/min.
Bestimmen Sie den Zeitpunkt, zu dem F_1 eine Höhe von 4,9 km erreicht.
Berechnen Sie die Weite des Winkels, mit dem das Flugzeug F_2 steigt. (3 VP)

b) Die Flugbahnen von F_1 und F_2 schneiden sich.
Aus Sicherheitsgründen müssen die Zeitpunkte, zu denen die Flugzeuge den Schnittpunkt ihrer Flugbahnen durchfliegen, mindestens eine Minute auseinander liegen.
Prüfen Sie, ob diese Bedingung erfüllt ist. (3 VP)

c) Die Position eines Ballons wird durch den Punkt $B(6 \mid 43 \mid 4{,}3)$ beschrieben.
Bestimmen Sie einen Zeitpunkt t_0, zu dem beide Flugzeuge denselben Abstand vom Ballon haben.
Die Punkte auf der Meeresoberfläche, die zum Zeitpunkt t_0 ebenfalls von beiden Flugzeugen gleich weit entfernt sind, liegen auf einer Geraden.
Beschreiben Sie ein Verfahren, mit dem man eine Gleichung dieser Geraden bestimmen kann. (4 VP)

Tipps ab Seite 128, Lösungen ab Seite 152 □

Mathematik Wahlteil 2017 Stochastik C1

Die Tabelle zeigt die prozentualen Anteile einiger Farben der in Deutschland fahrenden Autos:

Farbe	silber oder grau	schwarz	weiß
Anteil	29,9%	28,8%	15,1%

Diese Anteile werden im Folgenden als Wahrscheinlichkeiten für das Auftreten der jeweiligen Autofarben verwendet.
Zwei Kinder beobachten vorbeifahrende Autos und achten auf deren Farbe.

a) Zunächst beobachten die beiden Kinder 80 Autos.
Bestimmen Sie die Wahrscheinlichkeit folgender Ereignisse:
A: «Genau 22 Autos sind silber oder grau.»
B: «Mindestens 33 Autos sind schwarz.»
C: «Unter den ersten zehn Autos sind mindestens drei, die keine der in der Tabelle angegebenen Farben haben, und von den anderen 70 Autos sind höchstens 20 schwarz.»
(3 VP)

b) Das eine Kind bietet dem anderen folgendes Spiel an:
«Wenn von den nächsten vier Autos mindestens drei hintereinander nicht schwarz sind, bekommst du von mir ein Gummibärchen, ansonsten bekomme ich eines von dir».
Untersuchen Sie, ob dieses Spiel fair ist.
(2 VP)

c) Es wird vermutet, dass der Anteil p der weißen Autos zugenommen hat.
Um dies zu überprüfen, wird die Nullhypothese $H_0: p \leqslant 0,151$ auf dem Signifikanzniveau $10\,\%$ getestet.
Dazu werden die Farben von 500 Autos erfasst.
Formulieren Sie die zugehörige Entscheidungsregel.
(2,5 VP)

d) Der Anteil der schwarzen Autos sei gleich groß wie der Anteil der silbernen oder grauen Autos und doppelt so groß wie der Anteil der weißen Autos.
Berechnen Sie den Anteil an schwarzen Autos so, dass die Wahrscheinlichkeit, dass sich bei zwei vorbeifahrenden Autos ein schwarzes Auto und ein Auto, das keine in der Tabelle angegebene Farbe hat, abwechseln, maximal ist. (2,5 VP)

Tipps ab Seite 129, Lösungen ab Seite 155

Mathematik Wahlteil 2017 Stochastik C2

Bei dem dargestellten Glücksspielautomaten sind zwei Glücksräder G_1 und G_2 mit fünf bzw. vier gleich großen Kreissektoren angebracht.
Bei jedem Spiel werden sie in Drehung versetzt und laufen dann unabhängig voneinander aus. Schließlich bleiben sie so stehen, dass von jedem Rad genau eine Zahl im Rahmen angezeigt wird.

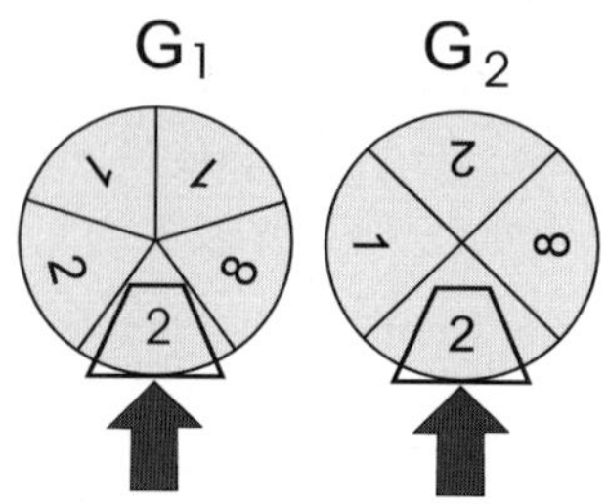

Der Spieleinsatz beträgt 2 €. Sind die beiden angezeigten Zahlen gleich, so wird deren Summe in Euro ausgezahlt; andernfalls wird nichts ausgezahlt.
Der Hauptgewinn besteht also darin, dass 16 € ausgezahlt werden.

a) Ein Spieler spielt zehn Mal. Berechnen Sie die Wahrscheinlichkeiten folgender Ereignisse:
A: «Das Glücksrad G_1 zeigt genau fünf Mal die Zahl 1.»
B: «Beim ersten Spiel beträgt die Summe der beiden angezeigten Zahlen 10.»
C: «Der Spieler erhält mindestens einmal den Hauptgewinn.»
(3 VP)

b) Mit einer Wahrscheinlichkeit von mehr als 95% soll in mindestens einem Spiel der Hauptgewinn erzielt werden.
Berechnen Sie, wie oft man dazu mindestens spielen muss.
(2 VP)

c) Berechnen Sie, wie viel der Betreiber auf lange Sicht durchschnittlich pro Spiel gewinnt.
(2 VP)

d) Der Betreiber möchte erreichen, dass bei einem Spiel die Wahrscheinlichkeit, dass die Summe der beiden Zahlen mindestens 10 beträgt, maximal 20% beträgt.
Dazu möchte er beim Glücksrad G_2 den Mittelpunktswinkel des Kreissektors verändern, der mit der Zahl 8 beschriftet ist. Der Kreissektor, der mit der Zahl 1 beschriftet ist, wird nicht verändert.
Berechnen Sie, wie weit der Mittelpunktswinkel des Kreissektors, der mit der Zahl 8 beschriftet ist, maximal gewählt werden darf. (3 VP)

Tipps Wahlteil Abitur 2017

Analysis Aufgabe A 1

Aufgabe A 1.1

a) Die maximale momentane Änderungsrate erhalten Sie, indem Sie anhand des Graphen von f die Extremstelle ablesen und den zugehörigen y-Wert mithilfe des WTR bestimmen.
Den Zeitraum, in dem die momentane Änderungsrate größer als 4000 Käufer pro Monat ist, erhalten Sie, indem Sie die Gerade $y = 4000$ mit dem Graphen von f schneiden und die Schnittstellen bestimmen.
Die Zeitpunkte, zu denen die momentane Änderungsrate am stärksten abnimmt bzw. zunimmt, erhalten Sie, indem Sie anhand des Graphen von f die Stellen mit maximaler und minimaler Tangentensteigung bestimmen.

b) Bestimmen Sie die 1. Ableitung von $f(t)$ mithilfe der Produkt- und Kettenregel. Beachten Sie, dass f streng monoton fallend ist, wenn $f'(t) < 0$ ist. Bestimmen Sie diejenigen t-Werte, für die dies der Fall ist. Überlegen Sie anhand der Gleichung von $f(t)$, ob $f(t)$ negativ werden kann. Beachten Sie, dass $f(t)$ die Änderungsrate der Käufer und nicht die Anzahl der Käufer beschreibt.

c) Die Gesamtzahl K der Käufer sechs Monate nach Einführung der App erhalten Sie mithilfe eines Integrals. Beachten Sie, dass der Wert dieses Integrals dem Flächeninhalt der Fläche zwischen dem Graphen von f und der x-Achse im angegebenen Intervall entspricht. Durch «Kästchenzählen» können Sie den Flächeninhalt näherungsweise bestimmen. Beachten Sie, dass einem Kästchen 1000 Käufer entsprechen.
Überlegen Sie, welche Summe mithilfe der gegebenen Integralgleichung berechnet wird und welche Bedeutung das Intervall $[t\,;t+2]$ hat.

d) Beachten Sie, dass für $t \longrightarrow \infty$ der Term $a \cdot e^{-k \cdot t}$ gegen Null geht und bestimmen Sie damit S.
Beachten Sie, dass beim Verkaufsstart noch keine Käufer vorhanden sind. Stellen Sie mithilfe der gegebenen Daten zwei Gleichungen auf und lösen Sie das entstandene Gleichungssystem.

Aufgabe A 1.2

a) Zur Veranschaulichung der Problemstellung skizzieren Sie den Graphen von g mithilfe einer Wertetabelle und zeichnen die Tangente t an den Graphen von g in einem Punkt $B(u \mid g(u))$ durch $P(0 \mid -0{,}5)$ ein. Die Koordinaten des Berührpunktes $B(u \mid g(u))$ erhalten Sie, indem Sie zuerst die Steigung im Punkt B auf zweierlei Arten bestimmen: mithilfe der 1. Ableitung von g und mithilfe der Steigung zwischen den zwei Punkten

B und P. Durch Gleichsetzen erhalten Sie eine Gleichung, die Sie nach u auflösen können. Alternativ können Sie die Koordinaten von P auch in die Tangentengleichung $y = g'(u) \cdot (x-u) + g(u)$ einsetzen und die entstandene Gleichung nach u auflösen. Setzen Sie den erhaltenen u-Wert in $g(u)$ ein und bestimmen Sie damit die Koordinaten von B.

b) Zur Veranschaulichung der Problemstellung skizzieren Sie den Graphen von g und die Gerade mit der Gleichung $y = 2x - 1$. Beachten Sie, dass der Punkt $Q(x \mid g(x))$ auf dem Graphen von g, der den kleinsten Abstand zur Geraden mit der Gleichung $y = 2x - 1$ besitzt, auf der zu dieser Geraden parallelen Tangente liegen muss. Bestimmen Sie damit die Steigung m der Tangente in Q und lösen Sie die Gleichung $g'(x) = m$. Überlegen Sie anhand des Graphen von g, welcher Wert in Frage kommt.

Analysis A2

Aufgabe A 2.1

a) Zeichnen Sie den Graphen von z mithilfe einer Wertetabelle oder bestimmen Sie die Periode $p = \frac{2\pi}{b}$ sowie die Gleichung der Mittellinie und den Streckfaktor in y-Richtung. Beachten Sie, dass der Graph von a eine Parallele zur t-Achse ist. Die minimale momentane Zuflussrate erhalten Sie, indem Sie das Minimum der Funktion $z(t)$ für $0 \leqslant t \leqslant 24$ mithilfe des Graphen von z bestimmen. Beachten Sie die Einheit von $z(t)$.
Um anzugeben, in welchem Zeitraum die Wassermenge im Stausee abnimmt, bestimmen Sie zuerst die Schnittstellen der Graphen von $z(t)$ und $a(t)$. Überlegen Sie anhand der skizzierten Graphen, welcher Bereich gesucht ist.
Die maximale momentane Änderungsrate der Wassermenge erhalten Sie, indem Sie das Maximum der Funktion $w(t) = z(t) - a(t)$ bestimmen. Verwenden Sie dazu die Periode $p = \frac{2\pi}{b}$, die Mittellinie und den Streckfaktor in y-Richtung.

b) Bestimmen Sie das Volumen bei $t = 0$. Die Wassermenge im Stausee 12 Stunden nach Beobachtungsbeginn erhalten Sie mithilfe eines Integrals, da die Zuwächse addiert werden. Berücksichtigen Sie die Anfangsbedingung und verwenden Sie den Hauptsatz der Differential- und Integralrechnung.
Um zu begründen, dass die Wassermenge in jedem 24-Stunden-Zeitraum um $144\,000\,\text{m}^3$ zunimmt, betrachten Sie die Funktion $w(t) = z(t) - a(t)$. Beachten Sie die Periode $\text{p} = \frac{2\pi}{b}$ und bestimmen Sie die mittlere momentane Änderungsrate der Wassermenge in jedem 24-Stunden-Zeitraum. Multiplizieren sie diese mit 24 Stunden. Alternativ können Sie die Zunahme Z der Wassermenge in jedem 24-Stunden-Zeitraum auch mithilfe eines Integrals berechnen.
Berechnen Sie die Zunahme der Wassermenge nach Ablauf von 14 Tagen und bestimmen Sie die durchschnittliche Zunahme der Wassermenge pro Tag und pro Stunde. Überlegen Sie anhand von $z(t)$, wie hoch der durchschnittliche Zufluss pro Stunde ist, um den stündlichen konstanten Abfluss zu bestimmen.

Aufgabe A 2.2

a) Die Koordinaten des Hochpunkts und des Tiefpunkts des Graphen von f erhalten Sie mithilfe der 1. und 2. Ableitung von f. Als notwendige Bedingung lösen Sie die Gleichung $f'(x) = 0$ mithilfe der *abc*-Formel nach x auf. Setzen Sie die erhaltenen x-Werte in $f''(x)$ ein; falls $f''(x) < 0$ handelt es sich um einen Hochpunkt, falls $f''(x) > 0$ um einen Tiefpunkt. Die zugehörigen y-Werte erhalten Sie, indem Sie die x-Werte in $f(x)$ einsetzen. Die Gleichung der Geraden g durch den Hochpunkt H und den Tiefpunkt T des Graphen von f erhalten Sie, indem Sie die Steigung $m = \frac{y_T - y_H}{x_T - x_H}$ bestimmen und anschließend die Koordinaten von H und m in die Punkt-Steigungsform $y = m \cdot (x - x_H) + y_H$ einsetzen. Den Schnittpunkt P von g mit der y-Achse erhalten Sie, indem Sie $x = 0$ in die Geradengleichung einsetzen. Den Schnittpunkt Q von g mit der x-Achse erhalten Sie, indem Sie die Gleichung $y = 0$ nach x auflösen. Die Längen der Strecken HT und PQ erhalten Sie mithilfe der Formel für den Abstand zweier Punkte $\mathrm{d} = \sqrt{(x_2 - x_1)^2 + (y_2 - y_1)^2}$. Den prozentualen Anteil der Strecke HT an der Strecke PQ erhalten Sie, indem Sie $\overline{\mathrm{HT}}$ durch $\overline{\mathrm{PQ}}$ teilen und das Ergebnis in Prozent angeben.

b) Um zu begründen, dass die Steigung des Graphen von f keine Werte kleiner als -3 annehmen kann, bestimmen Sie die Lösungen der Ungleichung $f'(x) < -3$. Formen Sie die Ungleichung so um, dass Null auf einer Seite steht. Überlegen Sie, wie das Schaubild der zugehörigen Funktion h aussieht und bestimmen Sie die Nullstellen der Funktion mithilfe der *abc*-Formel. Beachten Sie, ob die x-Werte gesucht sind, für die das Schaubild oberhalb oder unterhalb der x-Achse verläuft.
Alternativ bestimmen Sie das Minimum der Funktion f', welche die Steigung des Graphen beschreibt, mithilfe der 1. und 2. Ableitung von f'.

c) Bestimmen Sie die Schnittstellen des Graphen von f und der Geraden h mit der Gleichung $y = 2$ mithilfe der Wertetabelle. Den Flächeninhalt A der Fläche, den der Graph von f und die Gerade h mit der Gleichung $y = 2$ einschließen, erhalten Sie mithilfe eines Integrals. Beachten Sie, dass der Graph von f oberhalb der Geraden verläuft und verwenden Sie den Hauptsatz der Differential- und Integralrechnung.

d) Zur Veranschaulichung zeichnen Sie den Graphen von f und eine Parallele zur x-Achse, die aus dem Graphen von f ein Kurvenstück ausschneidet, das den Tiefpunkt enthält und bei dem die Endpunkte dieses Kurvenstücks den Abstand 2,5 voneinander haben. Überlegen Sie, wie Sie mithilfe der Schnittstellen die Gleichung der Parallelen erhalten.

Analytische Geometrie B1

a) Verwenden Sie für die Parametergleichung der Ebene E, in der die Punkte R, S und T liegen, beispielsweise den Stützpunkt R und die Spannvektoren $\overrightarrow{RS}$ und $\overrightarrow{RT}$. Einen Normalenvektor $\vec{n}$ von E erhalten Sie mithilfe des Kreuzprodukts (siehe Seite 39) der Spannvektoren. Alternativ können Sie $\vec{n}$ auch mithilfe des Skalarprodukts bestimmen, da $\vec{n}$ sowohl auf $\overrightarrow{RS}$ als auch auf $\overrightarrow{RT}$ senkrecht steht. Eine Koordinatengleichung von E erhalten Sie mithilfe der Punkt-Normalenform: $(\vec{x}-\vec{r})\cdot\vec{n}=0$. Alternativ können Sie auch die Koordinaten eines gegebenen Punktes in den Ansatz $ax_1+bx_2+cx_3=d$ einsetzen und d auf diese Weise bestimmen.
Um zu begründen, dass es sich bei dem Viereck QRST um ein Trapez handelt, bestimmen Sie die Verbindungsvektoren $\overrightarrow{RS}$ und $\overrightarrow{QT}$. Falls diese Vielfache voneinander sind (linear abhängig), sind die Seiten RS und QT parallel und damit ist das Viereck QRST ein Trapez. Den Flächeninhalt A des Trapezes QRST erhalten Sie mit der Formel $A=\frac{a+c}{2}\cdot h$. Die beiden parallelen Seiten a und c des Trapezes erhalten Sie, indem Sie die Längen der enstprechenden Verbindungsvektoren berechnen. Die Höhe h des Trapezes erhalten Sie, indem Sie den Abstand von S zur Geraden g durch Q und T mithilfe einer zu g orthogonalen Hilfsebene E_H bestimmen. Stellen Sie die Gleichung von g auf. Beachten Sie, dass die Hilfsebene E_H durch S geht und verwenden Sie als Normalenvektor den Richtungsvektor von g. Damit erhalten Sie eine Koordinatengleichung von E_H mithilfe der Punkt-Normalenform: $E_H:\ (\vec{x}-\vec{s})\cdot\overrightarrow{QT}=0$.
Den Schnittpunkt P von g und E_H erhalten Sie, indem Sie den allgemeinen Punkt P_t von g in die Koordinatengleichung von E_H einsetzen. Anschließend setzen Sie den erhaltenen t-Wert in P_t ein. Die Höhe h ist der Abstand von P zu S, also bestimmen Sie die Länge des entsprechenden Verbindungsvektors.

b) Beachten Sie, dass der kleine Teilkörper mit den Schnittkanten QRST auf den Quader gestellt wird. Die Höhe h_1 dieses Körpers QRSTBC mit der Grundfläche QRST erhalten Sie, indem Sie den Abstand von C zur Ebene E, in der die Grundfläche QRST liegt, mithilfe der Abstandsformel berechnen. Die Höhe h_2 des Quaders erhalten Sie, indem Sie die Länge der Strecke GB bestimmen. Die Höhe h des zusammengesetzten Körpers ergibt sich dann durch $h=h_1+h_2$.

c) Beachten Sie, dass das Viereck ODAF, welches die Tür im geschlossenen Zustand darstellt, in der Ebene $x_2=0$ liegt. Den Öffnungswinkel α der Tür erhalten Sie, indem Sie den Winkel zwischen dem Normalenvektor $\vec{n}_1$ der Ebene $x_2=0$ und dem Normalenvektor $\vec{n}_2$ der Ebene T_a mithilfe der Formel für den Winkel zwischen zwei Vektoren berechnen: $\cos(\alpha)=\frac{|\vec{n}_1\cdot\vec{n}_2|}{|\vec{n}_1|\cdot|\vec{n}_2|}$. Setzen Sie $\alpha=30^\circ$ ein und lösen Sie die erhaltene Gleichung durch Quadrieren.

Analytische Geometrie B2

a) Die Geschwindigkeit von F_1 erhalten Sie, indem Sie die Strecke berechnen, die F_1 in einer Minute zurücklegt. Setzen Sie dazu $t = 0$ und $t = 1$ in g_1 ein, um die Positionen A und B von F_1 um 14.00 Uhr und um 14.01 Uhr zu erhalten. Bestimmen Sie anschließend die Länge der Strecke von A nach B, indem Sie den Betrag des entsprechenden Verbindungsvektors berechnen. Teilen Sie die berechnete Strecke durch die Zeit, um die Geschwindigkeit zu erhalten.
Den Zeitpunkt, zu dem F_1 eine Höhe von $4{,}9\,\text{km}$ erreicht, erhalten Sie, indem Sie die x_3-Komponente von g_1, welche die Höhe von F_1 über dem Meer beschreibt, mit 4,9 gleichsetzen und die Gleichung nach t auflösen. Beachten Sie, dass der Beobachtungsbeginn um 14.00 Uhr ist.
Die Weite des Winkels, mit dem das Flugzeug F_2 steigt, erhalten Sie, indem Sie den Winkel zwischen der x_1x_2-Ebene und der Flugbahn von F_2 berechnen. Bestimmen Sie die Gleichung der Geraden g_2, auf der das Flugzeug F_2 sich bewegt. Beachten Sie, dass die Strecke von P nach Q in 3 Minuten zurückgelegt wird und teilen Sie den Richtungsvektor $\overrightarrow{PQ}$ von g_2 durch 3, so dass der Parameter in Minuten angegeben ist. Den Winkel α zwischen der x_1x_2-Ebene und der Geraden g_2 erhalten Sie mithilfe der Formel $\sin(\alpha) = \frac{|\vec{u}\cdot\vec{n}|}{|\vec{u}|\cdot|\vec{n}|}$, wobei $\vec{u}$ der Richtungsvektor von g_2 und $\vec{n}$ ein Normalenvektor der x_1x_2-Ebene ist.

b) Verwenden Sie die Gleichung von g_2 aus Aufgabe a), bei der der Parameter in Minuten angegeben ist. Die Zeitpunkte, zu denen die Flugzeuge den Schnittpunkt ihrer Flugbahnen durchfliegen, erhalten Sie durch Gleichsetzen der Geradengleichungen. Lösen Sie das entstandene Gleichungssystem und bestimmen Sie die zugehörigen Uhrzeiten, die Sie durch die Parameter t und s der Geraden erhalten.

c) Bestimmen Sie zuerst die Abstände $d_1(t)$ von B zum allgemeinen Punkt P_t von g_1 und $d_2(t)$ von B zum allgemeinen Punkt Q_t von g_2 in Abhängigkeit von der Zeit t, indem Sie die Beträge der entsprechenden Verbindungsvektoren berechnen. Einen Zeitpunkt t_0, zu dem beide Flugzeuge denselben Abstand vom Ballon haben, erhalten Sie, indem Sie die Abstände $d_1(t)$ und $d_2(t)$ gleichsetzen. Lösen Sie die entstandene Gleichung durch Quadrieren nach t auf.
Beachten Sie, dass Sie für den Zeitpunkt t_0 die Position P_1 von F_1 und die Position P_2 von F_2 benötigen. Skizzieren Sie die Problemstellung und überlegen Sie, auf welcher Ebene E alle Punkte liegen, die von P_1 und P_2 genau gleich weit entfernt sind. Beachten Sie, dass die gesuchten Punkte auch auf der Meeresoberfläche liegen.

Stochastik C1

a) Um die Wahrscheinlichkeit des Ereignisses A zu bestimmen, legen Sie X als binomialverteilte Zufallsvariable für die Anzahl der silbernen oder grauen Autos mit den Parametern n und p fest. Die Wahrscheinlichkeit für das Ereignis A erhalten Sie mithilfe der Binomialverteilung. Um die Wahrscheinlichkeit des Ereignisses B zu bestimmen, legen Sie Y als binomialverteilte Zufallsvariable für die Anzahl der schwarzen Autos mit den Parametern n und p fest. Die Wahrscheinlichkeit für das Ereignis B erhalten Sie mithilfe der kumulierten Binomialverteilung und der Wahrscheinlichkeit des Gegenereignisses. Um die Wahrscheinlichkeit des Ereignisses C zu bestimmen, legen Sie Z_1 als binomialverteilte Zufallsvariable für die Anzahl der Autos, die keine in der Tabelle angegebene Farbe haben, und Z_2 als binomialverteilte Zufallsvariable für die Anzahl der schwarzen Autos fest. Bestimmen Sie die entsprechenden Parameter n_1 und p_1 sowie n_2 und p_2. Bestimmen Sie die Wahrscheinlichkeit $P(Z_1 \geqslant 3)$ mithilfe der kumulierten Binomialverteilung und der Wahrscheinlichkeit des Gegenereignisses und die Wahrscheinlichkeit $P(Z_2 \leqslant 20)$ mithilfe der kumul. Binomialverteilung. Multiplizieren Sie die erhaltenen Wahrscheinlichkeiten.

b) Berechnen Sie die Wahrscheinlichkeit des Ereignisses D, dass von vier Autos mindestens drei hintereinander nicht schwarz sind. Hierzu bezeichnen Sie mit s: Auto ist schwarz und mit $\bar{s}$: Auto ist nicht schwarz und bestimmen zuerst $P(s)$ und $P(\bar{s}) = 1 - P(s)$. Beachten Sie, dass es drei mögliche Ergebnisse gibt, deren Wahrscheinlichkeit Sie mithilfe der Pfadregeln berechnen. Überlegen Sie, bei welcher Wahrscheinlichkeit das Spiel fair ist.

c) Zur Bestimmung der Entscheidungsregel des Hypothesentests legen Sie X als binomialverteilte Zufallsvariable für die Anzahl der weißen Autos mit den Parametern n und p fest. Bestimmen Sie zur Nullhypothese $H_0: p \leqslant \ldots$ die zugehörige Alternativhypothese $H_1: p > \ldots$. Beachten Sie, dass es sich wegen $H_1: p > \ldots$ um einen rechtsseitigen Test mit Signifikanzniveau (Irrtumswahrscheinlichkeit) α handelt. Also bestimmen Sie durch Ausprobieren mithilfe der kumulierten Binomialverteilung ein minimales $k \in \mathbb{N}$ und damit einen Ablehnungsbereich $\overline{A} = \{k, \ldots, 500\}$ der Nullhypothese so, dass gilt: $P(X \in \overline{A}) \leqslant \alpha$ bzw. $P(X \geqslant k) \leqslant \alpha$. Verwenden Sie die kumulierte Binomialverteilung sowie die Wahrscheinlichkeit des Gegenereignisses. Überlegen Sie, wann die Nullhypothese verworfen wird, und formulieren Sie dazu die Entscheidungsregel.

d) Bezeichnen Sie mit p den Anteil der schwarzen Autos und bestimmen Sie den Anteil der silbernen oder grauen Autos, den Anteil der weißen Autos und den Anteil der übrigen Autos in Abhängigkeit von p.
Bestimmen Sie die Wahrscheinlichkeit $f(p)$, dass sich bei zwei vorbeifahrenden Autos ein schwarzes Auto und ein Auto, das keine in der Tabelle angegebene Farbe hat, abwechseln, mithilfe der Pfadregeln. Da diese Wahrscheinlichkeit maximal sein soll, bestimmen Sie mithilfe der 1. und 2. Ableitung von $f(p)$ den Extremwert der zugehörigen Funktion $f(p)$. Als notwendige Bedingung lösen Sie die Gleichung $f'(p) = 0$ nach p auf. Falls $f''(p) < 0$ ist, handelt es sich um ein Maximum.

Stochastik C2

a) Bestimmen Sie zuerst die Wahrscheinlichkeiten für die angezeigten Zahlen bei den Glücksrädern G_1 und G_2 und erstellen Sie ein Baumdiagramm. Zur Berechnung der Wahrscheinlichkeit des Ereignisses A legen Sie X als binomialverteilte Zufallsvariable für die Anzahl der gedrehten «1en» mit den Parametern n und p fest. Verwenden Sie die Binomialverteilung.
Die Wahrscheinlichkeit für das Ereignis B erhalten Sie mithilfe der Pfadregeln; überlegen Sie, welche Ergebnisse zum Ereignis B gehören.
Zur Berechnung der Wahrscheinlichkeit des Ereignisses C legen Sie Y als binomialverteilte Zufallsvariable für die Anzahl der Hauptgewinne mit den Parametern n und p fest. Verwenden Sie die Binomialverteilung und die Wahrscheinlichkeit des Gegenereignisses.

b) Legen Sie X als binomialverteilte Zufallsvariable für die Anzahl der Hauptgewinne mit den Parametern p und unbekanntem n fest. Stellen Sie eine Ungleichung auf und lösen Sie diese durch Ausprobieren mithilfe der Wahrscheinlichkeit des Gegenereignisses und der Binomialverteilung.

c) Um zu berechnen, wie viel der Betreiber auf lange Sicht durchschnittlich pro Spiel gewinnt, bestimmen Sie den Erwartungswert $E(X)$ des Gewinns des Betreibers. Dazu ermitteln Sie zuerst die Auszahlungsbeträge und die zugehörigen Wahrscheinlichkeiten. Die durchschnittliche Auszahlung pro Spiel erhalten Sie, indem Sie die möglichen Auszahlungsbeträge mit den entsprechenden Wahrscheinlichkeiten multiplizieren und die Ergebnisse addieren. Subtrahieren Sie vom Spieleinsatz die durchschnittliche Auszahlung pro Spiel, so erhalten Sie den Erwartungswert $E(X)$ des Gewinns des Betreibers.

d) Legen Sie p für die Wahrscheinlichkeit fest, dass beim einmaligem Drehen des Glücksrads G_2 eine «8» erscheint. Bestimmen Sie mithilfe der Wahrscheinlichkeit des Gegenereignisses die Wahrscheinlichkeit, dass eine «2» erscheint. Überlegen Sie, welche Ergebniss zum Ereignis «Summe der Zahlen ist mindestens 10» gehört. Verwenden Sie die Pfadregeln und stellen Sie eine Ungleichung auf, die Sie nach p auflösen. Den zugehörigen Mittelpunktswinkel α erhalten Sie, indem Sie das erhaltene p mit 360° mulitiplizieren.

Lösungen Wahlteil Abitur 2017

Analysis A

Aufgabe A 1.1

Es ist $f(t) = 6000 \cdot t \cdot e^{-0,5t}$; $t \geqslant 0$ (t in Monaten nach der Einführung, $f(t)$ in Käufer pro Monat).

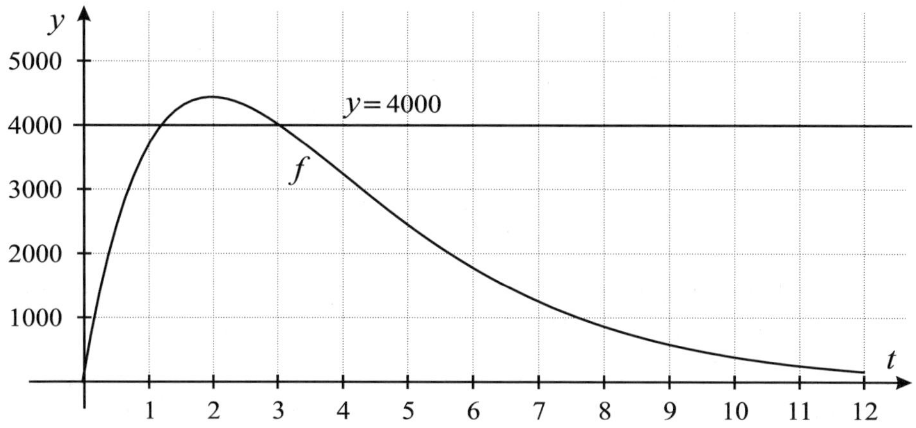

a) Die maximale momentane Änderungsrate erhält man, indem man das Maximum von $f(t)$ mithilfe des gegebenen Graphen bestimmt: $t = 2$ und $f(2) \approx 4415$ (WTR).
Somit beträgt die maximale momentane Änderungsrate etwa 4415 Käufer pro Monat.

Den Zeitraum, in dem die momentane Änderungsrate größer als 4000 Käufer pro Monat ist, erhält man, indem man die Gerade $y = 4000$ mit dem Graphen von f schneidet. Es ergeben sich näherungsweise die Schnittstellen: $t_1 \approx 1,2$ und $t_2 \approx 3,0$.
Somit ist im Zeitraum zwischen etwa 1,2 und 3 Monaten nach der Einführung die momentane Änderungsrate größer als 4000 Käufer pro Monat.

Die Zeitpunkte, zu denen die momentane Änderungsrate am stärksten abnimmt bzw. zunimmt, erhält man anhand des Graphen von f, indem man die Stellen mit maximaler und minimaler Tangentensteigung bestimmt.
Bei $t_1 = 0$ ist die Tangensteigung am größten (positiv), bei $t_2 \approx 4,0$ ist die Tangentensteigung am stärksten negativ (Wendestelle).
Somit nimmt zum Zeitpunkt der Einführung die momentane Änderungsrate am stärksten zu, etwa 4 Monate nach der Einführung nimmt sie am stärksten ab.

b) Um zu zeigen, dass für $t > 2$ die Funktion f streng monoton fallend ist, bestimmt man die 1. Ableitung von $f(t)$ mithilfe der Produkt- und Kettenregel:

$$f'(t) = 6000 \cdot e^{-0,5t} + 6000 \cdot t \cdot e^{-0,5t} \cdot (-0,5) = 6000 \cdot e^{-0,5t} \cdot (1 - 0,5t)$$

Da $6000 \cdot e^{-0,5t}$ stets positiv ist, ist $f'(t) < 0$ für $1 - 0,5t < 0$ bzw. $2 < t$.
Somit ist f für $t > 2$ streng monoton fallend.

Da $t > 2$ und $6000 \cdot e^{-0,5t}$ stets positiv ist, ist auch $f(t) = 6000 \cdot t \cdot e^{-0,5t}$ stets positiv. Somit nimmt f für $t > 2$ nur positive Werte an.

Für $t > 2$, also ab zwei Monaten nach der Einführung, ist die momentane Änderungsrate zwar streng monoton fallend, aber stets positiv, so dass die Gesamtzahl der Käufer theoretisch ständig zunimmt, die Zunahme aber immer geringer wird. Ab einem gewissen Zeitpunkt (nach etwa 28 Monaten) ist die Zunahme so gering (weniger als eine Person), dass dann die Gesamtzahl der Käufer konstant bleibt.

c) Die Gesamtzahl K der Käufer sechs Monate nach Einführung der App erhält man mithilfe eines Integrals:

$$\mathrm{K} = \int_0^6 f(t)\,\mathrm{d}t$$

Der Wert dieses Integrals entspricht dem Flächeninhalt der Fläche zwischen dem Graphen von f und der x-Achse im Intervall $[0\,;6]$.
Durch «Kästchenzählen» kann man den Flächeninhalt näherungsweise bestimmen. Es ergeben sich etwa 19 Kästchen. Da einem Kästchen 1000 Käufer entsprechen, beträgt die Gesamtzahl der Käufer sechs Monate nach der Einführung etwa 19 000.
Mithilfe der Integralgleichung $\int_t^{t+2} f(x)\,\mathrm{d}x = 5000$ kann man den Beginn eines Zeitraumes von zwei Monaten, in dem es 5000 neue Käufer gibt, berechnen, da durch das Integral die Summe der neuen Käufer gebildet wird und das Intervall $[t\,;t+2]$ einem Zeitintervall entspricht, das zu einem bestimmten Zeitpunkt t beginnt und 2 Monate umfasst.

d) Die Gesamtzahl G der Käufer entwickelt sich nach dem Gesetz $\mathrm{G}(t) = \mathrm{S} - a \cdot e^{-k \cdot t}$ (t in Monaten nach Verkaufsbeginn, $\mathrm{G}(t)$ in Anzahl der Käufer).
Da man auf lange Sicht 30 000 Käufer erwartet und für $t \longrightarrow \infty$ der Term $a \cdot e^{-k \cdot t}$ gegen Null geht, gilt: $\mathrm{S} = 30000$. Damit ergibt sich:

$$\mathrm{G}(t) = 30\,000 - a \cdot e^{-k \cdot t}$$

Da es sechs Monate nach Verkaufsbeginn bereits 20 000 Käufer gibt, gilt: $\mathrm{G}(6) = 20\,000$.
Da es beim Verkaufsstart noch keine Käufer gibt, gilt: $\mathrm{G}(0) = 0$.
Diese beiden Bedingungen führen zu folgendem Gleichungssystem:

$$\begin{array}{lcccl} \mathrm{I} & 30\,000 & - & a \cdot e^{-k \cdot 6} & = & 20\,000 \\ \mathrm{II} & 30\,000 & - & a \cdot e^{-k \cdot 0} & = & 0 \end{array}$$

Aus Gleichung II ergibt sich: $30\,000 - a \cdot 1 = 0 \Rightarrow a = 30\,000$.
Setzt man $a = 30\,000$ in Gleichung I ein, erhält man:

$$\begin{aligned} 30\,000 - 30\,000 \cdot e^{-6 \cdot k} &= 20\,000 \\ 10\,000 &= 30\,000 \cdot e^{-6 \cdot k} \\ \frac{1}{3} &= e^{-6 \cdot k} \end{aligned}$$

$$\ln\left(\frac{1}{3}\right) = -6 \cdot k$$

$$\frac{\ln\left(\frac{1}{3}\right)}{-6} = k$$

$$k \approx 0,1831$$

Somit gilt für einen Funktionsterm, welcher die Gesamtzahl der Käufer in Abhängigkeit von der Zeit nach Verkaufsbeginn beschreibt:

$$\mathrm{G}(t) = 30000 - 30000 \cdot e^{-0,1831 \cdot t}$$

Aufgabe A 1.2

Es ist $g(x) = x - \frac{1}{x^3} = x - x^{-3}$; $x \neq 0$ mit $g'(x) = 1 - (-3) \cdot x^{-4} = 1 + \frac{3}{x^4}$.

a) Zur Veranschaulichung der Problemstellung skizziert man den Graphen von g mithilfe einer Wertetabelle und zeichnet die Tangente t an den Graphen von g in einem Punkt $\mathrm{B}\,(u \mid g(u))$ durch $\mathrm{P}(0 \mid -0,5)$:

x	-3	-2	-1	0	1	2	3
$g(x)$	$-2,96$	$-1,88$	0	$-$	0	$1,88$	$2,96$

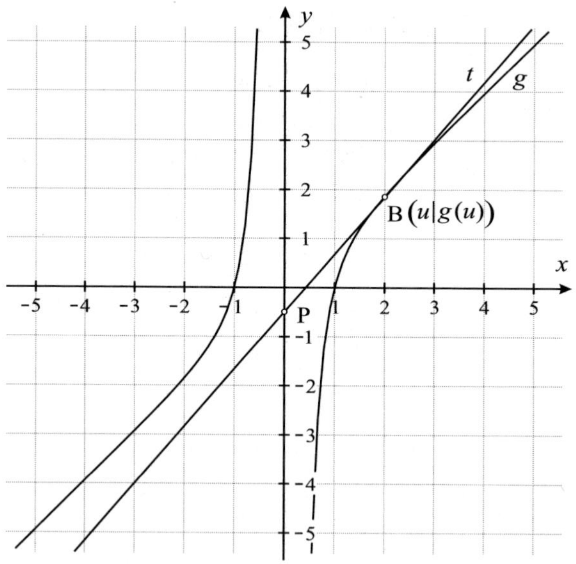

Die Koordinaten des Berührpunktes $\mathrm{B}\,(u \mid g(u))$ erhält man, indem man zuerst die Steigung m_t im Punkt B auf zweierlei Arten bestimmt.

Da B auf dem Graphen von g liegt, gilt: $m_t = g'(u) = 1 + \frac{3}{u^4}$.

Da B auf der Tangente t liegt, gilt: $m_t = \frac{g(u)-(-0,5)}{u-0} = \frac{u - \frac{1}{u^3} + 0,5}{u} = 1 - \frac{1}{u^4} + \frac{0,5}{u}$.

Durch Gleichsetzen erhält man:

$$1+\frac{3}{u^4}=1-\frac{1}{u^4}+\frac{0,5}{u}$$
$$\frac{4}{u^4}=\frac{0,5}{u}$$
$$8=u^3$$
$$2=u$$

Alternativ kann man die Koordinaten von $\mathrm{P}(0 \mid -0,5)$ auch in die Tangentengleichung

$$y=g'(u)\cdot(x-u)+g(u)$$

einsetzen:

$$-0,5=\left(1+\frac{3}{u^4}\right)\cdot(0-u)+u-\frac{1}{u^3}$$
$$-0,5=-u-\frac{3}{u^3}+u-\frac{1}{u^3}$$
$$-0,5=-\frac{4}{u^3}$$
$$u^3=8$$
$$u=2$$

Setzt man $u=2$ in $g(u)=u-\frac{1}{u^3}$ ein, ergibt sich: $g(2)=2-\frac{1}{2^3}=1,875$.
Somit erhält man den Berührpunkt $\mathrm{B}(2 \mid 1,875)$.

b) Zur Veranschaulichung der Problemstellung skizziert man den Graphen von g und die Gerade mit der Gleichung $y=2x-1$:

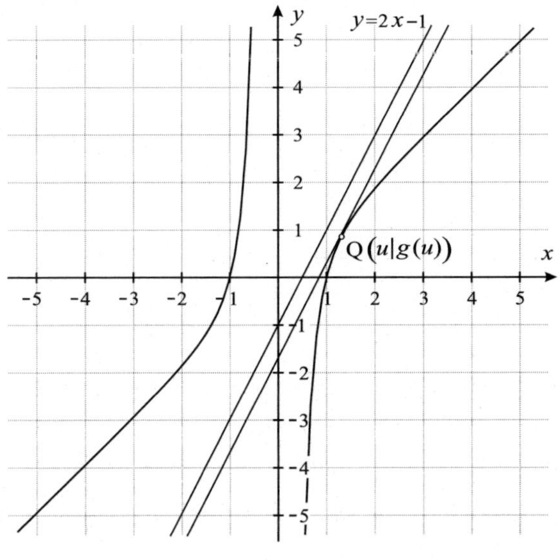

Da der Graph von g die gegebene Gerade nicht schneidet, muss der Punkt $Q(x \mid g(x))$ auf dem Graphen von g, der den kleinsten Abstand zur Geraden mit der Gleichung $y = 2x - 1$ besitzt, auf der zu dieser Geraden parallelen Tangente liegen. Damit hat die Tangente in Q die Steigung $m = 2$ und es muss gelten:

$$
\begin{aligned}
g'(x) &= 2 \\
1 + \frac{3}{x^4} &= 2 \\
3 &= x^4 \\
\pm\sqrt[4]{3} &= x_{1,2} \\
x_{1,2} &\approx \pm 1,32
\end{aligned}
$$

Dem Graphen von g entnimmt man, dass $x \approx 1,32$ die gesuchte x-Koordinate ist.

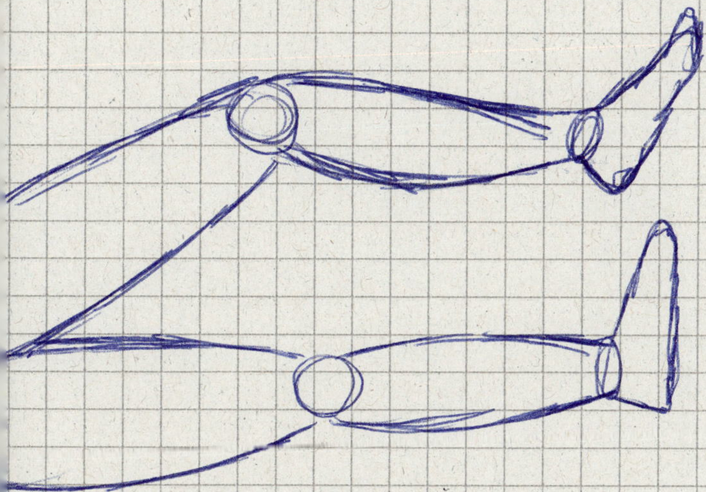

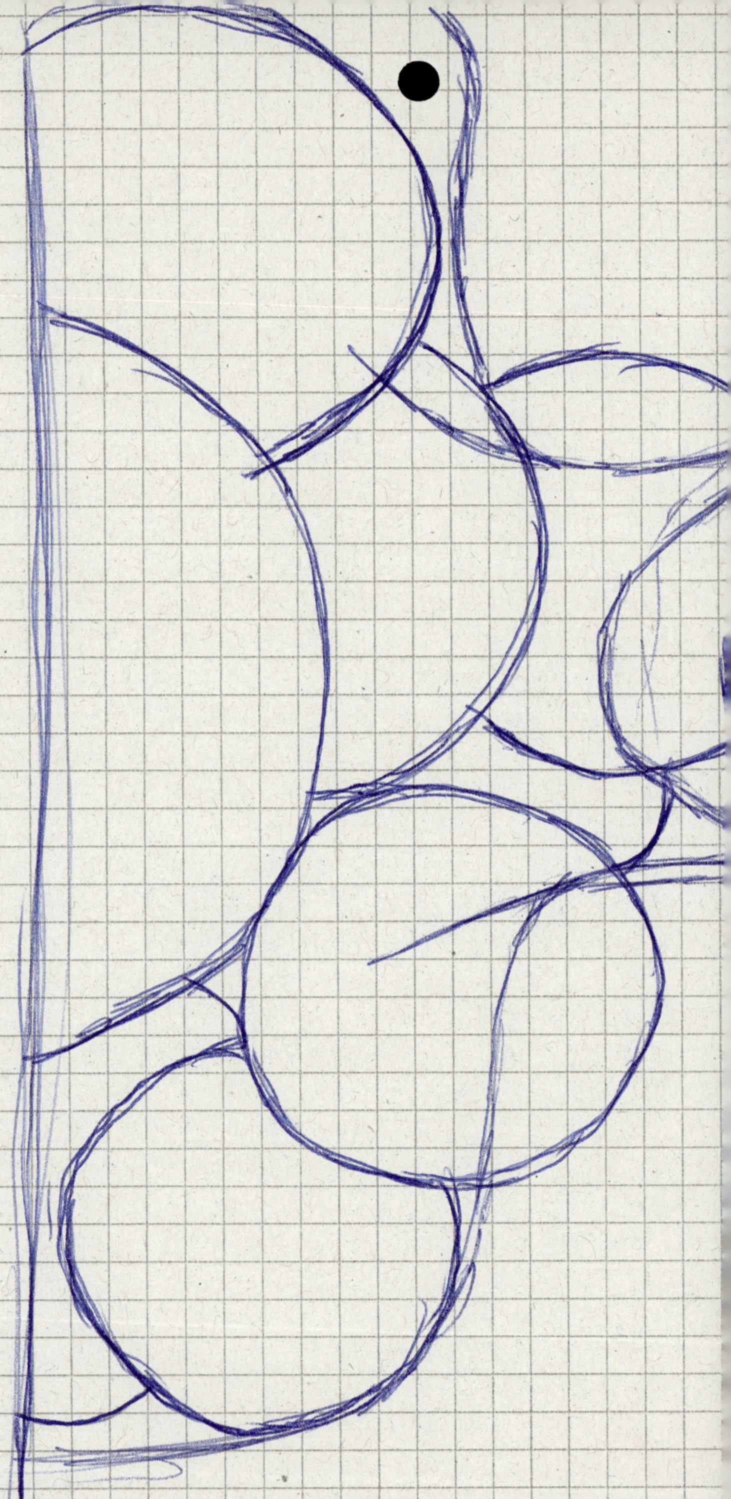

Analysis A2

Aufgabe A 2.1

Es sind $z(t) = 20 \cdot \sin\left(\frac{\pi}{12} \cdot t\right) + 25$; $t \geqslant 0$ und $a(t) = 19$; $t \geqslant 0$ (t in Stunden seit Beobachtungsbeginn, $z(t)$ und $a(t)$ in $1\,000\,\frac{\text{m}^3}{\text{h}}$).

a) Den Graphen von z kann man mithilfe einer Wertetabelle zeichnen:

t	0	6	12	18	24
$z(t)$	25	45	25	5	25

Alternativ kann man sich auch überlegen, dass der Graph von z die Mittellinie $y = 25$ hat, die Periode $p = \frac{2\pi}{\frac{\pi}{12}} = 24$ und eine mit Faktor 20 in y-Richtung gestreckte Sinusfunktion ist.

Der Graph von a ist eine Parallele zur t-Achse.

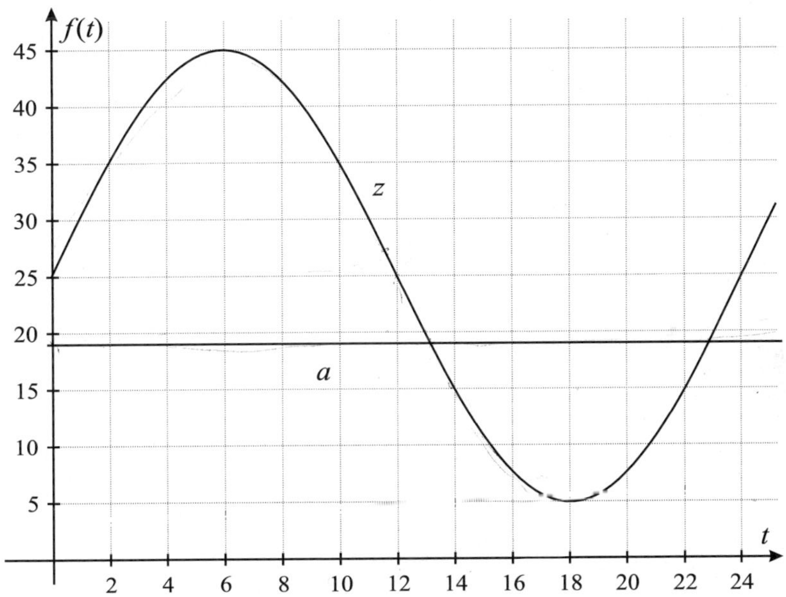

Die minimale momentane Zuflussrate erhält man, indem man das Minimum der Funktion $z(t)$ für $0 \leqslant t \leqslant 24$ mithilfe des Graphen von z bestimmt. Da die Funktion z die Periode $p = \frac{2\pi}{\frac{\pi}{12}} = 24$ hat, befindet sich die Minimalstelle bei $t = 18$.

Setzt man $t = 18$ in $z(t)$ ein, ergibt sich:

$$z(18) = 20 \cdot \sin\left(\frac{\pi}{12} \cdot 18\right) + 25 = 5 \text{ (WTR)}$$

Somit beträgt die minimale momentane Zuflussrate $5\,000\,\frac{\text{m}^3}{\text{h}}$.

Um zu bestimmen, in welchem Zeitraum die Wassermenge im Stausee abnimmt, liest man zuerst die Schnittstellen der Graphen von $z(t)$ und $a(t)$ anhand der Graphen ab. Man erhält näherungsweise $t_1 \approx 13$ und $t_2 \approx 23$. Anhand der Graphen kann man erkennen, dass $z(t) < a(t)$ für $13 < t < 23$ gilt. Somit nimmt die Wassermenge im Stausee im Zeitraum zwischen etwa 13 und 23 Stunden nach Beobachtungsbeginn ab.

Die maximale momentane Änderungsrate der Wassermenge erhält man, indem man das Maximum der Funktion

$$w(t) = z(t) - a(t) = 20 \cdot \sin\left(\frac{\pi}{12} \cdot t\right) + 6$$

berechnet.
Da die Funktion $w(t)$ ebenfalls die Periode $p = \frac{2\pi}{\frac{\pi}{12}} = 24$ hat und eine mit Faktor 20 in y-Richtung gestreckte Sinusfunktion mit Mittellinie $y = 6$ ist, befindet sich die Stelle des Maximums bei $t = 6$. Setzt man $t = 6$ in $w(t)$ ein, ergibt sich:

$$w(6) = 20 \cdot \sin\left(\frac{\pi}{12} \cdot 6\right) + 6 = 26 \text{ (WTR)}$$

Somit beträgt die maximale momentane Änderungsrate der Wassermenge $26\,000\,\frac{\text{m}^3}{\text{h}}$.

b) Da sich zu Beobachtungsbeginn $2\,500\,000\,\text{m}^3$ Wasser im See befinden, gilt für das Volumen bei $t = 0$, also zu Beginn: $\text{V}(0) = 2500$.
Die Wassermenge im Stausee 12 Stunden nach Beobachtungsbeginn erhält man mithilfe eines Integrals, da die Zuwächse addiert werden. Unter Berücksichtigung der Anfangsbedingung gilt für das Volumen V:

$$\begin{aligned}
\text{V}(12) &= 2500 + \int_0^{12} (z(t) - a(t))\,\text{d}t \\
&= 2500 + \int_0^{12} \left(20 \cdot \sin\left(\frac{\pi}{12} \cdot t\right) + 6\right) \text{d}t \\
&= 2500 + \left[\frac{-20 \cdot \cos\left(\frac{\pi}{12} \cdot t\right)}{\frac{\pi}{12}} + 6t\right]_0^{12} \\
&= 2500 + \left(\frac{-20 \cdot \cos\left(\frac{\pi}{12} \cdot 12\right)}{\frac{\pi}{12}} + 6 \cdot 12\right) - \left(\frac{-20 \cdot \cos\left(\frac{\pi}{12} \cdot 0\right)}{\frac{\pi}{12}} + 6 \cdot 0\right) \\
&\approx 2725
\end{aligned}$$

Somit beträgt die Wassermenge 12 Stunden nach Beobachtungsbeginn etwa $2\,725\,000\,\text{m}^3$.

Um zu begründen, dass die Wassermenge in jedem 24-Stunden-Zeitraum um $144\,000\,\text{m}^3$ zunimmt, betrachtet man die Funktion

$$w(t) = z(t) - a(t) = 20 \cdot \sin\left(\frac{\pi}{12} \cdot t\right) + 6$$

Diese hat die Mittellinie $y = 6$ und die Periode $\mathrm{p} = \frac{2\pi}{\frac{\pi}{12}} = 24$. Die mittlere momentane Änderungsrate der Wassermenge in jedem 24-Stunden-Zeitraum beträgt also $6\,000\,\frac{\mathrm{m}^3}{\mathrm{h}}$.

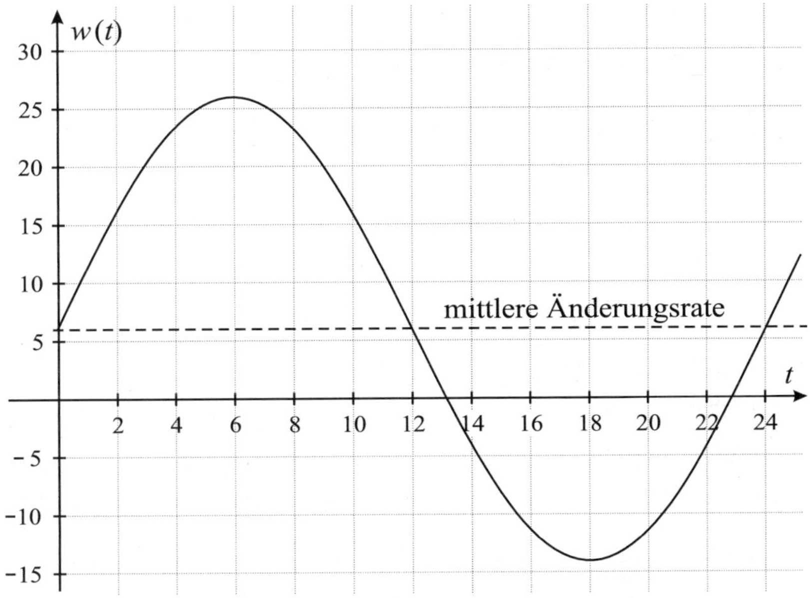

Damit gilt für die Zunahme Z der Wassermenge in jedem 24-Stunden-Zeitraum:

$$\mathrm{Z} = 24\,\mathrm{h} \cdot 6\,000\,\frac{\mathrm{m}^3}{\mathrm{h}} = 144\,000\,\mathrm{m}^3$$

Da $w(t)$ periodisch mit $\mathrm{p} = 24$ ist, beträgt die Zunahme der Wassermenge in jedem 24-Stunden-Zeitraum $144\,000\,\mathrm{m}^3$.

Alternativ kann man die Zunahme Z der Wassermenge in jedem 24-Stunden-Zeitraum mithilfe eines Integrals berechnen:

$$
\begin{aligned}
Z &= \int_{t^*}^{t^*+24} w(t)\,\mathrm{d}t \\
&= \int_{t^*}^{t^*+24} \left(20 \cdot \sin\left(\frac{\pi}{12} \cdot t\right) + 6\right) \mathrm{d}t \\
&= \left[\frac{-20 \cdot \cos\left(\frac{\pi}{12} \cdot t\right)}{\frac{\pi}{12}} + 6t \right]_{t^*}^{t^*+24} \\
&= \frac{-20 \cdot \cos\left(\frac{\pi}{12} \cdot (t^* + 24)\right)}{\frac{\pi}{12}} + 6 \cdot (t^* + 24) - \left(\frac{-20 \cdot \cos\left(\frac{\pi}{12} \cdot t^*\right)}{\frac{\pi}{12}} + 6t^* \right) \\
&= \frac{-20 \cdot \cos\left(\frac{\pi}{12} \cdot t^* + 2\pi\right)}{\frac{\pi}{12}} + 6t^* + 144 + \frac{-20 \cdot \cos\left(\frac{\pi}{12} \cdot t^*\right)}{\frac{\pi}{12}} - 6t^* \\
&= 144
\end{aligned}
$$

Somit beträgt die Zunahme der Wassermenge in jedem 24-Stunden-Zeitraum $144\,000\,\mathrm{m}^3$.

Um den Wert der konstanten Abflussrate zu bestimmen, damit nach Ablauf von 14 Tagen die Wassermenge im Stausee $4\,180\,000\,\mathrm{m}^3$ betragen würde, kann man sich Folgendes überlegen:

Die Zunahme der Wassermenge muss nach Ablauf von 14 Tagen

$$4\,180\,000\,\mathrm{m}^3 - 2\,500\,000\,\mathrm{m}^3 = 1\,680\,000\,\mathrm{m}^3$$

betragen.

Pro Tag muss die Zunahme der Wassermenge durchschnittlich also

$$\frac{1\,680\,000\,\mathrm{m}^3}{14} = 120\,000\,\mathrm{m}^3$$

betragen.

Pro Stunde muss die Zunahme der Wassermenge durchschnittlich also

$$\frac{120\,000\,\mathrm{m}^3}{24} = 5\,000\,\mathrm{m}^3$$

betragen.

Wegen $z(t) = 20 \cdot \sin\left(\frac{\pi}{12} \cdot t\right) + 25$ beträgt der durchschnittliche Zufluss pro Stunde $25\,000\,\mathrm{m}^3$.
Somit müssten pro Stunde konstant $20\,000\,\mathrm{m}^3$ abfließen.

Aufgabe A 2.2

Es ist $f(x) = x^3 - 9x^2 + 24x - 14$.

a) Die Koordinaten des Hochpunkts und des Tiefpunkts des Graphen von f erhält man mithilfe der 1. und 2. Ableitung von f:

$$f'(x) = 3x^2 - 18x + 24$$
$$f''(x) = 6x - 18$$

Als notwendige Bedingung löst man die Gleichung $f'(x) = 0$ nach x auf:

$$3x^2 - 18x + 24 = 0$$

Mithilfe der *abc*-Formel erhält man die Lösungen $x_1 = 2$ und $x_2 = 4$.
Setzt man die erhaltenen x-Werte in $f''(x)$ ein, ergibt sich:

$$f''(2) = 6 \cdot 2 - 18 = -6 < 0 \Rightarrow \text{Hochpunkt}$$
$$f''(4) = 6 \cdot 4 - 18 = 6 > 0 \Rightarrow \text{Tiefpunkt}$$

Die zugehörigen y-Werte erhält man, indem man die x-Werte in $f(x)$ einsetzt:

$$y_1 = f(2) = 2^3 - 9 \cdot 2^2 + 24 \cdot 2 - 14 = 6$$
$$y_2 = f(4) = 4^3 - 9 \cdot 4^2 + 24 \cdot 4 - 14 = 2$$

Damit erhält man: H(2 | 6) ist Hochpunkt und T(4 | 2) ist Tiefpunkt des Graphen von f.
Somit kann man die Achsen skalieren:

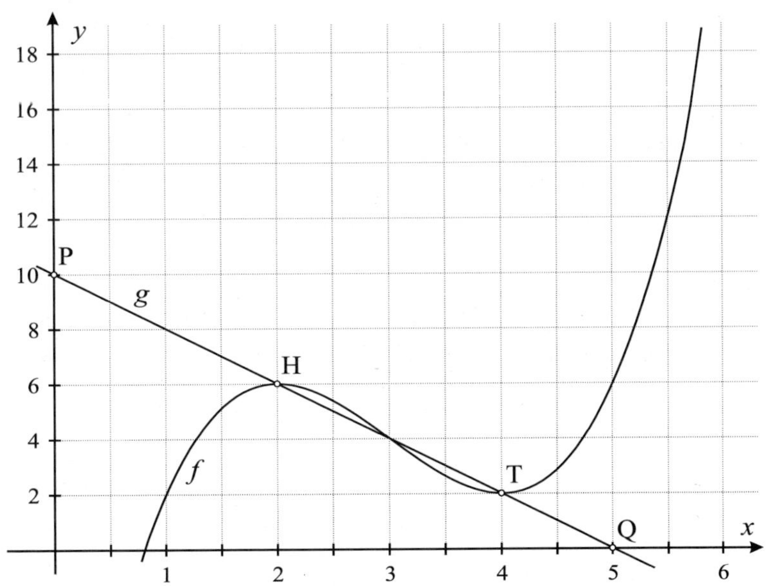

Die Gleichung der Geraden g durch den Hochpunkt H und den Tiefpunkt T des Graphen von f erhält man, indem man die Steigung m bestimmt und anschließend die Koordinaten von H und m in die Punkt-Steigungsform einsetzt:

$$m = \frac{y_T - y_H}{x_T - x_H} = \frac{2-6}{4-2} = -2$$

Setzt man $m = -2$ und H$(2 \mid 6)$ in die Punkt-Steigungsform $y = m \cdot (x - x_H) + y_H$ ein, ergibt sich:

$$g: y = -2 \cdot (x-2) + 6$$
$$g: y = -2 \cdot x + 10$$

Den Schnittpunkt P von g mit der y-Achse erhält man, indem man $x = 0$ in die Geradengleichung einsetzt:

$$y = 2 \cdot 0 + 10 = 10 \Rightarrow \text{P}(0 \mid 10)$$

Den Schnittpunkt Q von g mit der x-Achse erhält man, indem man die Gleichung $y = 0$ nach x auflöst:

$$-2x + 10 = 0 \Rightarrow x = 5 \Rightarrow \text{Q}(5 \mid 0)$$

Die Längen der Strecken HT und PQ erhält man mithilfe des Abstandes zweier Punkte:

$$\overline{\text{HT}} = \sqrt{(4-2)^2 + (2-6)^2} = \sqrt{20}$$
$$\overline{\text{PQ}} = \sqrt{(5-0)^2 + (0-10)^2} = \sqrt{125}$$

Den prozentualen Anteil der Strecke HT an der Strecke PQ erhält man, indem man $\overline{\text{HT}}$ durch $\overline{\text{PQ}}$ teilt:

$$\frac{\overline{\text{HT}}}{\overline{\text{PQ}}} = \frac{\sqrt{20}}{\sqrt{125}} = 0,4 = 40\%$$

Der prozentuale Anteil der Strecke HT an der Strecke PQ beträgt 40%.

b) Um zu begründen, dass die Steigung des Graphen von f keine Werte kleiner als -3 annehmen kann, bestimmt man die Lösungen der Ungleichung $f'(x) < -3$. Dies führt zu:

$$3x^2 - 18x + 24 < -3$$
$$3x^2 - 18x + 27 < 0$$
$$x^2 - 6x + 9 < 0$$

Die Lösungsmenge der Ungleichung $x^2 - 6x + 9 < 0$ kann man sich anhand des Schaubilds der zugehörigen Funktion überlegen.
Die Funktion $h(x) = x^2 - 6x + 9$ ist eine nach oben geöffnete Normalparabel.

Die Lösungsmenge der Ungleichung $x^2 - 6x + 9 < 0$ sind alle x-Werte, für die die Parabel unterhalb der x-Achse verläuft.
Die Nullstellen der Funktion h erhält man durch Lösen der Gleichung $x^2 - 6x + 9 = 0$.
mithilfe der abc-Formel erhält man als einzige Lösung $x = 3$.

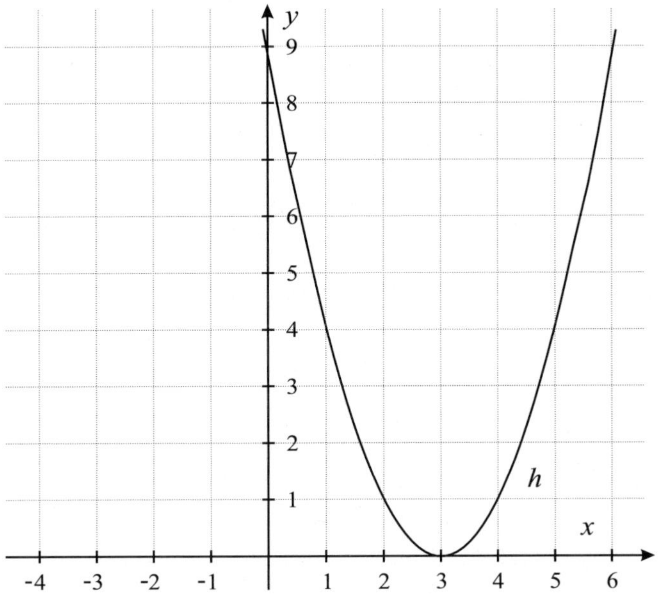

Die Parabel berührt die x-Achse bei $x = 3$ und verläuft damit nie unterhalb der x-Achse.
Somit hat die Ungleichung $x^2 - 6x + 9 < 0$ keine Lösung, so dass die Steigung des Graphen von f keine Werte kleiner als -3 annehmen kann.
Alternativ bestimmt man das Minimum der Funktion $f'(x) = 3x^2 - 18x + 24$, welche die Steigung des Graphen beschreibt. Hierzu bestimmt man die 1. und 2. Ableitung von $f'(x)$:

$$\left(f'(x)\right)' = 6x - 18$$
$$\left(f'(x)\right)'' = 6$$

Als notwendige Bedingung löst man die Gleichung $\left(f'(x)\right)' = 0$ nach x auf:

$$6x - 18 = 0 \Rightarrow x = 3$$

Wegen $\left(f'(x)\right)'' = 6 > 0$ handelt es sich um ein Minimum.
Setzt man $x = 3$ in $f'(x)$ ein, ergibt sich: $f'(3) = 3 \cdot 3^2 - 18 \cdot 3 + 24 = -3$.
Da der Graph von f' eine nach oben geöffnete Parabel ist, handelt es sich um das absolute (globale) Minimum. Somit ist -3 die minimale Steigung des Graphen von f, also kann die Steigung des Graphen von f keine Werte kleiner als -3 annehmen.

c) Die Schnittstellen des Graphen von f und der Geraden h mit der Gleichung $y = 2$ erhält man aus der Wertetabelle: $x_1 = 1$ und $x_2 = 4$.

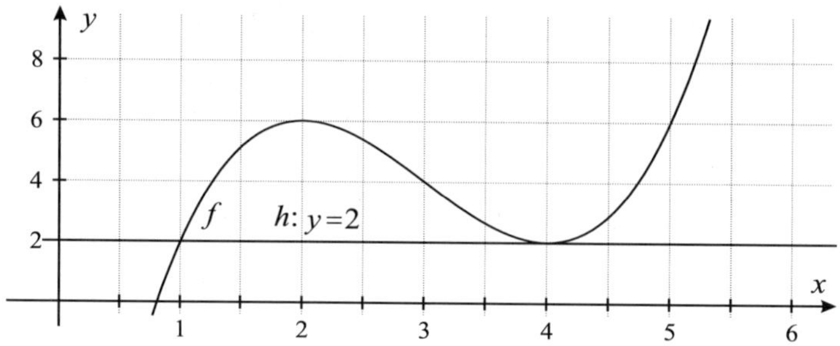

Den Flächeninhalt A der Fläche, den der Graph von f und die Gerade h mit der Gleichung $y = 2$ einschließen, erhält man mithilfe eines Integrals. Da der Graph von f oberhalb der Geraden verläuft, gilt:

$$\begin{aligned} \mathrm{A} &= \int_1^4 (f(x) - 2)\,\mathrm{d}x \\ &= \int_1^4 \left(x^3 - 9x^2 + 24x - 14 - 2\right)\mathrm{d}x \\ &= \int_1^4 \left(x^3 - 9x^2 + 24x - 16\right)\mathrm{d}x \\ &= \left[\frac{1}{4}x^4 - 3x^3 + 12x^2 - 16x\right]_1^4 \\ &= \left(\frac{1}{4}\cdot 4^4 - 3\cdot 4^3 + 12\cdot 4^2 - 16\cdot 4\right) - \left(\frac{1}{4}\cdot 1^4 - 3\cdot 1^3 + 12\cdot 1^2 - 16\cdot 1\right) \\ &= 6{,}75 \end{aligned}$$

Der Flächeninhalt der eingeschlossenen Fläche beträgt 6,75 FE.

d) Zur Veranschaulichung zeichnet man den Graphen von f und durch Ausprobieren eine Parallele zur x-Achse, die aus dem Graphen von f ein Kurvenstück ausschneidet, das den Tiefpunkt enthält und bei dem die Endpunkte dieses Kurvenstücks den Abstand 2,5 voneinander haben.

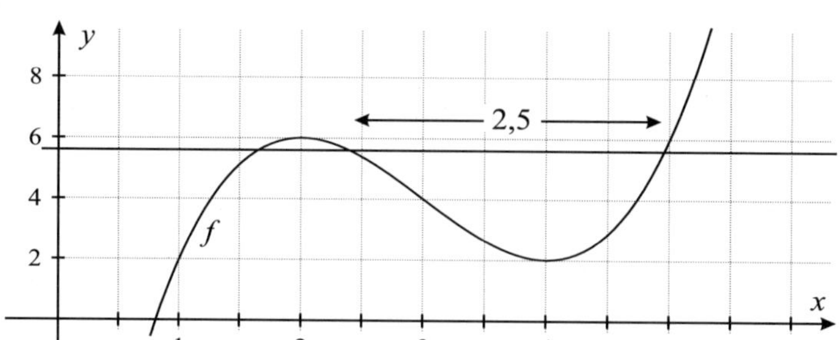

Setzt man die x-Werte in $f(x)$ ein, erhält man die Gleichung der gesuchten Parallelen.

Analytische Geometrie B1

Gegeben ist der Quader mit den Eckpunkten A (2 | 0 | 3), B (2 | 10 | 3), C (0 | 10 | 3), D, F, G (2 | 10 | 0), H und O (0 | 0 | 0) (Koordinatenangaben in Meter).

a) Die Ebene E enthält die Punkte R (2 | 9 | 3), S (2 | 10 | 2), T (0 | 10 | 1) und Q (0 | 8 | 3).

Sie hat beispielsweise den Stützpunkt R und die Spannvektoren $\overrightarrow{RS} = \begin{pmatrix} 0 \\ 1 \\ -1 \end{pmatrix}$ und $\overrightarrow{RT} = \begin{pmatrix} -2 \\ 1 \\ -2 \end{pmatrix}$. Damit hat E die Parametergleichung:

$$E: \vec{x} = \begin{pmatrix} 2 \\ 9 \\ 3 \end{pmatrix} + s \cdot \begin{pmatrix} 0 \\ 1 \\ -1 \end{pmatrix} + t \cdot \begin{pmatrix} -2 \\ 1 \\ -2 \end{pmatrix}; \ s,t \in \mathbb{R}$$

Einen Normalenvektor $\vec{n}$ von E erhält man mithilfe des Kreuzprodukts (siehe Seite 39) der Spannvektoren:

$$\begin{pmatrix} 0 \\ 1 \\ -1 \end{pmatrix} \times \begin{pmatrix} -2 \\ 1 \\ -2 \end{pmatrix} = \begin{pmatrix} -1 \\ 2 \\ 2 \end{pmatrix} \Rightarrow \vec{n} = \begin{pmatrix} -1 \\ 2 \\ 2 \end{pmatrix}$$

Alternativ kann man $\vec{n}$ auch mithilfe des Skalarprodukts bestimmen, da $\vec{n}$ auf beiden Spannvektoren senkrecht steht. Damit gilt:

$$\begin{pmatrix} n_1 \\ n_2 \\ n_3 \end{pmatrix} \cdot \begin{pmatrix} 0 \\ 1 \\ -1 \end{pmatrix} = 0$$

und

$$\begin{pmatrix} n_1 \\ n_2 \\ n_3 \end{pmatrix} \cdot \begin{pmatrix} -2 \\ 1 \\ -2 \end{pmatrix} = 0$$

Daraus ergibt sich das lineare Gleichungssystem:

$$\begin{array}{lccccccc} \text{I} & 0 & + & 1 \cdot n_2 & - & 1 \cdot n_3 & = & 0 \\ \text{II} & -2 \cdot n_1 & + & 1 \cdot n_2 & - & 2 \cdot n_3 & = & 0 \end{array}$$

Wählt man in Gleichung I geschickterweise z.B. $n_3 = 2$, erhält man: $n_2 - 2 = 0 \Rightarrow n_2 = 2$. Setzt man $n_2 = 2$ und $n_3 = 2$ in Gleichung II ein, ergibt sich:
$-2 \cdot n_1 + 2 - 2 \cdot 2 = 0 \Rightarrow n_1 = -1$

Damit ergibt sich ein Normalenvektor $\vec{n} = \begin{pmatrix} -1 \\ 2 \\ 2 \end{pmatrix}$.

Eine Koordinatengleichung von E erhält man mithilfe der Punkt-Normalenform:

$$\text{E}: (\vec{x}-\vec{r})\cdot\vec{n}=0$$

$$\text{E}: \left(\begin{pmatrix} x_1 \\ x_2 \\ x_3 \end{pmatrix} - \begin{pmatrix} 2 \\ 9 \\ 3 \end{pmatrix}\right)\cdot\begin{pmatrix} -1 \\ 2 \\ 2 \end{pmatrix}=0$$

$$\text{E}: (x_1-2)\cdot(-1)+(x_2-9)\cdot 2+(x_3-3)\cdot 2=0$$

$$\text{E}: -x_1+2+2x_2-18+2x_3-6=0$$

$$\text{E}: -x_1+2x_2+2x_3=22$$

Alternativ kann man auch die Koordinaten des Punktes R $(2 \mid 9 \mid 3)$ in den Ansatz $-x_1+2x_2+2x_3=d$ einsetzen:

$$-2+2\cdot 9+2\cdot 3=d \Rightarrow d=22$$

Die Ebene E hat somit die Koordinatengleichung E: $-x_1+2x_2+2x_3=22$.

Um zu begründen, dass es sich bei dem Viereck QRST um ein Trapez handelt, bestimmt man die Verbindungsvektoren $\overrightarrow{\text{RS}}$ und $\overrightarrow{\text{QT}}$:

$$\overrightarrow{\text{RS}}=\begin{pmatrix} 0 \\ 1 \\ -1 \end{pmatrix} \text{ und } \overrightarrow{\text{QT}}=\begin{pmatrix} 0 \\ 2 \\ -2 \end{pmatrix}$$

Wegen $\overrightarrow{\text{QT}}=2\cdot\overrightarrow{\text{RS}}$ sind die Seiten RS und QT parallel, somit ist das Viereck QRST ein Trapez.

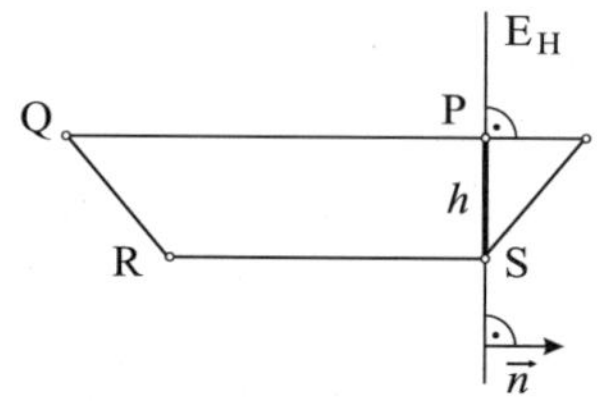

Den Flächeninhalt A des Trapezes QRST erhält man mit der Formel $\text{A}=\frac{a+c}{2}\cdot h$. Die beiden parallelen Seiten a und c des Trapezes erhält man, indem man die Längen der enstprechenden Verbindungsvektoren berechnet:

$$a=\overline{\text{RS}}=\left|\overrightarrow{\text{RS}}\right|=\left|\begin{pmatrix} 0 \\ 1 \\ -1 \end{pmatrix}\right|=\sqrt{0^2+1^2+(-1)^2}=\sqrt{2}$$

$$c=\overline{\text{QT}}=\left|\overrightarrow{\text{QT}}\right|=\left|\begin{pmatrix} 0 \\ 2 \\ -2 \end{pmatrix}\right|=\sqrt{0^2+2^2+(-2)^2}=\sqrt{8}$$

Die Höhe h des Trapezes erhält man, indem man den Abstand von $S\,(2 \mid 10 \mid 2)$ zur Geraden g durch Q und T mithilfe einer zu g orthogonalen Hilfsebene E_H bestimmt.
Die Gerade g hat die Gleichung:

$$g: \vec{x} = \vec{q} + t \cdot \overrightarrow{QT}\,,\ t \in \mathbb{R}$$

$$g: \vec{x} = \begin{pmatrix} 0 \\ 8 \\ 3 \end{pmatrix} + t \cdot \begin{pmatrix} 0 \\ 2 \\ -2 \end{pmatrix}$$

Die Hilfsebene E_H geht durch S und hat als Normalenvektor den Richtungsvektor von g. Damit erhält man eine Koordinatengleichung von E_H mithilfe der Punkt-Normalenform:

$$E_H: (\vec{x} - \vec{s}) \cdot \overrightarrow{QT} = 0$$

$$E_H: \left(\begin{pmatrix} x_1 \\ x_2 \\ x_3 \end{pmatrix} - \begin{pmatrix} 2 \\ 10 \\ 2 \end{pmatrix} \right) \cdot \begin{pmatrix} 0 \\ 2 \\ -2 \end{pmatrix} = 0$$

$$E_H: (x_1 - 2) \cdot 0 + (x_2 - 10) \cdot 2 + (x_3 - 2) \cdot (-2) = 0$$

$$E_H: 2x_2 - 20 - 2x_3 + 4 = 0$$

$$E_H: 2x_2 - 2x_3 = 16$$

$$E_H: x_2 - x_3 = 8$$

Alternativ kann man auch die Koordinaten des Punktes $S\,(2 \mid 10 \mid 2)$ in den Ansatz $2x_2 - 2x_3 = d$ einsetzen:

$$2 \cdot 10 - 2 \cdot 2 = d \Rightarrow d = 16$$

Die Ebene E_H hat somit die Koordinatengleichung E_H: $2x_2 - 2x_3 = 16$ bzw. E_H: $x_2 - x_3 = 8$
.

Den Schnittpunkt P von g und E_H erhält man, indem man den allgemeinen Punkt $P_t(0 \mid 8 + 2t \mid 3 - 2t)$ von g in die Koordinatengleichung von E_H einsetzt:

$$(8 + 2t) - (3 - 2t) = 8 \Rightarrow t = \frac{3}{4} = 0{,}75$$

Setzt man $t = 0{,}75$ in P_t ein, erhält man: $P(0 \mid 9{,}5 \mid 1{,}5)$.
Die Höhe h ist der Abstand von P zu S, also die Länge des entsprechenden Verbindungsvektors:

$$h = \overline{PS} = \left|\overrightarrow{PS}\right| = \left| \begin{pmatrix} 2 \\ 0{,}5 \\ 0{,}5 \end{pmatrix} \right| = \sqrt{2^2 + 0{,}5^2 + 0{,}5^2} = \sqrt{4{,}5}$$

Damit gilt:

$$A = \frac{a+c}{2} \cdot h = \frac{\sqrt{2}+\sqrt{8}}{2} \cdot \sqrt{4,5} = 4,5$$

Somit hat das Trapez QRST einen Flächeninhalt von $4,5\,\text{m}^2$.

b) Wenn der kleine Teilkörper mit den Schnittkanten QRST nach unten auf den großen Teilkörper gestellt wird, ergibt sich folgender zusammengesetzter Körper:

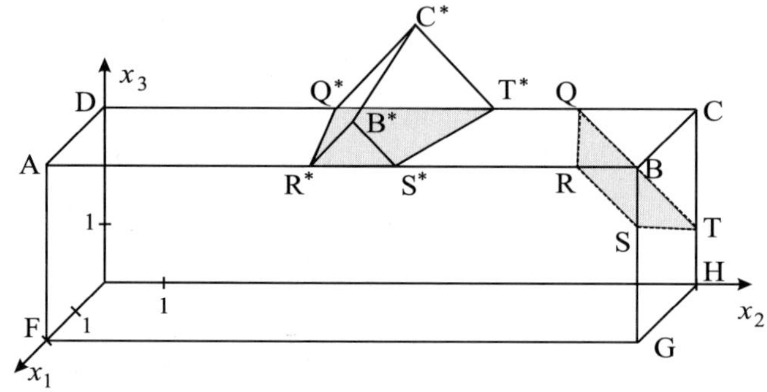

Die Höhe h_1 des Teilkörpers QRSTBC mit der Grundfläche QRST erhält man, indem man den Abstand von $C\,(0 \mid 10 \mid 3)$ zur Ebene $E\colon\ -x_1+2x_2+2x_3=22$, in der die Grundfläche QRST liegt, mithilfe der Abstandsformel berechnet:

$$h_1 = \left| \frac{-0+2\cdot 10+2\cdot 3-22}{\sqrt{(-1)^2+2^2+2^2}} \right| = \frac{4}{3}$$

Die Höhe h_2 des Quaders erhält man, indem man die Länge der Strecke GB bestimmt:

$$h_2 = \overline{GB} = 3$$

Damit erhält man die Höhe h des zusammengesetzten Körpers:

$$h = h_1 + h_2 = \frac{4}{3} + 3 = \frac{13}{3} \approx 4,33$$

Der zusammengesetzte Körper hat eine Höhe von etwa $4,33\,\text{m}$.

c) Das Viereck ODAF, welches die Tür im geschlossenen Zustand darstellt, liegt in der Ebene $x_2 = 0$.

Den Öffnungswinkel α der Tür erhält man, indem man den Winkel zwischen dem Normalenvektor $\vec{n}_1 = \begin{pmatrix} 0 \\ 1 \\ 0 \end{pmatrix}$ der Ebene $x_2 = 0$ und dem Normalenvektor $\vec{n}_2 = \begin{pmatrix} a \\ 1 \\ 0 \end{pmatrix}$ der Ebene $T_a\colon\ ax_1+x_2=0\ ;\ a \geqslant 0$ mithilfe der Formel für den Winkel zwischen zwei Vektoren berechnet:

$$\cos(\alpha) = \frac{|\vec{n}_1 \cdot \vec{n}_2|}{|\vec{n}_1| \cdot |\vec{n}_2|}$$

$$\cos(\alpha) = \frac{\left|\begin{pmatrix} 0 \\ 1 \\ 0 \end{pmatrix} \cdot \begin{pmatrix} a \\ 1 \\ 0 \end{pmatrix}\right|}{\left|\begin{pmatrix} 0 \\ 1 \\ 0 \end{pmatrix}\right| \cdot \left|\begin{pmatrix} a \\ 1 \\ 0 \end{pmatrix}\right|}$$

$$\cos(\alpha) = \frac{|0 \cdot a + 1 \cdot 1 + 0 \cdot 0|}{\sqrt{0^2 + 1^2 + 0^2} \cdot \sqrt{a^2 + 1^2 + 0^2}}$$

$$\cos(\alpha) = \frac{1}{\sqrt{a^2 + 1}}$$

Da der Öffnungswinkel der Tür 30° beträgt, setzt man $\alpha = 30^\circ$ ein und löst die Gleichung durch Quadrieren:

$$\cos(30^\circ) = \frac{1}{\sqrt{a^2 + 1}}$$

$$\sqrt{a^2 + 1} = \frac{1}{\cos(30^\circ)}$$

$$a^2 + 1 = \left(\frac{1}{\cos(30^\circ)}\right)^2$$

$$a^2 = \left(\frac{1}{\cos(30^\circ)}\right)^2 - 1$$

$$a_{1,2} = \pm\sqrt{\left(\frac{1}{\cos(30^\circ)}\right)^2 - 1}$$

$$a_{1,2} \approx \pm 0,58$$

Wegen $a \geqslant 0$ kommt nur $a \approx 0,58$ als Lösung in Frage.
Für $a \approx 0,58$ beträgt der Öffnungswinkel der Tür 30°.

Analytische Geometrie B2

Gegeben sind die Flugbahn von F_1 durch $g_1: \vec{x} = \begin{pmatrix} 15 \\ 6 \\ 3,4 \end{pmatrix} + t \cdot \begin{pmatrix} -4 \\ 12 \\ 0,3 \end{pmatrix}$ (t in Minuten nach 14.00 Uhr) und die Positionen $P(-17 \mid 54 \mid 3,2)$ von F_2 um 14.00 Uhr und $Q(1 \mid 36 \mid 3,8)$ von F_2 um 14.03 Uhr (1 LE entspricht 1 km).

a) Die Geschwindigkeit von F_1 erhält man, indem man die Strecke berechnet, die F_1 in einer Minute zurücklegt.
Setzt man $t = 0$ in g_1 ein, erhält man die Position von F_1 um 14.00 Uhr: $A(15 \mid 6 \mid 3,4)$.
Setzt man $t = 1$ in g_1 ein, erhält man die Position von F_1 um 14.01 Uhr: $B(11 \mid 18 \mid 3,7)$.
In einer Minute legt F_1 die Strecke von A nach B zurück:

$$\overline{AB} = \left|\overrightarrow{AB}\right| = \left|\begin{pmatrix} -4 \\ 12 \\ 0,3 \end{pmatrix}\right| = \sqrt{(-4)^2 + 12^2 + 0,3^2} \approx 12,65$$

Das Flugzeug F_1 legt in einer Minute etwa 12,65 km zurück, somit beträgt die Geschwindigkeit von F_1 etwa $12,65 \, \frac{\text{km}}{\text{min}}$.
Den Zeitpunkt, zu dem F_1 eine Höhe von 4,9 km erreicht, erhält man, indem man die x_3-Komponente von g_1, welche die Höhe von F_1 über dem Meer beschreibt, mit 4,9 gleichsetzt:

$$4,9 = 3,4 + 0,3t \Rightarrow t = 5$$

Da t in Minuten angegeben ist, erreicht F_1 um 14.05 Uhr eine Höhe von 4,9 km.
Die Weite des Winkels, mit dem das Flugzeug F_2 steigt, erhält man, indem man den Winkel zwischen der x_1x_2-Ebene und der Flugbahn von F_2 berechnet. Das Flugzeug F_2 bewegt sich auf einer Geraden g_2 durch $P(-17 \mid 54 \mid 3,2)$ und $Q(1 \mid 36 \mid 3,8)$, hat also die Gleichung:

$$g_2: \vec{x} = \vec{p} + r \cdot \overrightarrow{PQ},$$

$$g_2: \vec{x} = \begin{pmatrix} -17 \\ 54 \\ 3,2 \end{pmatrix} + r \cdot \begin{pmatrix} 18 \\ -18 \\ 0,6 \end{pmatrix}$$

Da die Strecke von P nach Q in 3 Minuten zurückgelegt wird, kann man den Richtungsvektor von g_2 durch 3 teilen, so dass der Parameter in Minuten angegeben ist. Damit erhält man:

$$g_2: \vec{x} = \begin{pmatrix} -17 \\ 54 \\ 3,2 \end{pmatrix} + s \cdot \begin{pmatrix} 6 \\ -6 \\ 0,2 \end{pmatrix} \quad (s \text{ in Minuten nach 14.00 Uhr})$$

Den Winkel α zwischen der x_1x_2-Ebene und der Geraden g_2 erhält man mithilfe der Formel $\sin(\alpha) = \frac{|\vec{u}\cdot\vec{n}|}{|\vec{u}|\cdot|\vec{n}|}$, wobei $\vec{u} = \begin{pmatrix} 6 \\ -6 \\ 0,2 \end{pmatrix}$ der Richtungsvektor von g_2 und $\vec{n} = \begin{pmatrix} 0 \\ 0 \\ 1 \end{pmatrix}$ ein Normalenvektor der x_1x_2-Ebene ist:

$$\sin(\alpha) = \frac{|\vec{u}\cdot\vec{n}|}{|\vec{u}|\cdot|\vec{n}|}$$

$$\sin(\alpha) = \frac{\left|\begin{pmatrix} 6 \\ -6 \\ 0,2 \end{pmatrix} \cdot \begin{pmatrix} 0 \\ 0 \\ 1 \end{pmatrix}\right|}{\left|\begin{pmatrix} 6 \\ -6 \\ 0,2 \end{pmatrix}\right| \cdot \left|\begin{pmatrix} 0 \\ 0 \\ 1 \end{pmatrix}\right|}$$

$$\sin(\alpha) = \frac{|6\cdot 0 + (-6)\cdot 0 + 0,2\cdot 1|}{\sqrt{6^2+(-6)^2+0,2^2}\cdot\sqrt{0^2+0^2+1^2}}$$

$$\sin(\alpha) = \frac{0,2}{\sqrt{72,04}}$$

$$\alpha \approx 1,35^\circ$$

Die Weite des Winkels, mit dem das Flugzeug F_2 steigt, beträgt etwa $1,35^\circ$.

b) Die Flugbahnen von F_1 und F_2 sind $g_1 : \vec{x} = \begin{pmatrix} 15 \\ 6 \\ 3,4 \end{pmatrix} + t\cdot\begin{pmatrix} -4 \\ 12 \\ 0,3 \end{pmatrix}$ und $g_2 : \vec{x} = \begin{pmatrix} -17 \\ 54 \\ 3,2 \end{pmatrix} + s\cdot\begin{pmatrix} 6 \\ -6 \\ 0,2 \end{pmatrix}$, s,t in Minuten seit 14.00 Uhr.

Die Zeitpunkte, zu denen die Flugzeuge den Schnittpunkt ihrer Flugbahnen durchfliegen, erhält man durch Gleichsetzen der Geradengleichungen:

$$\begin{pmatrix} 15 \\ 6 \\ 3,4 \end{pmatrix} + t\cdot\begin{pmatrix} -4 \\ 12 \\ 0,3 \end{pmatrix} = \begin{pmatrix} -17 \\ 54 \\ 3,2 \end{pmatrix} + s\cdot\begin{pmatrix} 6 \\ -6 \\ 0,2 \end{pmatrix}$$

Dies führt zu folgendem linearen Gleichungssystem:

$$\begin{array}{lccccccc} \text{I} & 15 & - & 4t & = & -17 & + & 6s \\ \text{II} & 6 & + & 12t & = & 54 & - & 6s \\ \text{III} & 3,4 & + & 0,3t & = & 3,2 & + & 0,2s \end{array}$$

Addiert man das Dreifache von Gleichung I zu Gleichung II, ergibt sich:

$$51 = 3 + 12s \Rightarrow s = 4$$

Setzt man $s = 4$ in Gleichung I ein, erhält man:

$$15 - 4t = -17 + 6 \cdot 4 \Rightarrow t = 2$$

Damit durchfliegt Flugzeug F_1 um 14.02 Uhr und Flugzeug F_2 um 14.04 Uhr den Schnittpunkt der Flugbahnen.
Somit liegen die Zeitpunkte, zu denen die Flugzeuge den Schnittpunkt ihrer Flugbahnen durchfliegen, mindestens eine Minute auseinander und die Sicherheitsbedingung ist erfüllt.

c) Zuerst berechnet man die Abstände $d_1(t)$ von $B(6 \mid 43 \mid 4{,}3)$ zum allgemeinen Punkt $P_t(15 - 4t \mid 6 + 12t \mid 3{,}4 + 0{,}3t)$ von g_1 und $d_2(t)$ von B zum allgemeinen Punkt $Q_t(-17 + 6t \mid 54 - 6t \mid 3{,}2 + 0{,}2t)$ von g_2 in Abhängigkeit von der Zeit t:

$$\begin{aligned}
d_1(t) = \overline{BP_t} = \left|\overrightarrow{BP_t}\right| &= \sqrt{(15 - 4t - 6)^2 + (6 + 12t - 43)^2 + (3{,}4 + 0{,}3t - 4{,}3)^2} \\
&= \sqrt{(9 - 4t)^2 + (12t - 37)^2 + (0{,}3t - 0{,}9)^2} \\
&= \sqrt{81 - 72t + 16t^2 + 144t^2 - 888t + 1369 + 0{,}09t^2 - 0{,}54t + 0{,}81} \\
&= \sqrt{160{,}09t^2 - 960{,}54t + 1450{,}81} \\
d_2(t) = \overline{BQ_t} = \left|\overrightarrow{BQ_t}\right| &= \sqrt{(-17 + 6t - 6)^2 + (54 - 6t - 43)^2 + (3{,}2 + 0{,}2t - 4{,}3)^2} \\
&= \sqrt{(6t - 23)^2 + (11 - 6t)^2 + (0{,}2t - 1{,}1)^2} \\
&= \sqrt{36t^2 - 276t + 529 + 121 - 132t + 36t^2 + 0{,}04t^2 - 0{,}44t + 1{,}21} \\
&= \sqrt{72{,}04t^2 - 408{,}44t + 651{,}21}
\end{aligned}$$

Einen Zeitpunkt t_0, zu dem beide Flugzeuge denselben Abstand vom Ballon haben, erhält man, indem man die Abstände gleichsetzt:

$$\begin{aligned}
d_1(t) &= d_2(t) \\
\sqrt{160{,}09t^2 - 960{,}54t + 1450{,}81} &= \sqrt{72{,}04t^2 - 408{,}44t + 651{,}21} \\
160{,}09t^2 - 960{,}54t + 1450{,}81 &= 72{,}04t^2 - 408{,}44t + 651{,}21 \\
88{,}05t^2 - 552{,}1t + 799{,}6 &= 0
\end{aligned}$$

Mithilfe der *abc*-Formel erhält man die Lösungen $t_1 \approx 2{,}3$ und $t_2 = 4$.
Somit haben die Flugzeuge F_1 und F_2 zum Zeitpunkt $t_0 \approx 2{,}3$ (oder $t_0 = 4$) vom Ballon den gleichen Abstand.
Um die Punkte auf der Meeresoberfläche, die zum Zeitpunkt t_0 ebenfalls von beiden Flugzeugen gleich weit entfernt sind, zu bestimmen, kann man sich Folgendes überlegen:

Man bestimmt zum Zeitpunkt t_0 zuerst die Position P_1 von F_1 und die Position P_2 von F_2, indem man t_0 in die jeweiligen Geradengleichungen g_1 bzw. g_2 einsetzt.

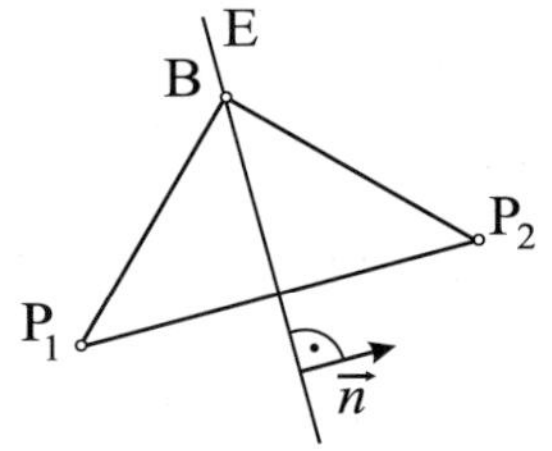

Alle Punkte, die von P_1 und P_2 gleich weit entfernt sind, liegen auf einer Ebene E, die symmetrisch zu P_1 und P_2 und durch den Punkt B verläuft. Als Normalenvektor von E kann man den Verbindungsvektor $\overrightarrow{P_1P_2}$ verwenden. Die Ebene E hat damit die Gleichung:

$$\text{E: } \left(\vec{x} - \vec{b}\right) \cdot \overrightarrow{P_1P_2} = 0$$

Da die gesuchten Punkte auch noch auf der x_1x_2-Ebene liegen, bestimmt man die Gleichung der Schnittgeraden von E und der x_1x_2-Ebene. Somit erhält man die Gleichung der Geraden auf der Meeresoberfläche, deren Punkte zum Zeitpunkt t_0 ebenfalls von beiden Flugzeugen gleich weit entfernt sind.

Stochastik C1

a) Um die Wahrscheinlichkeit des Ereignisses A: «Genau 22 Autos sind silber oder grau.» zu bestimmen, legt man X als Zufallsvariable für die Anzahl der silbernen oder grauen Autos fest. Die Zufallsvariable X ist binomialverteilt mit den Parametern $n = 80$ und $p = 0,299$. Damit gilt mithilfe der Binomialverteilung:

frv.tv/ci

$$P(A) = P(X = 22) \approx 0,089 = 8,9\%$$

Um die Wahrscheinlichkeit des Ereignisses B: «Mindestens 33 Autos sind schwarz.» zu bestimmen, legt man Y als Zufallsvariable für die Anzahl der schwarzen Autos fest. Die Zufallsvariable Y ist binomialverteilt mit den Parametern $n = 80$ und $p = 0,288$. Damit gilt mithilfe der kumulierten Binomialverteilung und der Wahrscheinlichkeit des Gegenereignisses:

frv.tv/ck

$$P(B) = P(Y \geqslant 33) = 1 - P(Y \leqslant 32) \approx 1 - 0,989 = 0,011 = 1,1\%$$

Um die Wahrscheinlichkeit des Ereignisses C: «Unter den ersten zehn Autos sind mindestens drei, die keine der in der Tabelle angegebenen Farben haben, und von den anderen 70 Autos sind höchstens 20 schwarz.» zu bestimmen, legt man Z_1 als Zufallsvariable für die Anzahl der Autos, die keine in der Tabelle angegebene Farbe haben, und Z_2 als Zufallsvariable für die Anzahl der schwarzen Autos fest. Die Zufallsvariable Z_1 ist binomialverteilt mit den Parametern $n_1 = 10$ und $p_1 = 1 - 0,299 - 0,288 - 0,151 = 0,262$. Damit gilt mithilfe der kumulierten Binomialverteilung und der Wahrscheinlichkeit des Gegenereignisses:

frv.tv/ck

$$P(Z_1 \geqslant 3) = 1 - P(Z_1 \leqslant 2) \approx 1 - 0,490 = 0,510$$

Die Zufallsvariable Z_2 ist binomialverteilt mit den Parametern $n_2 = 70$ und $p_2 = 0,288$. Damit gilt mithilfe der kumulierten Binomialverteilung:

frv.tv/ck

$$P(Z_2 \leqslant 20) \approx 0,543$$

Damit erhält man:

$$P(C) = P(Z_1 \geqslant 3) \cdot P(Z_2 \leqslant 20) = 0,510 \cdot 0,543 \approx 0,277 = 27,7\%$$

b) Um zu untersuchen, ob das angebotene Spiel fair ist, berechnet man die Wahrscheinlichkeit des Ereignisses D, dass von vier Autos mindestens drei hintereinander nicht schwarz sind. Hierzu bezeichnet man mit s: Auto ist schwarz und mit $\bar{s}$: Auto ist nicht schwarz. Es gibt drei mögliche Ergebnisse für das gesuchte Ereignis, deren Wahrscheinlichkeit man mithilfe der Pfadregeln berechnet. Mit $P(s) = 0,288$ und $P(\bar{s}) = 1 - P(s) = 1 - 0,288 = 0,712$

ergibt sich:

$$\begin{aligned} P(D) &= P(\bar{s}\,\bar{s}\,\bar{s}\,s) + P(s\,\bar{s}\,\bar{s}\,\bar{s}) + P(\bar{s}\,\bar{s}\,\bar{s}\,\bar{s}) \\ &= 0,712^3 \cdot 0,288 + 0,288 \cdot 0,712^3 + 0,712^4 \\ &\approx 0,465 \\ &= 46,5\% \end{aligned}$$

Da man bei diesem Spiel entweder ein Gummibärchen gewinnt oder verliert und die berechnete Wahrscheinlichkeit nicht 50% beträgt, ist das Spiel nicht fair.

c) Zur Bestimmung der Entscheidungsregel des Hypothesentests legt man X als Zufallsvariable für die Anzahl der weißen Autos fest. Da es nur zwei Ausgänge gibt («weiß» oder «nicht weiß») und die Wahrscheinlichkeit für weiß aufgrund der großen Anzahl der Autos immer gleich groß ist, ist X binomialverteilt mit den Parametern $n = 500$ und $p = 0,151$.
Die Nullhypothese lautet: $H_0: p \leqslant 0,151$, die zugehörige Alternativhypothese lautet: $H_1: p > 0,151$. Wegen $H_1: p > 0,151$ handelt es sich um einen rechtsseitigen Test mit Signifikanzniveau (Irrtumswahrscheinlichkeit) $\alpha = 10\%$.
Man wird die Nullhypothese verwerfen, wenn aus den 500 Autos deutlich mehr als 76 (Erwartungswert $E(X) = n \cdot p = 500 \cdot 0,151 \approx 76$) weiß sind.
Also ist ein minimales $k \in \mathbb{N}$ und damit ein Ablehnungsbereich $\overline{A} = \{k, ..., 500\}$ der Nullhypothese so zu bestimmen, dass gilt:

$$\begin{aligned} P(X \in \overline{A}) &\leqslant \alpha \\ P(X \geqslant k) &\leqslant 0,10 \\ 1 - P(X \leqslant k-1) &\leqslant 0,10 \\ 0,9 &\leqslant P(X \leqslant k-1) \end{aligned}$$

Für $n = 500$ und $p = 0,151$ ergibt sich mithilfe der kumulierten Binomialverteilung durch Ausprobieren:

frv.tv/ck

$$\begin{aligned} P(X \leqslant 85) &\approx 0,8928 \\ P(X \leqslant 86) &\approx 0,9134 \end{aligned}$$

Also ist $k - 1 = 86 \Rightarrow k = 87$ das minimale $k \in \mathbb{N}$ und man erhält damit den Ablehnungsbereich $\overline{A} = \{87, ..., 500\}$. Somit lautet die Entscheidungsregel:
Wenn bei 500 Autos mindestens 87 Autos weiß sind, ist die Nullhypothese abzulehnen, d.h. es ist anzunehmen, dass der Anteil der weißen Autos zugenommen hat. Man irrt sich dabei mit einer Wahrscheinlichkeit von höchstens 10%.

d) Bezeichnet man mit p den Anteil der schwarzen Autos, so beträgt der Anteil der silbernen oder grauen Autos ebenfalls p, der Anteil der weißen Autos $\frac{p}{2}$ und der Anteil der übrigen Autos $1 - p - p - \frac{p}{2} = 1 - \frac{5}{2} \cdot p$.

Die Wahrscheinlichkeit $f(\mathrm{p})$, dass sich bei zwei vorbeifahrenden Autos ein schwarzes Auto und ein Auto, das keine in der Tabelle angegebene Farbe hat, abwechseln, erhält man mithilfe der Pfadregeln:

$$f(\mathrm{p}) = \mathrm{p} \cdot \left(1 - \frac{5}{2} \cdot \mathrm{p}\right) + \left(1 - \frac{5}{2} \cdot \mathrm{p}\right) \cdot \mathrm{p} = 2\mathrm{p} - 5\mathrm{p}^2$$

Da diese Wahrscheinlichkeit maximal sein soll, bestimmt man mithilfe der 1. und 2. Ableitung von $f(\mathrm{p})$ den Extremwert der zugehörigen Funktion $f(\mathrm{p})$:

$$f'(\mathrm{p}) = 2 - 10\mathrm{p}$$
$$f''(\mathrm{p}) = -10$$

Als notwendige Bedingung löst man die Gleichung $f'(\mathrm{p}) = 0$ nach p auf:

$$2 - 10\mathrm{p} = 0 \Rightarrow \mathrm{p} = \frac{1}{5}$$

Wegen $f''(\mathrm{p}) = -10 < 0$ handelt es sich um ein Maximum.
Somit muss der Anteil an schwarzen Autos ein Fünftel, also 20%, betragen.

Stochastik C2

Für die angezeigten Zahlen bei den Glücksrädern G_1 und G_2 gelten folgende Wahrscheinlichkeiten:

	P(1)	P(2)	P(8)
G_1	$\frac{2}{5}$	$\frac{2}{5}$	$\frac{1}{5}$
G_2	$\frac{1}{4}$	$\frac{1}{2}$	$\frac{1}{4}$

Damit erhält man folgendes Baumdiagramm:

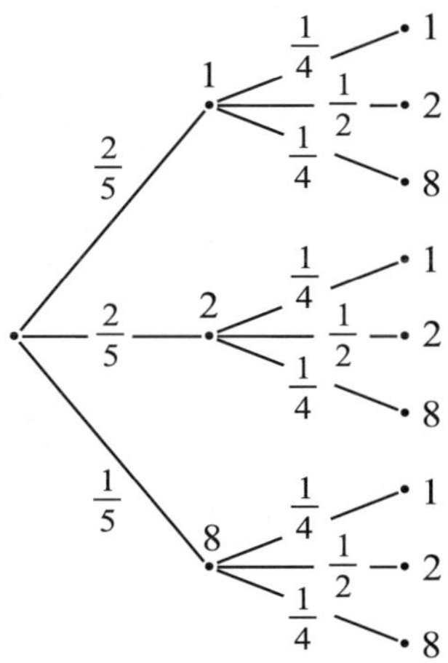

a) Zur Berechnung der Wahrscheinlichkeit des Ereignisses A: «Das Glücksrad G_1 zeigt genau fünf Mal die Zahl 1.» legt man X als Zufallsvariable für die Anzahl der gedrehten «1en» fest. Die Zufallsvariable X ist binomialverteilt mit den Parametern $n = 10$ und $p = \frac{2}{5}$. Mithilfe der Binomialverteilung erhält man:

frv.tv/ci

$$P(A) = P(X = 5) \approx 0,201 = 20,1\%$$

Die Wahrscheinlichkeit für das Ereignis B: «Beim ersten Spiel beträgt die Summe der beiden angezeigten Zahlen 10.» erhält man mithilfe der Pfadregeln:

$$P(B) = P(28) + P(82) = \frac{2}{5} \cdot \frac{1}{4} + \frac{1}{5} \cdot \frac{1}{2} = 0,2 = 20\%$$

Zur Berechnung der Wahrscheinlichkeit des Ereignisses C: «Der Spieler erhält mindestens einmal den Hauptgewinn.» legt man Y als Zufallsvariable für die Anzahl der Hauptgewinne fest. Die Zufallsvariable Y ist binomialverteilt mit den Parametern $n = 10$ und $p = P(88) = \frac{1}{5} \cdot \frac{1}{4} = \frac{1}{20}$. Mithilfe der Binomialverteilung und der Wahrscheinlichkeit des Gegenereignisses erhält man:

frv.tv/ci

$$P(C) = P(Y \geqslant 1) = 1 - P(Y = 0) \approx 1 - 0,599 = 0,401 = 40,1\%$$

b) Legt man X als Zufallsvariable für die Anzahl der Hauptgewinne fest, so ist X binomialverteilt mit den Parametern $p = P(88) = \frac{1}{5} \cdot \frac{1}{4} = \frac{1}{20}$ und unbekanntem n. Da mit einer Wahrscheinlichkeit von mehr als 95% in mindestens einem Spiel der Hauptgewinn erzielt werden soll, löst man mithilfe der Wahrscheinlichkeit des Gegenereignisses folgende Ungleichung:

$$\begin{aligned} P(X \geqslant 1) &> 0,95 \\ 1 - P(X = 0) &> 0,95 \\ 0,05 &> P(X = 0) \end{aligned}$$

frv.tv/cm

Mithilfe der Binomialverteilung ergibt sich durch Ausprobieren:

$$n = 58: \; P(X = 0) \approx 0,0510$$
$$n = 59: \; P(X = 0) \approx 0,0485$$

Somit muss man mindestens 59 Mal spielen.

c) Um zu berechnen, wie viel der Betreiber auf lange Sicht durchschnittlich pro Spiel gewinnt, bestimmt man den Erwartungswert E(X) des Gewinns des Betreibers. Dazu ermittelt man zuerst die Auszahlungsbeträge und die zugehörigen Wahrscheinlichkeiten:

Auszahlung in Euro	2	4	16
Wahrscheinlichkeit	$P(11) = \frac{2}{5} \cdot \frac{1}{4} = \frac{1}{10}$	$P(22) = \frac{2}{5} \cdot \frac{1}{2} = \frac{1}{5}$	$P(88) = \frac{1}{5} \cdot \frac{1}{4} = \frac{1}{20}$

Die durchschnittliche Auszahlung pro Spiel erhält man, indem man die möglichen Auszahlungsbeträge mit den entsprechenden Wahrscheinlichkeiten multipliziert und die Ergebnisse addiert. Subtrahiert man vom Spieleinsatz von 2 € die durchschnittliche Auszahlung pro Spiel, ergibt sich für den durchschnittlichen Gewinn des Betreibers pro Spiel:

$$E(X) = 2\,€ - \left(2\,€ \cdot \frac{1}{10} + 4\,€ \cdot \frac{1}{5} + 16\,€ \cdot \frac{1}{20}\right) = 0,20\,€$$

Somit gewinnt der Betreiber auf lange Sicht durchschnittlich 0,20 € pro Spiel.

d) Bei einem Spiel soll die Wahrscheinlichkeit, dass die Summe der beiden Zahlen mindestens 10 beträgt, maximal 20% betragen.
Legt man p für die Wahrscheinlichkeit fest, dass beim einmaligem Drehen des Glücksrads G_2 eine «8» erscheint, so erhält man die Wahrscheinlichkeit, dass bei G_2 eine «2» erscheint, folgendermaßen:
Die Wahrscheinlichkeit, dass eine «8» oder eine «1» erscheint, beträgt $p + \frac{1}{4}$.
Die Wahrscheinlichkeit des Gegenereignisses, dass also keine «8» und keine «1» erscheint, beträgt $1 - \left(p + \frac{1}{4}\right) = 1 - p - \frac{1}{4} = \frac{3}{4} - p$. Dies ist die Wahrscheinlichkeit, dass eine «2» erscheint.

Die Wahrscheinlichkeit, dass die Summe der beiden Zahlen mindestens 10 beträgt, erhält man mithilfe der Pfadregeln. Da diese maximal 20% betragen soll, gilt:

$$\begin{aligned}
P(2\,8)+P(8\,2)+P(8\,8) &\leqslant 0,20\\
\frac{2}{5}\cdot p+\frac{1}{5}\cdot\left(\frac{3}{4}-p\right)+\frac{1}{5}\cdot p &\leqslant 0,20\\
\frac{2}{5}\cdot p+\frac{3}{20}-\frac{1}{5}\cdot p+\frac{1}{5}\cdot p &\leqslant 0,20\\
\frac{2}{5}\cdot p &\leqslant \frac{1}{20}\\
p &\leqslant \frac{1}{8}
\end{aligned}$$

Den zugehörigen Mittelpunktswinkel α erhält man, indem man den erhaltenen p-Wert mit 360° mulitipliziert:

$$\alpha \leqslant \frac{1}{8}\cdot 360^\circ = 45^\circ$$

Somit darf der Mittelpunktswinkel des Kreissektors, der mit der Zahl 8 beschriftet ist, maximal 45° gewählt werden.

Wahlteil Abitur 2018*

Tipps ab Seite 167, Lösungen ab Seite 175

Mathematik Wahlteil 2018 Analysis A 1

Aufgabe A 1.1

Die Abbildung zeigt den Graphen einer Funktion f, die für $0 \leqslant t \leqslant 15$ das Volumen des Wassers in einem Becken in Abhängigkeit von der Zeit beschreibt. Dabei ist t die seit Beobachtungsbeginn vergangene Zeit in Stunden und $f(t)$ das Volumen in Kubikmetern.

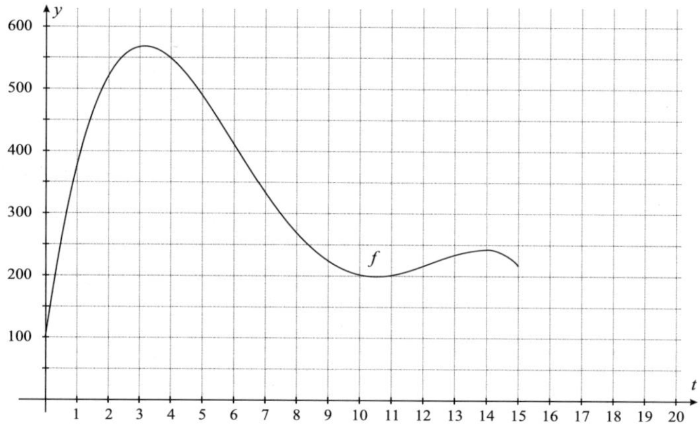

a) Geben Sie mit Hilfe der Grafik das Volumen des Wassers fünf Stunden nach Beobachtungsbeginn an.
Bestimmen Sie den Zeitraum, in dem das Volumen des Wassers mindestens 350 Kubikmeter beträgt.

Bestimmen Sie mit Hilfe der Grafik die momentane Änderungsrate des Wasservolumens zwei Stunden nach Beobachtungsbeginn. (3 VP)

b) Die fünfzehn Stunden nach Beobachtungsbeginn vorliegende momentane Änderungsrate des Wasservolumens bleibt bis zu dem Zeitpunkt erhalten, zu dem das Becken kein Wasser mehr enthält.
Beschreiben Sie ein Verfahren, mit dem man diesen Zeitpunkt grafisch bestimmen kann. Geben Sie diesen Zeitpunkt an.

Interpretieren Sie die Gleichung $f(t+6) = f(t) - 350$ im Sachzusammenhang.

Begründen Sie, dass die Funktionsgleichung von f weder die Form I noch die Form II hat:

$$\text{I}: y = -8{,}5t^3 + 3{,}7t^2 + at + 100;\ a \in \mathbb{R}$$

$$\text{II}: y = -0{,}3t^4 + bt^2 + 100;\ b \in \mathbb{R}$$

(4,5 VP)

*Die Aufgaben wurden an die Vorgaben des Abiturs 2019 angepasst

c) Für ein anderes Becken wird die momentane Änderungsrate des Volumens des enthaltenen Wassers für $0 \leqslant t \leqslant 15$ durch die Funktion g mit

$$g(t) = 0,4 \cdot \left(2t^3 - 39t^2 + 180t\right)$$

beschrieben. Dabei ist t die seit Beobachtungsbeginn vergangene Zeit in Stunden und $g(t)$ die momentane Änderungsrate in $\frac{\mathrm{m}^3}{\mathrm{h}}$.
Die Funktion G mit

$$\mathrm{G}(t) = 0,2 \cdot \left(t^4 - 26t^3 + 180t^2\right)$$

ist eine Stammfunktion von g.

Berechnen Sie für den beschriebenen Zeitraum denjenigen Zeitpunkt, zu dem die momentane Änderungsrate des Wasservolumens maximal ist.

Ermitteln Sie rechnerisch den Zeitraum, in dem das Volumen des Wassers abnimmt.

Drei Stunden nach Beobachtungsbeginn sind im Becken 350 Kubikmeter Wasser enthalten. Bestimmen Sie das Volumen des Wassers zu Beobachtungsbeginn.

Untersuchen Sie rechnerisch, ob es nach Beobachtungsbeginn einen Zeitpunkt gibt, zu dem das Wasservolumen ebenso groß ist wie zu Beobachtungsbeginn.

(4,5 VP)

d) Bei einem dritten Becken kann die momentane Änderungsrate des Wasservolumens durch ein Ventil reguliert werden. Die Änderungsrate wird je nach Einstellung des Ventils durch eine Funktion h_k mit

$$h_k(t) = 10 \cdot k \cdot e^{-kt} \ ; \ k > 0$$

beschrieben. Zur Zeit $t = 0$ befinden sich $3\,\mathrm{m}^3$ Wasser in dem Becken.

Ermitteln Sie, für welchen Parameter k sich nach 2 Stunden genau $8\,\mathrm{m}^3$ Wasser in dem Becken befinden. (3,5 VP)

Aufgabe A 1.2

Für jede reelle Zahl k ist eine Funktion f_k mit $f_k(x) = k \cdot e^x - 2x \cdot e^x$ gegeben.

a) Bestimmen Sie die Nullstelle von f_k. (1 VP)

b) Zeigen Sie, dass f_{k+2} eine Stammfunktion von f_k ist.
Der Graph von f_2 schließt mit den positiven Koordinatenachsen eine Fläche ein.
Bestimmen Sie ihren Inhalt exakt. (3,5 VP)

Tipps ab Seite 168, Lösungen ab Seite 182

Mathematik Wahlteil 2018 Analysis A2

Aufgabe A 2.1

Ein Klimaforscher beschreibt die Entwicklung der globalen Durchschnittstemperatur modellhaft durch die Funktion f mit

$$f(t) = 2,8 \cdot e^{0,008t} - 0,03t + 11,1\ ;\ 0 \leqslant t \leqslant 200$$

Dabei gibt t die Zeit in Jahren seit Beginn des Jahres 1900 und $f(t)$ die globale Durchschnittstemperatur in Grad Celsius an.
Bearbeiten Sie die folgenden Teilaufgaben anhand dieses Modells.
Der Graph von f ist durch folgende Abbildung gegeben:

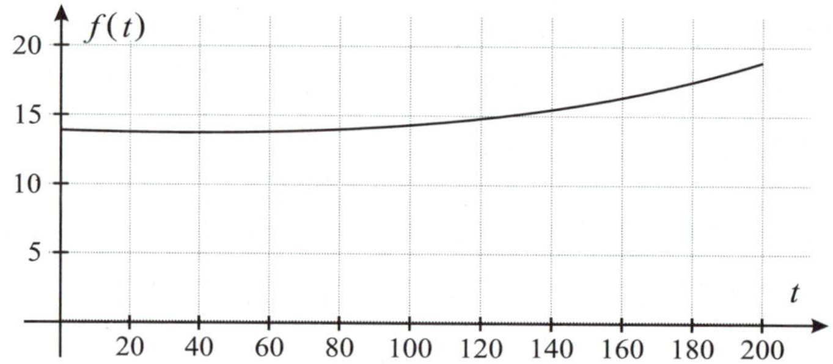

a) Geben Sie die globale Durchschnittstemperatur zu Beginn des Jahres 1900 an.
Berechnen Sie die niedrigste globale Durchschnittstemperatur seit 1900.
Bestimmen Sie, in welchem Jahr die globale Durchschnittstemperatur 16,0 °C überschreitet.
Ermitteln Sie die momentane Änderungsrate der globalen Durchschnittstemperatur zu Beginn des Jahres 2000.
Bestimmen Sie den Mittelwert der globalen Durchschnittstemperatur im durch die Modellierung beschriebenen Zeitraum.

(6,5 VP)

b) Formulieren Sie eine Fragestellung im Sachzusammenhang, die auf die Gleichung $f(t+10) - f(t) = 0,5$ führt.
Nachdem die globale Durchschnittstemperatur ihren niedrigsten Wert erreicht hat, steigt sie immer weiter an.
Zeigen Sie, dass dieser Anstieg immer schneller verläuft.

(2,5 VP)

c) Im Jahr 2020 werden Klimaschutzmaßnahmen durchgeführt. Ab diesem Zeitpunkt bleibt die momentane Änderungsrate der globalen Durchschnittstemperatur konstant bei dem Wert, der durch das Modell des Klimaforschers vorausgesagt wird.
Bestimmen Sie die globale Durchschnittstemperatur, die man im Jahr 2050 nach diesem Modell erwartet.

(3 VP)

d) Infolge alternativer Klimaschutzmaßnahmen kann der Verlauf der globalen Durchschnittstemperatur ab Beginn des Jahres 2020 durch eine Funktion g mit $g(t^*) = a - b \cdot e^{-k \cdot t^*}$ (t^* in Jahren ab 2020) modelliert werden.
Der Graph von g schließt sich dabei ohne Knick an den Graphen der Funktion f an. Außerdem stellt sich nach diesem Modell langfristig eine globale Durchschnittstemperatur von $16{,}8\,^\circ\mathrm{C}$ ein.
Bestimmen Sie einen Funktionsterm von g.

(3 VP)

Aufgabe A 2.2

Für jedes $a > 0$ ist eine Funktion f_a mit $f_a(x) = -ax^4 + 4ax^2$ gegeben.

a) Begründen Sie, dass der Graph von f_a achsensymmetrisch zur y-Achse ist.
Zeigen Sie, dass die Nullstellen der Funktion f_a unabhängig von a sind.

(2 VP)

b) Sowohl der Graph der Funktion g mit $g(x) = \frac{32}{15}\pi \cdot \sin\left(\frac{\pi}{2}x\right)$ als auch der Graph von f_a schließen für $0 \leqslant x \leqslant 2$ eine Fläche mit der x-Achse ein.
Bestimmen Sie a so, dass beide Flächen den gleichen Inhalt haben.

(3 VP)

Tipps ab Seite 170, Lösungen ab Seite 187

Mathematik Wahlteil 2018 Analytische Geometrie B1

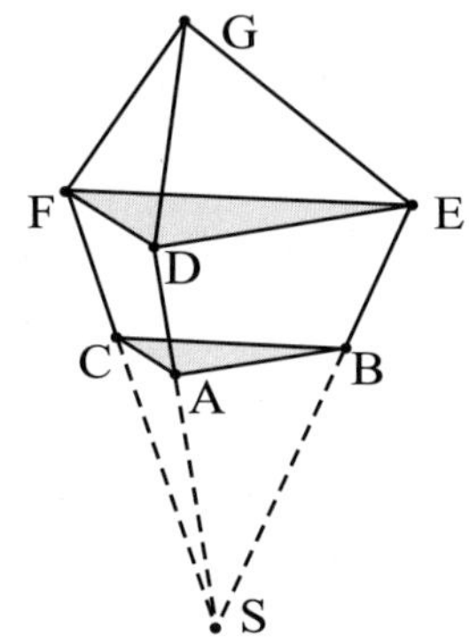

Das Gebäude eines Museums kann modellhaft durch den abgebildeten Körper ABCDEFG dargestellt werden. Die obere Etage des Museums entspricht dabei der Pyramide DEFG, die untere Etage dem Körper ABCDEF, der Teil der Pyramide DEFS ist. Die Ebene, in der das Dreieck ABC liegt, beschreibt die Horizontale. Das Dreieck DEF liegt parallel zu dieser Ebene.
In einem kartesischen Koordinatensystem gilt für die Lage einiger der genannten Punkte: $A(-5 \mid 5 \mid 0)$, $B(-5 \mid 25 \mid 0)$, $D(0 \mid 0 \mid 15)$, $E(0 \mid 30 \mid 15)$, $F(-25 \mid 5 \mid 15)$ und $G(-10 \mid 10 \mid 35)$. Eine Längeneinheit im Koordinatensystem entspricht 1m in der Realität.

a) Weisen Sie nach, dass die Bodenfläche der oberen Etage nicht rechtwinklig ist.
Die folgenden Rechnungen zeigen ein mögliches Vorgehen zur Ermittlung der Koordinaten von S:

$$\begin{pmatrix} 0 \\ 0 \\ 15 \end{pmatrix} + r \cdot \begin{pmatrix} -5 \\ 5 \\ -15 \end{pmatrix} = \begin{pmatrix} 0 \\ 30 \\ 15 \end{pmatrix} + s \cdot \begin{pmatrix} -5 \\ -5 \\ -15 \end{pmatrix} \Leftrightarrow r = s = 3$$

$$\begin{pmatrix} 0 \\ 0 \\ 15 \end{pmatrix} + 3 \cdot \begin{pmatrix} -5 \\ 5 \\ -15 \end{pmatrix} = \begin{pmatrix} -15 \\ 15 \\ -30 \end{pmatrix} \text{, d.h. } S(-15 \mid 15 \mid -30)$$

Erläutern Sie die Schritte des dargestellten Vorgehens. (3,5 VP)

b) Berechnen Sie den Inhalt der Bodenfläche der oberen Etage.
Für die obere Etage wird eine Anlage zur Entfeuchtung der Luft installiert, die für jeweils $100\,\text{m}^3$ Rauminhalt eine elektrische Leistung von $0,8$ Kilowatt benötigt.
Weisen Sie nach, dass zur Entfeuchtung der Luft eine Leistung von 25 Kilowatt ausreichend ist. (3 VP)

c) An einer Metallstange, deren Enden durch die Punkte G und $R(-5 \mid 5 \mid 15)$ dargestellt werden, ist ein Scheinwerfer befestigt, der sich entlang der Stange verschieben lässt. Die Größe des Scheinwerfers soll vernachlässigt werden.
Der Scheinwerfer soll aus einer Entfernung von 8m diejenige Wand beleuchten, die im Modell durch das Dreieck EFG dargestellt wird.
Berechnen Sie die Koordinaten des Punktes, der die Position des Scheinwerfers im Modell beschreibt. (3,5 VP)

Tipps ab Seite 171, Lösungen ab Seite 191

Mathematik Wahlteil 2018 Analytische Geometrie B 2

Gegeben sind die Ebenen E: $4x_1 + 2x_2 + x_3 = 4$ und F: $2x_1 + x_3 = 4$.

a) Stellen Sie die Ebene E in einem Koordinatensystem dar.

Zeigen Sie, dass E nicht orthogonal zu F ist.

Bestimmen Sie eine Gleichung der Schnittgeraden s der Ebenen E und F. (3 VP)

Die Ebenen E und F gehören zur Ebenenschar E_a: $ax_1 + (a-2)x_2 + x_3 = 4$, $a \in \mathbb{R}$.

b) Geben Sie an, für welche Werte von a die zugehörige Ebene E_a alle drei Koordinatenachsen schneidet.

Für diese Werte von a bilden die Spurpunkte von E_a zusammen mit dem Koordinatenursprung die Eckpunkte einer Pyramide.
Bestimmen Sie einen Wert für a so, dass das Pyramidenvolumen 6 VE beträgt. (4 VP)

c) Bestimmen Sie den Wert für a so, dass der Abstand von $P(0 \mid 0 \mid 1)$ zu E_a maximal ist.

Begründen Sie, dass die Schar keine zueinander parallelen Ebenen enthält. (3 VP)

Tipps ab Seite 172, Lösungen ab Seite 195

Mathematik Wahlteil 2018 Stochastik C 1

Aufgabe C 1.1

Ein Unternehmen stellt Kunststoffteile her. Erfahrungsgemäß sind 4% der hergestellten Teile fehlerhaft. Die Anzahl fehlerhafter Teile unter zufällig ausgewählten kann als binomialverteilt angenommen werden.

a) 800 Kunststoffteile werden zufällig ausgewählt.
Berechnen Sie für die folgenden Ereignisse jeweils die Wahrscheinlichkeit:
A: «Genau 30 der Teile sind fehlerhaft.»
B: «Mindestens 5% der Teile sind fehlerhaft.»

(1,5 VP)

b) Ermitteln Sie, wie viele Kunststoffteile mindestens zufällig ausgewählt werden müssen, damit davon mit einer Wahrscheinlichkeit von mindestens 95% mindestens 100 Teile keinen Fehler haben.

(2 VP)

c) Die Kunststoffteile werden aus einem Kunststoffgranulat hergestellt. Nach einem Wechsel des Granulats vermutet der Produktionsleiter, dass sich der Anteil der fehlerhaften Teile reduziert hat. Um einen Anhaltspunkt dafür zu gewinnen, ob die Vermutung gerechtfertigt ist, soll die Nullhypothese «Der Anteil der fehlerhaften Teile beträgt mindestens 4%.» auf der Grundlage einer Stichprobe von 500 Teilen auf einem Signifikanzniveau von 5% getestet werden.
Bestimmen Sie die zugehörige Entscheidungsregel.

(2,5 VP)

Aufgabe C 1.2

Für ein Spiel wird ein Glücksrad verwendet, das drei Sektoren in den Farben rot, grün und blau hat. Für einen Einsatz von 5 Euro darf ein Spieler das Glücksrad dreimal drehen. Erzielt der Spieler dreimal die gleiche Farbe, werden ihm 10 Euro ausgezahlt. Erzielt er drei verschiedene Farben, wird ein anderer Betrag ausgezahlt.
In allen anderen Fällen erfolgt keine Auszahlung.
Die Wahrscheinlichkeit dafür, dass dreimal die gleiche Farbe erzielt wird, ist $\frac{1}{6}$.
Die Wahrscheinlichkeit dafür, dass drei verschiedene Farben erzielt werden, beträgt ebenfalls $\frac{1}{6}$.

a) Bei dem Spiel ist zu erwarten, dass sich die Einsätze der Spieler und die Auszahlungen auf lange Sicht ausgleichen.
Berechnen Sie den Betrag, der ausgezahlt wird, wenn drei verschiedene Farben erscheinen.

(1,5 VP)

b) Die ursprünglichen Größen der Sektoren werden geändert. Dabei soll der Mittelpunktswinkel des blauen Sektors größer als 180° werden.
Die Abbildung zeigt einen Teil eines Baumdiagramms, das für das geänderte Glücksrad zwei Drehungen beschreibt. Ergänzend ist für einen Pfad die zugehörige Wahrscheinlichkeit angegeben.

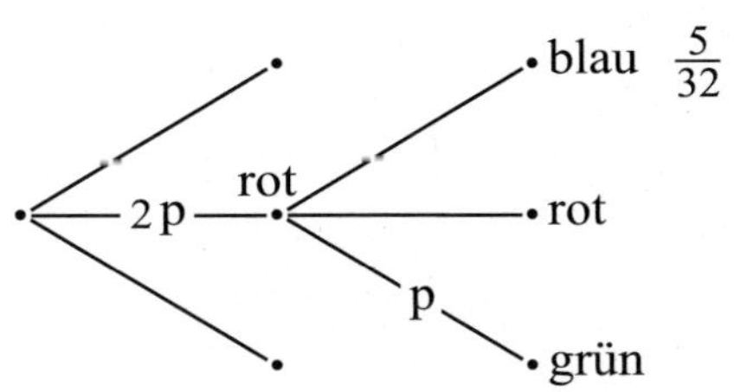

Bestimmen Sie die Weite des zum blauen Sektor gehörenden Mittelpunktswinkels.

(2,5 VP)

Tipps ab Seite 173, Lösungen ab Seite 198

Mathematik Wahlteil 2018 Stochastik C2

Ein Affe sitzt vor einer Tastatur, deren Tasten mit den Ziffern 1, 2, 3 und 4 sowie mit den Buchstaben A, B, C, D, E und F beschriftet sind (siehe Abbildung).

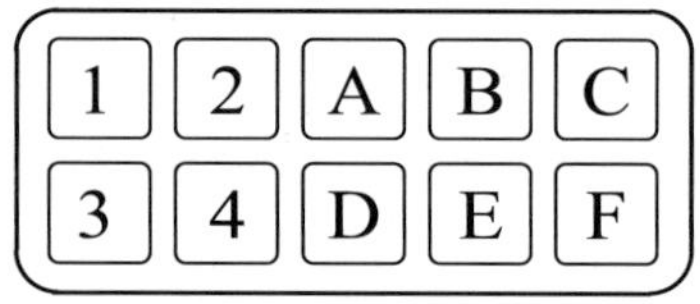

Zunächst wird angenommen, dass der Affe zufällig auf die Tasten tippt.
Die Tastatureingaben werden aufgezeichnet.

a) Es werden die ersten fünf Tastaturanschläge des Affen betrachtet. Bestimmen Sie die Wahrscheinlichkeiten für die folgenden Ereignisse:
A: «Der Affe tippt nur auf Tasten mit Ziffern.»
B: «Der Affe tippt höchstens dreimal eine Ziffer.»
C: «Die vom Affen getippte Zeichenfolge enthält die Buchstaben A F F E direkt hintereinander.»

(3 VP)

b) Nun werden Versuchsreihen mit jeweils 20 Tastaturanschlägen durchgeführt. Berechnen Sie, wie viele Buchstaben pro Versuchsreihe man dabei auf lange Sicht im Mittel erwarten kann.

Bestimmen Sie die Wahrscheinlichkeit, dass in einer Versuchsreihe die Anzahl der getippten Buchstaben um höchstens 20% von diesem Wert abweicht.

Bestimmen Sie, wie viele Zifferntasten mindestens hinzugefügt werden müssten, damit die Wahrscheinlichkeit, dass mindestens 15 Buchstabentasten in einer Versuchsreihe getippt werden, auf unter 1% fällt.

(4,5 VP)

c) Die Ergebnisse der Versuche lassen die Vermutung aufkommen, dass der Affe die Zifferntasten gegenüber den Buchstabentasten bevorzugt. Daher wird die Nullhypothese «Der Affe tippt mit einer Wahrscheinlichkeit von höchstens 40% eine Zifferntaste.» mit einer Stichprobe von 80 Tastaturanschlägen auf einem Signifikanzniveau von 1% überprüft.
Formulieren Sie die zugehörige Entscheidungsregel.

(2,5 VP)

Tipps Wahlteil Abitur 2018

Analysis Aufgabe A 1

Aufgabe A 1.1

a) Lesen Sie anhand der Grafik den y-Wert für $t = 5$ ab.
Den Zeitraum, in dem das Volumen mindestens 350 Kubikmeter beträgt, erhalten Sie, indem Sie den Graphen von f mit der Geraden $y = 350$ schneiden und die Schnittstellen bestimmen.

Die momentane Änderungsrate des Wasservolumens zwei Stunden nach Beobachtungsbeginn erhalten Sie, indem Sie die Tangente im Punkt $P(2 \mid f(2))$ einzeichnen und die Steigung m der Tangente bestimmen. Wählen Sie ein geschicktes Steigungsdreieck und berechnen Sie $m = \frac{\triangle y}{\triangle t}$.

b) Zeichnen Sie die Tangente im Punkt $Q(15 \mid f(15))$ ein und schneiden Sie diese mit der t-Achse.

Beachten Sie, dass $f(t)$ die Wassermenge zu einem Zeitpunkt t und $f(t+6)$ die Wassermenge 6 Stunden später beschreibt.

Beachten Sie, dass die Funktionsgleichung der Form I dritten Grades ist und überlegen Sie, wie viele Extrempunkte der zugehörige Graph damit höchstens haben kann. Beachten Sie, dass in der Funktionsgleichung der Form II nur gerade Exponenten vorkommen und damit eine bestimmte Symmetrie des zugehörigen Graphen vorliegt.

c) Bestimmen Sie das Maximum der Funktion g mit Hilfe der 1. und 2. Ableitung von g. Als notwendige Bedingung lösen Sie die Gleichung $g'(t) = 0$ mit Hilfe der pq- oder abc-Formel nach t auf. Setzen Sie die erhaltenen t-Werte in $g''(t)$ ein. Falls $g''(t) < 0$ handelt es sich um ein lokales Maximum. Den zugehörigen y-Wert erhalten Sie, indem Sie den t-Wert in $g(t)$ einsetzen. Zur Untersuchung auf Randmaxima für $0 \leqslant t \leqslant 15$ setzen Sie $t = 0$ und $t = 15$ in $g(t)$ ein. Prüfen Sie, ob ein Randwert höher ist als das lokale Maximum.

Bestimmen Sie zuerst die Zeitpunkte, zu denen das Volumen des Wassers weder zu- noch abnimmt, indem Sie die Gleichung $g(t) = 0$ durch Ausklammern mit Hilfe des Satzes vom Nullprodukt und der pq- oder abc-Formel nach t auflösen. Um zu prüfen, in welchem Zeitraum das Volumen des Wassers abnimmt, berechnen Sie die Funktionswerte an den Stellen, die zwischen den Stellen mit $g(t) = 0$ liegen, z.B. bei $t = 5$, $t = 10$ und $t = 15$. Überlegen Sie, in welchen Intervallen die Funktionswerte negativ sind. Alternativ können Sie auch mit Hilfe einer Wertetabelle den Graphen von g zeichnen und den Bereich mit negativen Funktionswerten bestimmen.

Die Zunahme Z des Wasservolumens in den ersten drei Stunden erhalten Sie mit Hilfe eines Integrals, da die Zuwächse addiert werden. Verwenden Sie die angegebene Stammfunktion. Die Wassermenge zu Beginn erhalten Sie, indem Sie von der Wassermenge drei Stunden nach Beobachtungsbeginn die zugeflossene Wassermenge subtrahieren.

Die Wassermenge W zum Zeitpunkt t erhalten Sie mit Hilfe eines Integrals und der Wassermenge zu Beobachtungsbeginn. Verwenden Sie die angegebene Stammfunktion. Um zu untersuchen, ob es nach Beobachtungsbeginn einen Zeitpunkt gibt, zu dem das Wasservolumen ebenso groß ist wie zu Beobachtungsbeginn, lösen Sie die Gleichung $G(t) = G(0)$ mit Hilfe des Satzes vom Nullprodukt und der *abc*- bzw. *pq*-Formel nach t auf.

d) Berechnen Sie mit Hilfe eines Integrals den Zufluss Z , der in zwei Stunden erfolgt. Überlegen Sie, wie viel Wasser zugeflossen sein muss, stellen Sie eine Gleichung auf und lösen Sie diese durch Logarithmieren nach k auf.

Aufgabe A 1.2

a) Die Nullstelle von f_k erhalten Sie, indem Sie die Gleichung $f_k(x) = 0$ nach x auflösen. Beachten Sie, dass $e^x \neq 0$ ist.

b) Um zu zeigen, dass f_{k+2} eine Stammfunktion von f_k ist, bestimmen Sie die 1. Ableitung von $f_{k+2}(x)$ mit Hilfe der Produktregel. Falls $f_{k+2}'(x) = f_k(x)$ gilt, ist f_{k+2} eine Stammfunktion von f_k.
Den Flächeninhalt A der Fläche, den der Graph von f_2 mit den positiven Koordinatenachsen einschließt, erhalten Sie mit Hilfe eines Integrals.
Bestimmen Sie die Nullstelle von f_2 und damit die Integrationsgrenzen x_1 und x_2. Beachten Sie, dass f_{k+2} eine Stammfunktion von f_k ist und verwenden Sie den Hauptsatz der Differential- und Integralrechnung.

Analysis A 2

Aufgabe A 2.1

a) Die globale Durchschnittstemperatur zu Beginn des Jahres 1900 erhalten Sie, indem Sie $t = 0$ in $f(t)$ einsetzen. Die niedrigste globale Durchschnittstemperatur seit 1900 erhalten Sie, indem Sie den Tiefpunkt des Graphen von f mit Hilfe der 1. und 2. Ableitung berechnen. Als notwendige Bedingung lösen Sie die Gleichung $f'(t) = 0$ nach t auf. Setzen Sie den erhaltenen t-Wert in $f''(t)$ ein; falls das Ergebnis größer als Null ist, handelt es sich um einen Tiefpunkt. Setzen Sie den erhaltenen t-Wert in $f(t)$ ein, um die zugehörige Temperatur zu erhalten. Um zu bestimmen, in welchem Jahr die globale Durchschnittstemperatur $16,0\,^\circ\mathrm{C}$ überschreitet, schneiden Sie grafisch den Graphen von f mit der Geraden $y = 16$ und lesen die Schnittstelle ab. Beachten Sie, dass $t = 0$ dem Jahr 1900 entspricht. Die momentane Änderungsrate der globalen Durchschnittstemperatur zu Beginn des Jahres 2000 erhalten Sie, indem Sie $t = 100$ in $f'(t)$ einsetzen. Den Mittelwert $\overline{\mathrm{m}}$ der globalen Durchschnittstemperatur im beschriebenen Zeitraum erhalten Sie mit Hilfe eines Integrals: $\overline{\mathrm{m}} = \frac{1}{b-a} \cdot \int_a^b f(t)\mathrm{d}t$. Verwenden Sie den Hauptsatz der Differential- und Integralrechnung.

b) Überlegen Sie, welche Temperatur durch die Funktion $f(t)$ und durch $f(t+10)$ beschrieben wird und welche Bedeutung die angegebene Differenz hat. Um zu zeigen, dass der Anstieg nach Erreichen der tiefsten Temperatur immer schneller verläuft, weisen Sie nach, dass $f'(t)$ ab diesem Zeitpunkt streng monoton wächst, d.h. dass $f''(t)$ größer als Null ist.

c) Die momentane Änderungsrate der globalen Durchschnittstemperatur im Jahr 2020 erhalten Sie, indem Sie $t = 120$ in $f'(t)$ einsetzen. Bestimmen Sie die Gleichung der Tangente im Punkt $\mathrm{P}(120 \mid f(120))$ mit Hilfe der Formel $t\colon\ y = f'(u) \cdot (t-u) + f(u)$. Anschließend setzen Sie $t = 150$ in die Tangentengleichung ein.

d) Bestimmen Sie die 1. Ableitung von $g(t^*) = a - b \cdot e^{-k \cdot t^*}$ mit Hilfe der Kettenregel. Beachten Sie, dass $e^{-k \cdot t^*}$ für $t^* \to \infty$ gegen Null geht, bestimmen Sie damit den Wert für a.
Da der Graph von g ohne Knick an den Graphen der Funktion f anschließt, stimmen die Funktionswerte und die Steigungen an der Stelle $t = 120$ bzw. $t^* = 0$ überein. Stellen Sie zwei Bedingungen auf und lösen Sie das zugehörige Gleichungssystem.

Aufgabe A 2.2

a) Um nachzuweisen, dass der Graph von f_a achsensymmetrisch zur y-Achse ist, betrachten Sie die Exponenten des Funktionsterms. Falls bei einer ganzrationalen Funktion nur gerade Exponenten vorkommen, ist der Graph dieser Funktion achsensymmetrisch zur y-Achse. Alternativ können Sie auch $-x$ in $f_a(x)$ einsetzen; falls $f_a(-x) = f_a(x)$ für beliebige x-Werte gilt, ist der Graph von f_a achsensymmetrisch zur y-Achse. Um zu zeigen, dass die Nullstellen der Funktion f_a unabhängig von a sind, lösen Sie die Gleichung $f_a(x) = 0$ nach x auf. Klammern Sie geschickt aus und verwenden Sie den Satz vom Nullprodukt.

b) Den Flächeninhalt A_1, den der Graph der Funktion g mit der x-Achse einschließt, erhalten Sie mit Hilfe eines Integrals. Den Flächeninhalt A_2, den der Graph der Funktion f_a mit der x-Achse einschließt, erhalten Sie ebenfalls mit Hilfe eines Integrals. Verwenden Sie jeweils den Hauptsatz der Differential- und Integralrechnung. Um a so zu bestimmen, dass beide Flächen den gleichen Inhalt haben, lösen Sie die Gleichung $\mathrm{A}_1 = \mathrm{A}_2$ nach a auf.

Analytische Geometrie B 1

a) Berechnen Sie jeweils das Skalarprodukt der Verbindungsvektoren der Seiten des Dreicks EFD. Falls das Skalarprodukt jeweils ungleich Null ist, ist das Dreieck EFD und damit die Bodenfläche der oberen Etage nicht rechtwinklig. Überlegen Sie, welche beiden Geraden sich im Punkt S schneiden und beschreiben Sie die Rechnung, bei der zwei Gleichungen von Geraden gleichgesetzt werden, um den gemeinsamen Punkt zu ermitteln.

b) Skizzieren Sie das Dreieck DEF und bestimmen Sie seinen Flächeninhalt A mit der Formel $\mathrm{A} = \frac{g \cdot h}{2}$. Als Grundlinie g des Dreiecks DEF verwenden Sie die Seite DE. Als zugehörige Höhe h bestimmen Sie den Abstand von F zur Seite DE. Beachten Sie, dass D, E und F auf einer Ebene parallel zur x_1x_2-Ebene liegen und die x_1-Koordinaten von D und E jeweils Null sind, so dass der Abstand von F zur Seite DE gleich dem Betrag der x_1-Koordinate des Punktes F ist.
Das Volumen der oberen Etage erhalten Sie, indem Sie das Volumen V der Pyramide DEFG mit der Formel $\mathrm{V} = \frac{1}{3} \cdot \mathrm{G} \cdot h$ berechnen. Als Grundfläche G verwenden Sie die Bodenfläche der oberen Etage. Als Höhe h der Pyramide bestimmen Sie den Abstand der Spitze G zur Bodenfläche. Da die Bodenfläche DEF parallel zur x_1x_2-Ebene ist, erhalten Sie den Abstand der Spitze G der Pyramide DEFG zur Bodenfläche, indem Sie die x_3-Koordinate von D von der x_3-Koordinate von G subtrahieren. Den Gesamtbedarf der elektrischen Leistung L erhalten Sie, indem Sie das Volumen durch 100 teilen und mit 0,8 multiplizieren.

c) Bestimmen Sie die Gleichung der Geraden g durch die Punkte G und R, auf der der Scheinwerfer sich bewegt. Bestimmen Sie die Gleichung der Ebene H, in der das Dreieck EFG liegt. Verwenden Sie beispielsweise den Stützpunkt E und die Spannvektoren $\overrightarrow{\mathrm{EF}}$ und $\overrightarrow{\mathrm{EG}}$. Einen Normalenvektor $\vec{n}$ von H erhalten Sie mit Hilfe des Kreuzprodukts (siehe Seite 39) der Spannvektoren. Alternativ können Sie $\vec{n}$ auch mit Hilfe des Skalarprodukts bestimmen, da $\vec{n}$ sowohl auf $\overrightarrow{\mathrm{EF}}$ als auch auf $\overrightarrow{\mathrm{EG}}$ senkrecht steht. Eine Koordinatengleichung von H erhalten Sie mit Hilfe der Punkt-Normalenform: $(\vec{x} - \vec{e}) \cdot \vec{n} = 0$. Alternativ können Sie die Koordinaten von E auch in den Ansatz $\mathrm{H}\colon\ ax_1 + bx_2 + cx_3 = d$ einsetzen und damit d bestimmen. Berechnen Sie den Abstand d eines allgemeinen Punktes P_t der Geraden g zur Ebene H mit Hilfe der Abstandsformel. Lösen Sie die Gleichung $\mathrm{d} = 8$ nach t auf. Führen Sie eine Fallunterscheidung durch und beachten Sie, welcher t-Wert als Lösung in Frage kommt. Setzen Sie den erhaltenen t-Wert in P_t ein.

Analytische Geometrie B 2

a) Um die Ebene E in einem Koordinatensystem darzustellen, bestimmen Sie zuerst die Spurpunkte von E, indem Sie jeweils zwei Koordinaten gleich Null setzen.
Um zu zeigen, dass E nicht orthogonal zu F ist, berechnen Sie das Skalarprodukt der Normalenvektoren $\vec{n}_1$ von E und $\vec{n}_2$ von F. Falls das Skalarprodukt der beiden Normalenvektoren nicht Null ergibt, sind die Ebenen E und F nicht orthogonal.
Die Gleichung der Schnittgeraden s von E und F erhalten Sie, indem Sie mit den gegebenen Ebenen ein Gleichungssystem aufstellen und dieses allgemein lösen, indem Sie eine Unbekannte gleich t setzen und die anderen Unbekannten in Abhängigkeit von t berechnen. Schreiben Sie die erhaltene Lösung zu einer Geradengleichung um.

b) Bestimmen Sie die Spurpunkte von E_a in Abhängigkeit von a. Beachten Sie, dass nicht durch Null geteilt werden darf und bestimmen Sie damit diejenigen Werte von a, für die die Ebene E_a alle drei Koordinatenachsen schneidet.
Veranschaulichen Sie die Pyramide, die durch die Spurpunkte von E_a zusammen mit dem Koordinatenursprung gebildet wird, für $a > 2$ in einem Koordinatensystem. Das Volumen V der Pyramide erhalten Sie mit der Formel $V = \frac{1}{3} \cdot G \cdot h$. Verwenden Sie als Grundfläche G das rechtwinklige Dreieck OS_1S_2 und bestimmen Sie seinen Flächeninhalt in Abhängigkeit von a. Die zugehörige Höhe h der Pyramide ist die Länge der Strecke von O zu S_3. Bestimmen Sie das Volumen V der Pyramide in Abhängigkeit von a und lösen Sie die Gleichung $V = 6$ nach a auf. Verwenden Sie die *abc*-Formel und beachten Sie, dass $a > 2$ ist.

c) Den Abstand $d(a)$ von P zu E_a erhalten Sie mit Hilfe der Abstandsformel in Abhängigkeit von a. Um den Wert für a so zu bestimmen, dass der Abstand $d(a)$ von P zu E_a maximal ist, bestimmen Sie das Minimum des Nenners von $d(a)$ bzw. das Minimum des Terms $f(a)$ unter der Wurzel. Das Minimum von $f(a)$ erhalten Sie mit Hilfe der 1. und 2. Ableitung von $f(a)$. Als notwendige Bedingung lösen Sie die Gleichung $f'(a) = 0$ nach a auf. Falls $f''(a) > 0$ handelt es sich um ein Minimum von $f(a)$.
Überlegen Sie, ob alle Ebenen E_a einen gemeinsamen Punkt oder eine gemeinsame Gerade haben.

Stochastik C 1

Aufgabe C 1.1

a) Um die Wahrscheinlichkeit des Ereignisses A zu bestimmen, legen Sie X als binomialverteilte Zufallsvariable für die Anzahl der fehlerhaften Teile mit den Parametern n und p fest. Die Wahrscheinlichkeit für das Ereignis A erhalten Sie mit Hilfe der Binomialverteilung unter Verwendung des Taschenrechners. Um die Wahrscheinlichkeit des Ereignisses B zu bestimmen, berechnen Sie 5% von 800 Teilen und legen wieder X als binomialverteilte Zufallsvariable für die Anzahl der der fehlerhaften Teile mit den Parametern n und p fest. Die Wahrscheinlichkeit für das Ereignis B erhalten Sie mit Hilfe der kumulierten Binomialverteilung und der Wahrscheinlichkeit des Gegenereignisses unter Verwendung des Taschenrechners.

b) Legen Sie X als binomialverteilte Zufallsvariable für die Anzahl der Teile ohne Fehler mit den Parametern n (unbekannt) und p fest. Stellen Sie eine Ungleichung auf und ermitteln Sie durch Ausprobieren mit Hilfe der kumulierten Binomialverteilung und der Wahrscheinlichkeit des Gegenereignisses unter Verwendung des Taschenrechners denjenigen Wert von n, für den die Ungleichung erfüllt ist.

c) Zur Bestimmung der Entscheidungsregel des Hypothesentests legen Sie X als binomialverteilte Zufallsvariable für die Anzahl der fehlerhaften Teile mit den Parametern n und p fest. Bestimmen Sie zur Nullhypothese $H_0: p \geqslant ...$ die zugehörige Alternativhypothese $H_1: p < ...$. Beachten Sie, dass es sich wegen $H_1: p < ...$ um einen linksseitigen Test mit Signifikanzniveau α handelt. Also bestimmen Sie mit Hilfe des Taschenrechners ein maximales $k \in \mathbb{N}$ und damit einen Ablehnungsbereich $\overline{A} = \{0, ..., k\}$ der Nullhypothese so, dass gilt: $P(X \in \overline{A}) \leqslant \alpha$ bzw. $P(X \leqslant k) \leqslant \alpha$. Verwenden Sie die kumulierte Binomialverteilung.

Aufgabe C 1.2

a) Legen Sie x als Betrag fest, der ausgezahlt wird, wenn drei verschiedene Farben erzielt werden und X als Zufallsvariable für den Gewinn des Spielers. Berechnen Sie den Erwartungswert $E(X)$ für den Gewinn des Spielers in Abhängigkeit von x, indem Sie die Auszahlungsbeträge mit den entsprechenden Wahrscheinlichkeiten multiplizieren, die Ergebnisse addieren und den Einsatz subtrahieren. Beachten Sie, dass es sich um ein faires Spiel handelt. Lösen Sie die Gleichung $E(X) = 0$ nach x auf.

b) Bezeichnen Sie mit r: rot, mit b: blau und mit g: grün, und bestimmen Sie anhand des gegebenen Baumdiagramms die Wahrscheinlichkeiten bei einmaligem Drehen für das Erscheinen von rot, blau oder grün, also $P(r)$, $P(b)$ und $P(g)$. Beachten Sie, dass die Summe dieser Wahrscheinlichkeiten 1 ergeben muss. Ergänzen Sie das Baumdiagramm. Da die

Wahrscheinlichkeit dafür, dass zuerst rot und dann blau erscheint, $\frac{5}{32}$ beträgt, stellen Sie mit Hilfe der Pfadregeln eine Gleichung auf und lösen diese nach p auf. Verwenden Sie die *abc*-Formel. Setzen Sie die erhaltenen p-Werte in P(b) ein. Überlegen Sie, welche Lösung in Frage kommt, da der Mittelpunktswinkel des blauen Sektors größer als 180° werden soll. Beachten Sie, dass für den Mittelpunktswinkel α des blauen Sektors gilt: $\frac{\alpha}{360^\circ} = P(b)$.

Stochastik C 2

a) Um die Wahrscheinlichkeit des Ereignisses A zu bestimmen, legen Sie X als binomialverteilte Zufallsvariable für die Anzahl der getippten Zifferntasten mit den Parametern n und p fest. Die Wahrscheinlichkeit für das Ereignis A erhalten Sie mit Hilfe der Binomialverteilung unter Verwendung des Taschenrechners. Alternativ können Sie auch die Pfadregeln verwenden. Bezeichnen Sie mit Z: Zifferntaste wird getippt und bestimmen Sie P(ZZZZZ). Um die Wahrscheinlichkeit des Ereignisses B zu bestimmen, legen Sie wieder X als binomialverteilte Zufallsvariable für die Anzahl der getippten Zifferntasten mit den Parametern n und p fest. Die Wahrscheinlichkeit für das Ereignis B erhalten Sie mit Hilfe der kumulierten Binomialverteilung unter Verwendung des Taschenrechners. Um die Wahrscheinlichkeit des Ereignisses C zu bestimmen, verwenden Sie die Pfadregeln. Beachten Sie, dass die Wahrscheinlichkeit, einen einzelnen Buchstaben zu tippen, $\frac{1}{10}$ beträgt, und jeweils eine x-beliebige Taste (x) getippt werden kann.

b) Legen Sie X als binomialverteilte Zufallsvariable für die Anzahl der getippten Buchstaben pro Versuchsreihe mit den Parametern n und p fest und berechnen Sie den Erwartungswert von X mit der Formel $E(X) = n \cdot p$.
Berechnen Sie anschließend 20% vom Erwartungswert und bestimmen Sie die Werte, die X annehmen kann. Beachten Sie, dass X ganzzahlig ist. Die Wahrscheinlichkeit, dass in einer Versuchsreihe die Anzahl der getippten Buchstaben um höchstens 20% von diesem Wert abweicht, erhalten Sie mit Hilfe der kumulierten Binomialverteilung.
Durch Ausprobieren können Sie die Anzahl der Zifferntasten, die hinzugefügt werden müssen, bestimmen. Überlegen Sie jeweils, wie viele Tasten es dann insgesamt gibt und legen Sie X als binomialverteilte Zufallsvariable für die Anzahl der getippten Buchstaben mit den Parametern n und p fest. Berechnen Sie jeweils $P(X \geqslant 15)$ mit Hilfe der Wahrscheinlichkeit des Gegenereignisses und der kumulierten Binomialverteilung, bis das Ergebnis unter 1% liegt.

c) Zur Bestimmung der Entscheidungsregel des Hypothesentests legen Sie X als binomialverteilte Zufallsvariable für die Anzahl der getippten Ziffern mit den Parametern n und p fest. Bestimmen Sie zur Nullhypothese $H_0: p \leqslant ...$ die zugehörige Alternativhypothese $H_1: p > ...$. Beachten Sie, dass es sich wegen $H_1: p > ...$ um einen rechtsseitigen Test mit Signifikanzniveau α handelt.
Also bestimmen Sie mit Hilfe des Taschenrechners ein minimales $k \in \mathbb{N}$ und damit einen

Ablehnungsbereich $\overline{A} = \{k, ..., 80\}$ der Nullhypothese so, dass gilt: $P(X \in \overline{A}) \leqslant \alpha$ bzw. $P(X \geqslant k) \leqslant \alpha$. Verwenden Sie die kumulierte Binomialverteilung sowie die Wahrscheinlichkeit des Gegenereignisses. Überlegen Sie, wann die Nullhypothese verworfen wird, und formulieren Sie dazu die Entscheidungsregel.

Lösungen Wahlteil Abitur 2018

Analysis A 1.1

a) Das Volumen des Wassers fünf Stunden nach Beobachtungsbeginn kann man anhand der Grafik bestimmen, indem man den y-Wert für $t = 5$ abliest: $y \approx 490$. Somit beträgt das Volumen des Wassers fünf Stunden nach Beobachtungsbeginn etwa $490\,\text{m}^3$.

Den Zeitraum, in dem das Volumen mindestens 350 Kubikmeter beträgt, erhält man, indem man den Graphen von f mit der Geraden $y = 350$ schneidet und die Schnittstellen bestimmt:

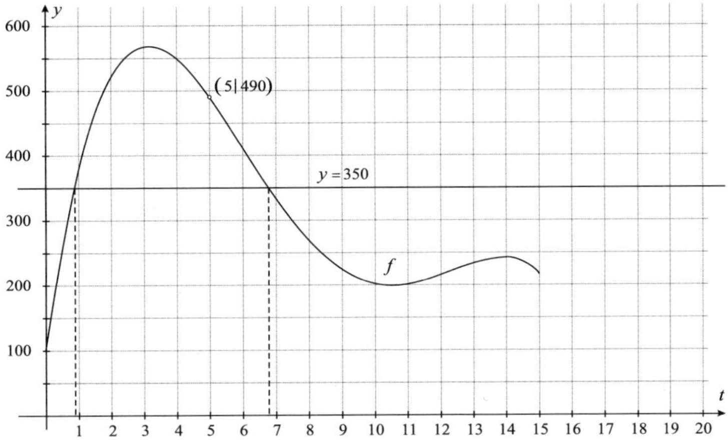

Man kann anhand der Grafik ablesen: $t_1 \approx 0,9$ und $t_2 \approx 6,8$.
Somit beträgt das Volumen im Zeitraum von etwa 0,9 Stunden bis etwa 6,8 Stunden nach Beobachtungsbeginn mindestens 350 Kubikmeter.

Die momentane Änderungsrate des Wasservolumens zwei Stunden nach Beobachtungsbeginn erhält man, indem man die Steigung m der Tangente im Punkt $P(2 \mid f(2))$ bestimmt:

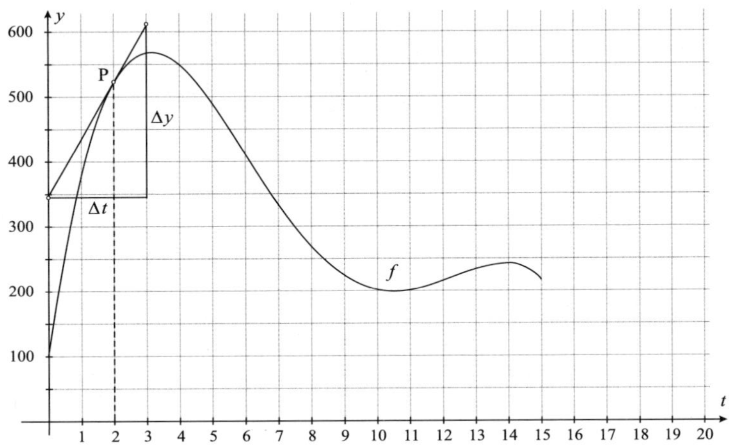

mit Hilfe eines geeigneten Steigungsdreiecks erhält man:

$$m = \frac{\triangle y}{\triangle t} \approx \frac{270}{3} = 90$$

Somit beträgt die momentane Änderungsrate etwa 90 $\frac{\text{m}^3}{\text{h}}$.

b) Da die vorliegende momentane Änderungsrate des Wasservolumens fünfzehn Stunden nach Beobachtungsbeginn bis zu dem Zeitpunkt erhalten bleibt, zu dem das Becken kein Wasser mehr enthält, kann man im Punkt $Q(15 \mid f(15))$ die Tangente einzeichnen und diese mit der t-Achse schneiden:

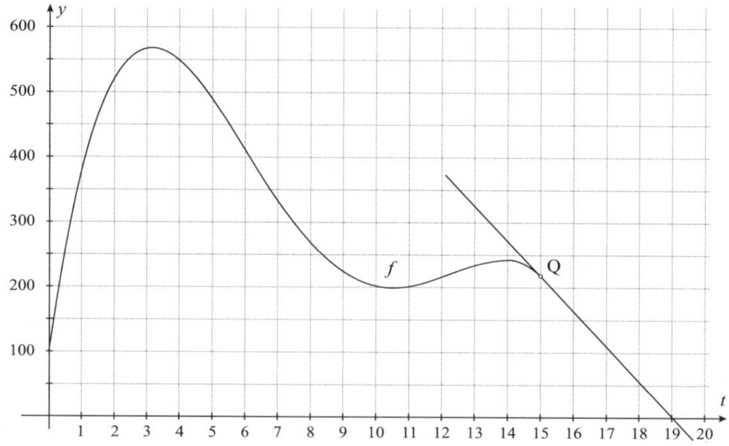

Somit enthält das Becken etwa 19 Stunden nach Beobachtungsbeginn kein Wasser mehr.

Die Gleichung $f(t+6) = f(t) - 350$ gibt an, dass der Funktionswert an der Stelle $t+6$ um 350 kleiner ist als zu einem Zeitpunkt t. Dies bedeutet im Sachzusammenhang, dass man mit dieser Gleichung einen Zeitpunkt t so bestimmen kann, dass das Wasservolumen 6 Stunden nach diesem Zeitpunkt um 350 Kubikmeter kleiner ist.

Der Graph einer Funktion der Form I, hat höchstens zwei Extrempunkte, da die Funktionsgleichung dritten Grades ist. Der vorliegende Graph der Funktion f hat offensichtlich mindestens drei Extrempunkte.
Der Graph einer Funktion der Form II ist symmetrisch zur y-Achse, da in der Funktionsgleichung nur gerade Exponenten vorkommen. Der vorliegende Graph der Funktion f ist offensichtlich nicht symmetrisch zur y-Achse, da sonst die Steigung an der Stelle $x = 0$ den Wert Null haben müsste.
Somit hat die Funktionsgleichung von f weder die Form I noch die Form II.

c) Es ist $g(t) = 0{,}4 \cdot \left(2t^3 - 39t^2 + 180t\right)$ die momentane Änderungsrate des Volumens des Wassers für $0 \leqslant t \leqslant 15$ (t in Stunden und $g(t)$ in $\frac{\mathrm{m}^3}{\mathrm{h}}$) und $\mathrm{G}(t) = 0{,}2 \cdot \left(t^4 - 26t^3 + 180t^2\right)$ eine Stammfunktion von g.

Man erhält denjenigen Zeitpunkt, zu dem die momentane Änderungsrate des Wasservolumens maximal ist, indem man das Maximum der Funktion g mit Hilfe der 1. und 2. Ableitung von g bestimmt:

$$g'(t) = 0{,}4 \cdot \left(6t^2 - 78t + 180\right)$$
$$g''(t) = 0{,}4 \cdot (12t - 78)$$

Die notwendige Bedingung $g'(t) = 0$ führt zu:

$$0{,}4 \cdot \left(6t^2 - 78t + 180\right) = 0$$
$$0{,}4 \cdot 6 \cdot \left(t^2 - 13t + 30\right) = 0$$

Mit Hilfe der pq- oder der abc-Formel erhält man die Lösungen $t_1 = 3$ und $t_2 = 10$.
Setzt man $t_1 = 3$ und $t_2 = 10$ in $g''(t)$ ein, ergibt sich:

$$g''(3) = 0{,}4 \cdot (12 \cdot 3 - 78) = -16{,}8 < 0 \text{ Maximum}$$
$$g''(10) = 0{,}4 \cdot (12 \cdot 10 - 78) = 16{,}8 > 0 \text{ Minimum}$$

Wegen $g''(3) < 0$ ist bei $t = 3$ ein lokales Maximum.
Den zugehörigen y-Wert erhält man, indem man den t-Wert in $g(t)$ einsetzt:

$$y = g(3) = 0{,}4 \cdot \left(2 \cdot 3^3 - 39 \cdot 3^2 + 180 \cdot 3\right) = 97{,}2$$

Zur Untersuchung auf Randmaxima für $0 \leqslant t \leqslant 15$ setzt man $t = 0$ und $t = 15$ in $g(t)$ ein:

$$g(0) = 0{,}4 \cdot \left(2 \cdot 0^3 - 39 \cdot 0^2 + 180 \cdot 0\right) = 0$$
$$g(15) = 0{,}4 \cdot \left(2 \cdot 15^3 - 39 \cdot 15^2 + 180 \cdot 15\right) = 270$$

Wegen $g(15) > g(3)$ ist die momentane Änderungsrate des Wasservolumens 15 Stunden nach Beobachtungsbeginn maximal.

Zuerst werden die Zeitpunkte bestimmt, an denen das Volumen des Wassers weder zu- noch abnimmt. Diese erhält man, indem man die Gleichung $g(t) = 0$ nach t auflöst:

$$0{,}4 \cdot \left(2t^3 - 39t^2 + 180t\right) = 0$$

Durch Ausklammern von t erhält man

$$0{,}4t \cdot \left(2t^2 - 39t + 180\right) = 0$$

Mithilfe des Satzes vom Nullprodukt erhält man $t_1 = 0$. Die Gleichung $2t^2 - 39t + 180 = 0$ wird mit der pq- oder abc-Formel gelöst. Man erhält die Lösungen $t_2 = 7{,}5$ und $t_3 = 12$.

Um zu prüfen, in welchem Zeitraum das Volumen des Wassers abnimmt, berechnet man beispielsweise die Funktionswerte an den Stellen $t = 5$, $t = 10$ und $t = 15$:

$$g(5) = 0{,}4 \cdot \left(2 \cdot 5^3 - 39 \cdot 5^2 + 180 \cdot 5\right) = 70$$
$$g(10) = 0{,}4 \cdot \left(2 \cdot 10^3 - 39 \cdot 10^2 + 180 \cdot 10\right) = -40$$
$$g(15) = 0{,}4 \cdot \left(2 \cdot 15^3 - 39 \cdot 15^2 + 180 \cdot 15\right) = 270$$

Damit sind die Funktionswerte von g für $7{,}5 < t < 12$ negativ.
Alternativ kann man mit Hilfe einer Wertetabelle auch den Graphen von g zeichnen:

t	0	1	2	3	4	5	6	7
$g(t)$	0	57,2	88	97,2	89,6	70	43,2	14

t	8	9	10	11	12	13	14	15
$g(t)$	$-12{,}8$	$-32{,}4$	-40	$-30{,}8$	0	57,2	145,6	270

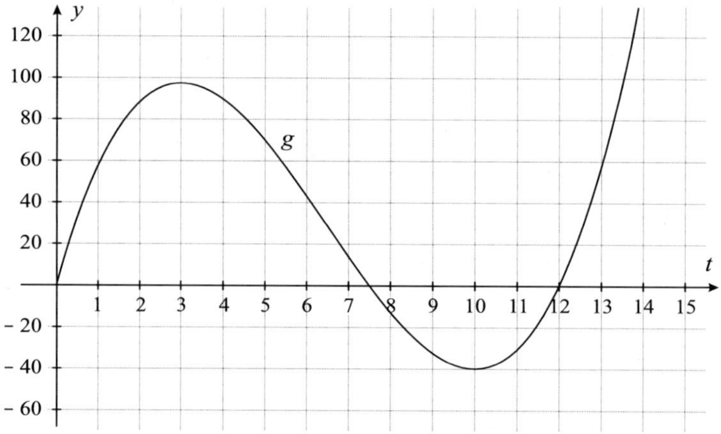

Somit nimmt das Volumen des Wassers im Zeitraum von 7,5 bis 12 Stunden nach Beobachtungsbeginn ab.

Die Zunahme Z des Wasservolumens in den ersten drei Stunden erhält man mit Hilfe eines Integrals, da die Zuwächse addiert werden:

$$\begin{aligned} \mathrm{Z} &= \int_0^3 g(t)\mathrm{d}t \\ &= \left[\mathrm{G}(t)\right]_0^3 \\ &= \mathrm{G}(3) - \mathrm{G}(0) \\ &= 0{,}2 \cdot \left(3^4 - 26 \cdot 3^3 + 180 \cdot 3^2\right) - 0{,}2 \cdot \left(0^4 - 26 \cdot 0^3 + 180 \cdot 0^2\right) \\ &= 199{,}8 \end{aligned}$$

Die Wassermenge zu Beginn erhält man, indem man von der Wassermenge drei Stunden nach Beobachtungsbeginn die zugeflossene Wassermenge subtrahiert:

$$350 - 199,8 = 150,2$$

Somit müssen zu Beobachtungsbeginn 150,2 Kubikmeter Wasser enthalten sein.

Zu Beobachtungsbeginn beträgt das Wasservolumen 150,2 Kubikmeter. Die Wassermenge W zum Zeitpunkt t erhält man mit Hilfe eines Integrals:

$$\mathrm{W} = 150,2 + \int_0^t g(z)\mathrm{d}z = 150,2 + \Big[\mathrm{G}(z)\Big]_0^t = 150,2 + \mathrm{G}(t) - \mathrm{G}(0) = 150,2 + \mathrm{G(t)}$$

Um zu untersuchen, ob es nach Beobachtungsbeginn einen Zeitpunkt gibt, zu dem das Wasservolumen ebenso groß ist wie zu Beobachtungsbeginn, stellt man die folgende Gleichung auf: $150,2 + \mathrm{G}(t) = 150,2$. Diese kann so gelöst werden:

$$\begin{aligned} 150,2 + 0,2 \cdot \left(t^4 - 26t^3 + 180t^2\right) &= 150,2 \\ 0,2 \cdot \left(t^4 - 26t^3 + 180t^2\right) &= 0 \\ t^4 - 26t^3 + 180t^2 &= 0 \\ t^2 \cdot \left(t^2 - 26t + 180\right) &= 0 \end{aligned}$$

Mit Hilfe des Satzes vom Nullprodukt erhält man $t_1 = 0$. Die Gleichung $t^2 - 26t + 180 = 0$ wird mit Hilfe der pq- bzw. der abc-Formel gelöst. Allerdings besitzt sie keine Lösungen, daher ist $t = 0$ die einzige Lösung der obigen Gleichung.
Somit gibt es (nach Beobachtungsbeginn) keinen weiteren Zeitpunkt, zu dem das Wasservolumen ebenso groß ist wie zu Beobachtungsbeginn.

d) Es ist $h_k(t) = 10 \cdot k \cdot e^{-kt}$; $k > 0$, welche die momentane Änderungsrate des Wasservolumens beschreibt. Zur Zeit $t = 0$ befinden sich $3\,\mathrm{m}^3$ Wasser in dem Becken.
Um zu ermitteln, für welchen Parameter k sich nach 2 Stunden genau $8\,\mathrm{m}^3$ Wasser in dem Becken befinden, berechnet man mit Hilfe eines Integrals den Zufluss Z , der in zwei Stunden erfolgt:

$$\begin{aligned} \mathrm{Z} &= \int_0^2 h_k(t)\mathrm{d}t \\ &= \int_0^2 10 \cdot k \cdot e^{-kt}\mathrm{d}t \\ &= \left[\frac{10 \cdot k}{-k} \cdot e^{-kt}\right]_0^2 \\ &= \left[-10 \cdot e^{-kt}\right]_0^2 \\ &= -10 \cdot e^{-k \cdot 2} - \left(-10 \cdot e^{-k \cdot 0}\right) \\ &= -10 \cdot e^{-2k} + 10 \end{aligned}$$

Da die Zuflussmenge $8\,\mathrm{m}^3 - 3\,\mathrm{m}^3 = 5\,\mathrm{m}^3$ beträgt, löst man die Gleichung $Z = 5$ nach k auf:

$$\begin{aligned} -10 \cdot e^{-2k} + 10 &= 5 \\ -10 \cdot e^{-2k} &= -5 \\ e^{-2k} &= 0,5 \\ -2k &= \ln(0,5) \\ k &= \frac{\ln(0,5)}{-2} \\ k &\approx 0,347 \end{aligned}$$

Für $k \approx 0,347$ befinden sich nach 2 Stunden genau $8\,\mathrm{m}^3$ Wasser in dem Becken.

Aufgabe A 1.2

Es ist $f_k(x) = k \cdot e^x - 2x \cdot e^x$ gegeben.

a) Die Nullstelle von f_k erhält man, indem man die Gleichung $f_k(x) = 0$ nach x auflöst:

$$\begin{aligned} k \cdot e^x - 2x \cdot e^x &= 0 \\ (k - 2x) \cdot e^x &= 0 \\ k - 2x &= 0 \\ \frac{k}{2} &= x \end{aligned}$$

Somit hat f_k die Nullstelle $x = \frac{k}{2}$.

b) Um zu zeigen, dass f_{k+2} eine Stammfunktion von f_k ist, bestimmt man die 1. Ableitung von $f_{k+2}(x) = (k+2) \cdot e^x - 2x \cdot e^x$ mit Hilfe der Produktregel:

$$\begin{aligned} f_{k+2}'(x) &= (k+2) \cdot e^x - (2 \cdot e^x + 2x \cdot e^x) \\ &= (k+2) \cdot e^x - (2 + 2x) \cdot e^x \\ &= (k + 2 - 2 - 2x) \cdot e^x \\ &= (k - 2x) \cdot e^x \\ &= k \cdot e^x - 2x \cdot e^x \\ &= f_k(x) \end{aligned}$$

Wegen $f_{k+2}'(x) = f_k(x)$ ist f_{k+2} eine Stammfunktion von f_k.
Den Flächeninhalt A der Fläche, den der Graph von f_2 mit den positiven Koordinatenachsen einschließt, erhält man mit Hilfe eines Integrals.
Die Nullstelle von f_2 ist $x = \frac{2}{2} = 1$. Somit sind die Integrationsgrenzen $x_1 = 0$ und $x_2 = 1$.

Da f_{k+2} eine Stammfunktion von f_k ist, ist f_4 eine Stammfunktion von f_2. Damit gilt:

$$\begin{aligned}
\mathrm{A} &= \int_0^1 f_2(x)\mathrm{d}x \\
&= [f_4(x)]_0^1 \\
&= [4 \cdot e^x - 2x \cdot e^x]_0^1 \\
&= 4 \cdot e^1 - 2 \cdot 1 \cdot e^1 - \left(4 \cdot e^0 - 2 \cdot 0 \cdot e^0\right) \\
&= 4e - 2e - 4 \\
&= 2e - 4
\end{aligned}$$

Der exakte Flächeninhalt beträgt $2e - 4$ FE.

Analysis A 2.1

Es ist $f(t) = 2,8 \cdot e^{0,008t} - 0,03t + 11,1$; $0 \leqslant t \leqslant 200$ (t in Jahren seit Beginn des Jahres 1900 und $f(t)$ globale Durchschnittstemperatur in Grad Celsius).

a) Die globale Durchschnittstemperatur zu Beginn des Jahres 1900 erhält man, indem man $t = 0$ in $f(t)$ einsetzt:

$$f(0) = 2,8 \cdot e^{0,008 \cdot 0} - 0,03 \cdot 0 + 11,1 = 13,9$$

Die globale Durchschnittstemperatur zu Beginn des Jahres 1900 beträgt 13,9 °C.
Die niedrigste globale Durchschnittstemperatur seit 1900 erhält man, indem man den Tiefpunkt des Graphen von f mit Hilfe der 1. und 2. Ableitung berechnet. Die Ableitungen erhalten Sie mit der Kettenregel:

$$f'(t) = 2,8 \cdot e^{0,008t} \cdot 0,008 - 0,03 = 0,0224 \cdot e^{0,008t} - 0,03$$
$$f''(t) = 0,0224 \cdot e^{0,008t} \cdot 0,008 = 0,0001792 \cdot e^{0,008t}$$

Als notwendige Bedingung löst man die Gleichung $f'(t) = 0$ nach t auf:

$$\begin{aligned} 0,0224 \cdot e^{0,008t} - 0,03 &= 0 \\ 0,0224 \cdot e^{0,008t} &= 0,03 \\ e^{0,008t} &= \frac{75}{56} \\ 0,008t &= \ln\left(\frac{75}{56}\right) \\ t &= \frac{\ln\left(\frac{75}{56}\right)}{0,008} \\ t &\approx 36,5 \end{aligned}$$

Setzt man $t = 36,5$ in $f''(t)$ ein, ergibt sich:

$$f''(36,5) = 0,0001792 \cdot e^{0,008 \cdot 36,5} \approx 0,00024 > 0 \Rightarrow \text{Tiefpunkt}$$

Setzt man $t = 36,5$ in $f(t)$ ein, erhält man:

$$f(36,5) = 2,8 \cdot e^{0,008 \cdot 36,5} - 0,03 \cdot 36,5 + 11,1 \approx 13,75$$

Die niedrigste globale Durchschnittstemperatur seit 1900 beträgt etwa 13,8 °C.

Um zu bestimmen, in welchem Jahr die globale Durchschnittstemperatur 16,0 °C überschreitet, schneidet man den Graphen von f mit der Geraden $y = 16$.

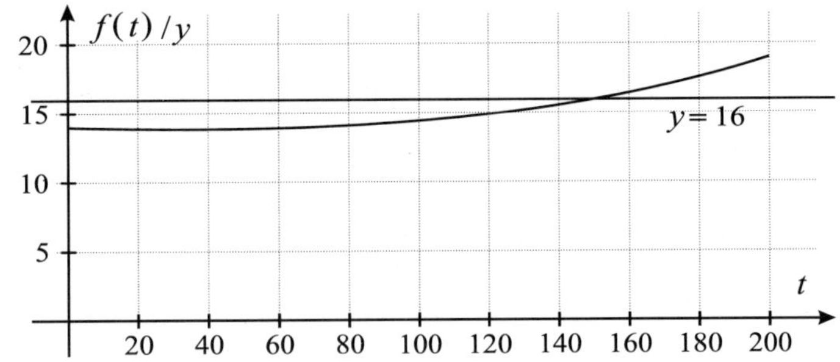

Als Schnittstelle kann man $t \approx 150$ ablesen.

Daher wird etwa im Jahr 2050 die globale Durchschnittstemperatur von $16,0\,^\circ\mathrm{C}$ überschritten.

Die momentane Änderungsrate der globalen Durchschnittstemperatur zu Beginn des Jahres 2000 erhält man, indem man $t = 100$ in $f'(t)$ einsetzt:

$$f'(100) = 0,0224 \cdot e^{0,008 \cdot 100} - 0,03 \approx 0,02$$

Somit beträgt die momentane Änderungsrate der globalen Durchschnittstemperatur zu Beginn des Jahres 2000 etwa $0,02\,^\circ\mathrm{C}$ pro Jahr.

Den Mittelwert $\overline{\mathrm{m}}$ der globalen Durchschnittstemperatur im durch die Modellierung beschriebenen Zeitraum erhält man mit Hilfe eines Integrals:

$$\begin{aligned}
\overline{\mathrm{m}} &= \frac{1}{200-0} \cdot \int_0^{200} f(t)\,\mathrm{d}t \\
&= \frac{1}{200} \cdot \int_0^{200} \left(2,8 \cdot e^{0,008t} - 0,03t + 11,1\right)\mathrm{d}t \\
&= \frac{1}{200} \cdot \left[\frac{2,8}{0,008} \cdot e^{0,008t} - \frac{0,03}{2}t^2 + 11,1t\right]_0^{200} \\
&= \frac{1}{200} \cdot \left[350 \cdot e^{0,008t} - 0,015t^2 + 11,1t\right]_0^{200} \\
&= \frac{1}{200} \cdot \left(350 \cdot e^{0,008 \cdot 200} - 0,015 \cdot 200^2 + 11,1 \cdot 200\right. \\
&\qquad \left. - \left(350 \cdot e^{0,008 \cdot 0} - 0,015 \cdot 0^2 + 11,1 \cdot 0\right)\right) \\
&\approx 15,02
\end{aligned}$$

Der Mittelwert beträgt etwa $15,0\,^\circ\mathrm{C}$.

b) Die Funktion $f(t)$ beschreibt die globale Durchschnittstemperatur zum Zeitpunkt t, also beschreibt $f(t+10)$ die globale Durchschnittstemperatur 10 Jahre später. Mit der Gleichung $f(t+10) - f(t) = 0,5$ berechnet man denjenigen Zeitpunkt t, der den Beginn eines 10-Jahres-Zeitraums angibt, in welchem die globale Durchschnittstemperatur um $0,5\,^\circ\mathrm{C}$ ansteigt.

Um zu zeigen, dass der Anstieg nach Erreichen der tiefsten Temperatur immer schneller verläuft, weist man nach, dass $f'(t)$ ab diesem Zeitpunkt streng monoton wächst. Wegen $f''(t) = 0,0001792 \cdot e^{0,008t} > 0$ ist $f'(t)$ streng monoton wachsend, so dass der Anstieg immer schneller verläuft.

c) Die momentane Änderungsrate der globalen Durchschnittstemperatur im Jahr 2020 erhält man, indem man $t = 120$ in $f'(t)$ einsetzt:

$$f'(120) = 0,0224 \cdot e^{0,008 \cdot 120} - 0,03 \approx 0,0285$$

Da die Änderungsrate konstant bei diesem Wert bleibt, kann der weitere Verlauf der globalen Durchschnittstemperatur durch die Tangente im Punkt $P(120 \mid f(120))$ mit der Steigung $m_t = f'(120) = 0,0285$ beschrieben werden.
Den y-Wert von P erhält man, indem man $t = 120$ in $f(t)$ einsetzt:

$$f(120) = 2,8 \cdot e^{0,008 \cdot 120} - 0,03 \cdot 120 + 11,1 \approx 14,8 \;\Rightarrow\; P(120 \mid 14,8)$$

Die Gleichung der Tangente erhält man mit der Formel $t: \; y = f'(u) \cdot (t - u) + f(u)$. Setzt man die Koordinaten von P und $f'(120)$ in die Tangentengleichung ein, erhält man:

$$y = 0,0285 \cdot (t - 120) + 14,8$$

Die globale Durchschnittstemperatur, die man im Jahr 2050 nach diesem Modell erwartet, erhält man, indem man $t = 150$ in die Tangentengleichung einsetzt:

$$y = 0,0285 \cdot (150 - 120) + 14,8 \approx 15,66$$

Man erwartet im Jahr 2050 eine Temperatur von etwa $15,7^\circ$ C.

d) Es ist $g(t^*) = a - b \cdot e^{-k \cdot t^*}$ mit $g'(t^*) = k \cdot b \cdot e^{-k \cdot t^*}$.
Da sich langfristig eine globale Durchschnittstemperatur von $16,8\,^\circ$C einstellt und $e^{-k \cdot t^*}$ für $t^* \to \infty$ gegen Null geht, gilt: $a = 16,8$.
Damit ergibt sich zunächst:

$$g(t^*) = 16,8 - b \cdot e^{-k \cdot t^*}$$

Da der Graph von g ohne Knick an den Graphen der Funktion f anschließt, gelten folgende Bedingungen: $g(0) = f(120) = 14,8$ und $g'(0) = f'(120) = 0,0285$.
Mit $g(0) = 14,8$ und $g'(0) = 0,0285$ erhält man folgendes Gleichungssystem:

$$\begin{array}{llcrcl} \text{I} & 16,8 & - & b \cdot e^{-k \cdot 0} & = & 14,8 \\ \text{II} & & & k \cdot b \cdot e^{-k \cdot 0} & = & 0,0285 \end{array}$$

Aus Gleichung I ergibt sich: $16,8 - b = 14,8 \;\Rightarrow\; b = 2$.

Setzt man $b = 2$ in Gleichung II ein, erhält man: $k \cdot 2 = 0{,}0285 \Rightarrow k = 0{,}01425$.
Damit hat die Funktion g den Funktionsterm:

$$g(t^*) = 16{,}8 - 2 \cdot e^{-0{,}01425 \cdot t^*}$$

Aufgabe A 2.2

Für jedes $a > 0$ ist $f_a(x) = -ax^4 + 4ax^2$ gegeben.

a) Der Graph von f_a ist achsensymmetrisch zur y-Achse, da die ganzrationale Funktion f_a nur gerade Exponenten hat.
Alternativ kann man auch $-x$ in $f_a(x)$ einsetzen:

$$f_a(-x) = -a(-x)^4 + 4a(-x)^2 = -ax^4 + 4ax^2 = f_a(x)$$

Wegen $f_a(-x) = f_a(x)$ für beliebige x-Werte ist der Graph von f_a achsensymmetrisch zur y-Achse.
Um zu zeigen, dass die Nullstellen der Funktion f_a unabhängig von a sind, löst man die Gleichung $f_a(x) = 0$ nach x auf:

$$\begin{aligned} -ax^4 + 4ax^2 &= 0 \\ ax^2 \cdot \left(-x^2 + 4\right) &= 0 \end{aligned}$$

Mit Hilfe des Satzes vom Nullprodukt erhält man aus $ax^2 = 0$ die Lösung $x_1 = 0$ und aus $-x^2 + 4 = 0$ bzw. $4 = x^2$ die Lösungen $x_2 = -2$ und $x_3 = 2$.
Somit sind alle Nullstellen von f_a unabhängig von a.

b) Den Flächeninhalt A_1, den der Graph der Funktion g mit $g(x) = \frac{32}{15}\pi \cdot \sin\left(\frac{\pi}{2}x\right)$ für $0 \leqslant x \leqslant 2$ mit der x-Achse einschließt, erhält man mit Hilfe eines Integrals:

$$\begin{aligned} A_1 &= \int_0^2 g(x)\mathrm{d}x \\ &= \int_0^2 \left(\frac{32}{15}\pi \cdot \sin\left(\frac{\pi}{2}x\right)\right) \mathrm{d}x \\ &= \left[\frac{32}{15}\pi \cdot \left(\frac{-\cos\left(\frac{\pi}{2}x\right)}{\frac{\pi}{2}}\right)\right]_0^2 \\ &= \left[-\frac{64}{15} \cdot \cos\left(\frac{\pi}{2}x\right)\right]_0^2 \\ &= -\frac{64}{15} \cdot \cos\left(\frac{\pi}{2} \cdot 2\right) - \left(-\frac{64}{15} \cdot \cos\left(\frac{\pi}{2} \cdot 0\right)\right) \\ &= \frac{128}{15} \end{aligned}$$

Den Flächeninhalt A_2, den der Graph der Funktion f_a mit $f_a(x) = -ax^4 + 4ax^2$ für $0 \leqslant x \leqslant 2$ mit der x-Achse einschließt, erhält man ebenfalls mit Hilfe eines Integrals:

$$\begin{aligned} A_2 &= \int_0^2 f_a(x)\mathrm{d}x \\ &= \int_0^2 \left(-ax^4 + 4ax^2\right)\mathrm{d}x \\ &= \left[-\frac{a}{5}x^5 + \frac{4a}{3}x^3\right]_0^2 \\ &= -\frac{a}{5}\cdot 2^5 + \frac{4a}{3}\cdot 2^3 - \left(-\frac{a}{5}\cdot 0^5 + \frac{4a}{3}\cdot 0^3\right) \\ &= -\frac{32}{5}a + \frac{32}{3}a \\ &= \frac{64}{15}a \end{aligned}$$

Um a so zu bestimmen, dass beide Flächen den gleichen Inhalt haben, löst man die Gleichung $A_1 = A_2$ nach a auf:

$$\frac{128}{15} = \frac{64}{15}a \;\Rightarrow\; a = 2$$

Für $a = 2$ haben beide Flächen den gleichen Inhalt.

Analytische Geometrie B 1

Gegeben sind A$(-5\,|\,5\,|\,0)$, B$(-5\,|\,25\,|\,0)$, D$(0\,|\,0\,|\,15)$, E$(0\,|\,30\,|\,15)$, F$(-25\,|\,5\,|\,15)$ und G$(-10\,|\,10\,|\,35)$. Eine Längeneinheit im Koordinatensystem entspricht 1m in der Realität.

a) Um nachzuweisen, dass die Bodenfläche EFD der oberen Etage nicht rechtwinklig ist, berechnet man jeweils das Skalarprodukt der Verbindungsvektoren der Seiten des Dreicks EFD:

$$\overrightarrow{EF}\cdot\overrightarrow{FD}=\begin{pmatrix}-25\\-25\\0\end{pmatrix}\cdot\begin{pmatrix}25\\-5\\0\end{pmatrix}=(-25)\cdot 25+(-25)\cdot(-5)+0\cdot 0=-500\neq 0$$

$$\overrightarrow{EF}\cdot\overrightarrow{ED}=\begin{pmatrix}-25\\-25\\0\end{pmatrix}\cdot\begin{pmatrix}0\\-30\\0\end{pmatrix}=(-25)\cdot 0+(-25)\cdot(-30)+0\cdot 0=750\neq 0$$

$$\overrightarrow{DF}\cdot\overrightarrow{DE}=\begin{pmatrix}-25\\5\\0\end{pmatrix}\cdot\begin{pmatrix}0\\30\\0\end{pmatrix}=(-25)\cdot 0+5\cdot 30+0\cdot 0=150\neq 0$$

Da das Skalarprodukt jeweils ungleich Null ist, ist das Dreieck EFD und damit die Bodenfläche der oberen Etage nicht rechtwinklig.

Der Punkt S ist der Schnittpunkt der Geraden durch die Punkte D und A mit der Geraden durch die Punkte E und B.

Durch die Rechnung

$$\begin{pmatrix}0\\0\\15\end{pmatrix}+r\cdot\begin{pmatrix}-5\\5\\-15\end{pmatrix}=\begin{pmatrix}0\\30\\15\end{pmatrix}+s\cdot\begin{pmatrix}-5\\-5\\-15\end{pmatrix}\Leftrightarrow r=s=3$$

werden die Gleichung der Geraden durch die Punkte A und D und die Gleichung der Geraden durch die Punkte E und B gleichgesetzt und die Parameter r und s berechnet.

Durch die Rechnung

$$\begin{pmatrix}0\\0\\15\end{pmatrix}+3\cdot\begin{pmatrix}-5\\5\\-15\end{pmatrix}=\begin{pmatrix}-15\\15\\-30\end{pmatrix}\text{, d.h. } S(-15\,|\,15\,|\,-30)$$

wird $r=3$ in die Gleichung der Geraden durch A und D eingesetzt und somit werden die Koordinaten des Schnittpunkts $S(-15\,|\,15\,|\,-30)$ der beiden Geraden ermittelt.

b) Um den Inhalt der Bodenfläche der oberen Etage zu berechnen, berechnet man den Flächeninhalt A des Dreiecks DEF mit der Formel $A=\frac{g\cdot h}{2}$.

Da D, E und F auf einer Ebene parallel zur x_1x_2-Ebene liegen, genügt es, das Dreieck in der x_1x_2-Ebene darzustellen:

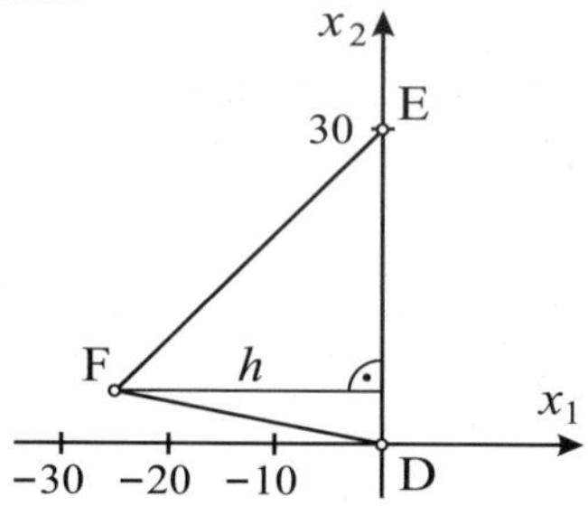

Als Grundlinie g des Dreiecks DEF verwendet man die Seite DE:

$$g = \overline{\mathrm{DE}} = \left|\overrightarrow{\mathrm{DE}}\right| = \left|\begin{pmatrix} 0 \\ 30 \\ 0 \end{pmatrix}\right| = 30$$

Die zugehörige Höhe h des Dreiecks ist der Abstand von F zur Seite DE. Dieser ist gleich dem Betrag der x_1-Koordinate des Punktes $\mathrm{F}(-25 \mid 5 \mid 15)$:

$$h = 25$$

Damit gilt:

$$\mathrm{A} = \frac{30 \cdot 25}{2} = 375$$

Der Inhalt der Bodenfläche der oberen Etage beträgt $375\,\mathrm{m}^2$.

Das Volumen der oberen Etage erhält man, indem man das Volumen V der Pyramide DEFG mit der Formel $\mathrm{V} = \frac{1}{3} \cdot \mathrm{G} \cdot \mathrm{h}$ berechnet.
Die Grundfläche G ist die Bodenfläche der oberen Etage: $\mathrm{G} = 375$.
Die Höhe h der Pyramide ist der Abstand der Spitze G zur Bodenfläche. Da die Bodenfläche DEF parallel zur x_1x_2-Ebene ist, erhält man den Abstand der Spitze G der Pyramide DEFG zur Bodenfläche, indem man die x_3-Koordinate von D (der auf der Bodenfläche liegt) von der x_3-Koordinate von G subtrahiert:

$$\mathrm{h} = 35 - 15 = 20$$

Damit gilt:

$$\mathrm{V} = \frac{1}{3} \cdot 375 \cdot 20 = 2500$$

Das Volumen der oberen Etage beträgt $2500\,\mathrm{m}^3$.
Da zur Entfeuchtung der Luft für jeweils $100\,\mathrm{m}^3$ Rauminhalt eine elektrische Leistung von $0{,}8$ Kilowatt benötigt werden, beträgt der Gesamtbedarf der elektrischen Leistung L:

$$\mathrm{L} = \frac{2500\,\mathrm{m}^3}{100\,\mathrm{m}^3} \cdot 0{,}8 = 20$$

Man benötigt eine Leistung von 20 Kilowatt. Somit ist eine Leistung von 25 Kilowatt ausreichend.

c) Der Scheinwerfer bewegt sich auf einer Geraden g durch die Punkte $G(-10 \mid 10 \mid 35)$ und $R(-5 \mid 5 \mid 15)$ mit der Gleichung:

$$g: \vec{x} = \begin{pmatrix} -10 \\ 10 \\ 35 \end{pmatrix} + t \cdot \begin{pmatrix} 5 \\ -5 \\ -20 \end{pmatrix} \; ; 0 < t < 1$$

Das Dreieck EFG liegt in einer Ebene H und enthält die Punkte $E(0 \mid 30 \mid 15)$, $F(-25 \mid 5 \mid 15)$ und $G(-10 \mid 10 \mid 35)$. Sie hat beispielsweise den Stützpunkt E und die Spannvektoren

$$\overrightarrow{FE} = \begin{pmatrix} -25 \\ -25 \\ 0 \end{pmatrix} = -25 \cdot \begin{pmatrix} 1 \\ 1 \\ 0 \end{pmatrix} \text{ und } \overrightarrow{GE} = \begin{pmatrix} -10 \\ -20 \\ 20 \end{pmatrix} = -10 \cdot \begin{pmatrix} 1 \\ 2 \\ -2 \end{pmatrix}.$$

Damit hat H die Parametergleichung:

$$H: \vec{x} = \begin{pmatrix} 0 \\ 30 \\ 15 \end{pmatrix} + r \cdot \begin{pmatrix} 1 \\ 1 \\ 0 \end{pmatrix} + s \cdot \begin{pmatrix} 1 \\ 2 \\ -2 \end{pmatrix} \; ; s,t \in \mathbb{R}$$

Einen Normalenvektor $\vec{n}$ von H erhält man mit Hilfe des Kreuzprodukts (siehe Seite 39) der Spannvektoren:

$$\begin{pmatrix} 1 \\ 1 \\ 0 \end{pmatrix} \times \begin{pmatrix} 1 \\ 2 \\ -2 \end{pmatrix} = \begin{pmatrix} -2 \\ 2 \\ 1 \end{pmatrix} \Rightarrow \vec{n} = \begin{pmatrix} -2 \\ 2 \\ 1 \end{pmatrix}$$

Alternativ kann man $\vec{n}$ auch mit Hilfe des Skalarprodukts bestimmen, da $\vec{n}$ auf beiden Spannvektoren senkrecht steht. Damit gilt:

$$\begin{pmatrix} n_1 \\ n_2 \\ n_3 \end{pmatrix} \cdot \begin{pmatrix} 1 \\ 1 \\ 0 \end{pmatrix} = 0$$

und

$$\begin{pmatrix} n_1 \\ n_2 \\ n_3 \end{pmatrix} \cdot \begin{pmatrix} 1 \\ 2 \\ -2 \end{pmatrix} = 0$$

Daraus ergibt sich das lineare Gleichungssystem:

$$\begin{array}{lccccccc} \text{I} & 1 \cdot n_1 & + & 1 \cdot n_2 & & & = & 0 \\ \text{II} & 1 \cdot n_1 & + & 2 \cdot n_2 & - & 2 \cdot n_3 & = & 0 \end{array}$$

Wählt man in Gleichung I geschickterweise z.B. $n_2 = 2$, erhält man:

$$n_1 + 2 = 0 \Rightarrow n_1 = -2$$

Setzt man $n_1 = -2$ und $n_2 = 2$ in Gleichung II ein, ergibt sich:

$$-2 + 2 \cdot 2 - 2 \cdot n_3 = 0 \Rightarrow n_3 = 1$$

Damit ergibt sich ein Normalenvektor $\vec{n} = \begin{pmatrix} -2 \\ 2 \\ 1 \end{pmatrix}$.

Eine Koordinatengleichung von H erhält man mit Hilfe der Punkt-Normalenform:

$$\begin{aligned}
&\text{H}: (\vec{x} - \vec{e}) \cdot \vec{n} = 0 \\
&\text{H}: \left(\begin{pmatrix} x_1 \\ x_2 \\ x_3 \end{pmatrix} - \begin{pmatrix} 0 \\ 30 \\ 15 \end{pmatrix} \right) \cdot \begin{pmatrix} -2 \\ 2 \\ 1 \end{pmatrix} = 0 \\
&\text{H}: (x_1 - 0) \cdot (-2) + (x_2 - 30) \cdot 2 + (x_3 - 15) \cdot 1 = 0 \\
&\text{H}: -2x_1 + 2x_2 - 60 + x_3 - 15 = 0 \\
&\text{H}: -2x_1 + 2x_2 + x_3 = 75
\end{aligned}$$

Alternativ kann man die Koordinaten von E $(0 \mid 30 \mid 15)$ auch in den Ansatz
H: $-2x_1 + 2x_2 + x_3 = d$ einsetzen: $-2 \cdot 0 + 2 \cdot 30 + 15 = d \Rightarrow d = 75$.
Die Ebene H hat somit die Koordinatengleichung H: $-2x_1 + 2x_2 + x_3 = 75$.

Den Abstand d eines allgemeinen Punktes $P_t(-10 + 5t \mid 10 - 5t \mid 35 - 20t)$ der Geraden g zur Ebene H erhält man mit Hilfe der Abstandsformel:

$$\text{d} = \frac{|-2 \cdot (-10 + 5t) + 2 \cdot (10 - 5t) + 35 - 20t - 75|}{\sqrt{(-2)^2 + 2^2 + 1^2}} = \frac{|-40t|}{3}$$

Da der Scheinwerfer, der im Modell auf der Geraden g liegt, aus einer Entfernung von 8m das Dreieck EFG, das in der Ebene H liegt, beleuchten soll, muss gelten: d $= 8$. Dies führt zur Gleichung

$$\frac{|-40t|}{3} = 8$$

Durch Fallunterscheidung ergibt sich:

I) $\frac{40t}{3} = 8 \Rightarrow t_1 = \frac{3}{5}$ und

II) $\frac{-40t}{3} = 8 \Rightarrow t_2 = -\frac{3}{5}$.

Wegen $t > 0$ kommt nur $t = \frac{3}{5}$ als Lösung in Frage.
Setzt man $t = \frac{3}{5}$ in P_t ein, ergibt sich: $P(-7 \mid 7 \mid 23)$.
Somit beschreibt der Punkt $P(-7 \mid 7 \mid 23)$ die Position des Scheinwerfers.

Analytische Geometrie B 2

Gegeben sind die Ebenen E: $4x_1 + 2x_2 + x_3 = 4$ und F: $2x_1 + x_3 = 4$ sowie die Ebenenschar E_a: $ax_1 + (a-2)x_2 + x_3 = 4$, $a \in \mathbb{R}$.

a) Um die Ebene E in einem Koordinatensystem darzustellen, bestimmt man zuerst die Spurpunkte von E:

Den Spurpunkt S_1 erhält man, indem man $x_2 = 0$ und $x_3 = 0$ in E einsetzt:

$$4x_1 + 2 \cdot 0 + 0 = 4 \Rightarrow x_1 = 1 \Rightarrow S_1(1 \mid 0 \mid 0)$$

Den Spurpunkt S_2 erhält man, indem man $x_1 = 0$ und $x_3 = 0$ in E einsetzt:

$$4 \cdot 0 + 2 \cdot x_2 + 0 = 4 \Rightarrow x_2 = 2 \Rightarrow S_2(0 \mid 2 \mid 0)$$

Den Spurpunkt S_3 erhält man, indem man $x_1 = 0$ und $x_2 = 0$ in E einsetzt:

$$4 \cdot 0 + 2 \cdot 0 + x_3 = 4 \Rightarrow x_3 = 4 \Rightarrow S_3(0 \mid 0 \mid 4)$$

Damit kann man die Ebene E darstellen:

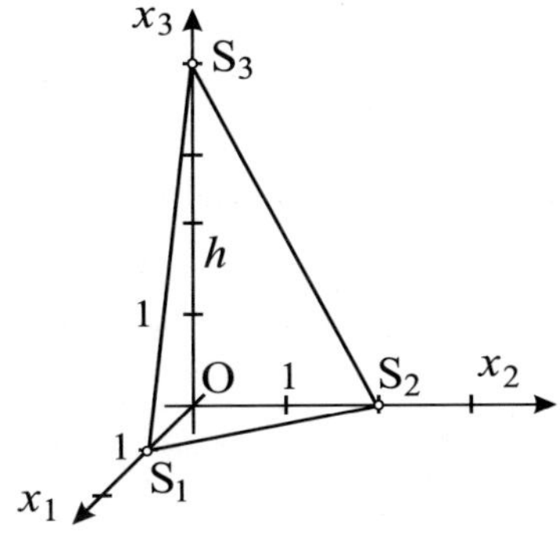

Um zu zeigen, dass E nicht orthogonal zu F ist, berechnet man das Skalarprodukt der Normalenvektoren $\vec{n}_1 = \begin{pmatrix} 4 \\ 2 \\ 1 \end{pmatrix}$ von E und $\vec{n}_2 = \begin{pmatrix} 2 \\ 0 \\ 1 \end{pmatrix}$ von F:

$$\vec{n}_1 \cdot \vec{n}_2 = \begin{pmatrix} 4 \\ 2 \\ 1 \end{pmatrix} \cdot \begin{pmatrix} 2 \\ 0 \\ 1 \end{pmatrix} = 4 \cdot 2 + 2 \cdot 0 + 1 \cdot 1 = 9 \neq 0$$

Da das Skalarprodukt der beiden Normalenvektoren nicht Null ergibt, sind die Ebenen E und F nicht orthogonal.

Die Gleichung der Schnittgeraden s von E und F erhält man, indem man folgendes Gleichungssystem löst:

$$\begin{array}{lccccccc} \text{I} & 4x_1 & + & 2x_2 & + & x_3 & = & 4 \\ \text{II} & 2x_1 & & & + & x_3 & = & 4 \end{array}$$

Wählt man in Gleichung II $x_1 = t$, so erhält man: $2t + x_3 = 4 \Rightarrow x_3 = 4 - 2t$.
Setzt man $x_1 = t$ und $x_3 = 4 - 2t$ in Gleichung I ein, ergibt sich:

$$4t + 2x_2 + 4 - 2t = 4 \Rightarrow x_2 = -t$$

Damit hat die Schnittgerade s von E und F die Gleichung $s\colon \vec{x} = \begin{pmatrix} 0 \\ 0 \\ 4 \end{pmatrix} + t \cdot \begin{pmatrix} 1 \\ -1 \\ -2 \end{pmatrix}$.

b) Um anzugeben, für welche Werte von a die Ebene $E_a\colon ax_1 + (a-2)x_2 + x_3 = 4$ alle drei Koordinatenachsen schneidet, bestimmt man die Spurpunkte von E_a:
Den Spurpunkt S_1 erhält man, indem man $x_2 = 0$ und $x_3 = 0$ in E_a einsetzt:

$$ax_1 + (a-2)\cdot 0 + 0 = 4 \Rightarrow x_1 = \frac{4}{a} \Rightarrow S_1\left(\frac{4}{a} \mid 0 \mid 0\right)$$

Den Spurpunkt S_2 erhält man, indem man $x_1 = 0$ und $x_3 = 0$ in E_a einsetzt:

$$a \cdot 0 + (a-2)\cdot x_2 + 0 = 4 \Rightarrow x_2 = \frac{4}{a-2} \Rightarrow S_2\left(0 \mid \frac{4}{a-2} \mid 0\right)$$

Den Spurpunkt S_3 erhält man, indem man $x_1 = 0$ und $x_2 = 0$ in E_a einsetzt:

$$a \cdot 0 + (a-2)\cdot 0 + x_3 = 4 \Rightarrow x_3 = 4 \Rightarrow S_3(0 \mid 0 \mid 4)$$

Da nicht durch Null geteilt werden darf, gibt es für $a = 0$ keinen Spurpunkt S_1 und für $a = 2$ keinen Spurpunkt S_2.
Somit schneidet für $a \in \mathbb{R} \setminus \{0; 2\}$ die Ebene E_a alle drei Koordinatenachsen.

Die Pyramide, die durch die Spurpunkte von E_a zusammen mit dem Koordinatenursprung gebildet wird, kann für $a > 2$ folgendermaßen veranschaulicht werden:

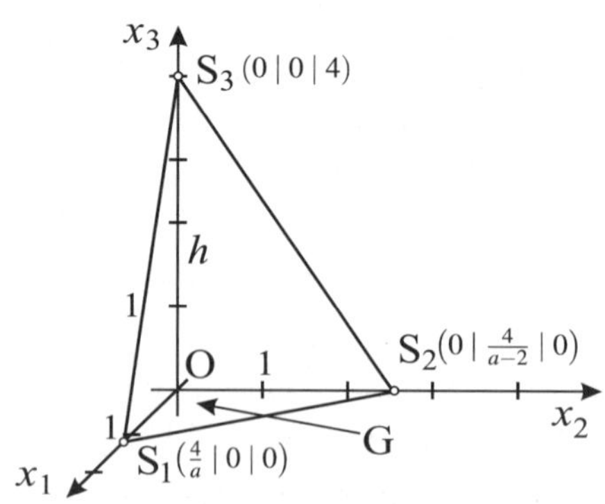

Das Volumen V der Pyramide erhält man mit der Formel $V = \frac{1}{3} \cdot G \cdot h$.
Den Flächeninhalt der Grundfläche G erhält man, indem man den Flächeninhalt des rechtwinkligen Dreiecks OS_1S_2 bestimmt.

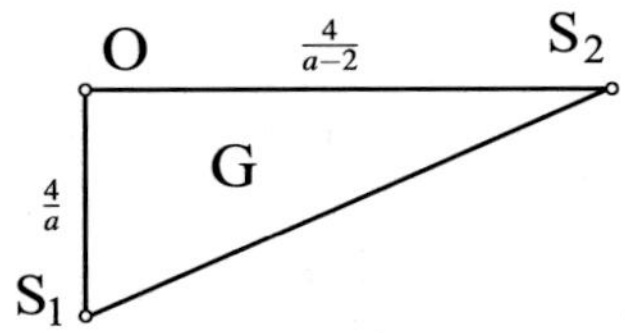

Für $a > 2$ oder $a < 0$ ergibt sich:

$$G = \frac{1}{2} \cdot \frac{4}{a} \cdot \frac{4}{a-2} = \frac{16}{2a \cdot (a-2)} = \frac{8}{a \cdot (a-2)} = \frac{8}{a^2 - 2a}$$

Die Höhe h der Pyramide ist die Länge der Strecke von O zu S_3:

$$h = 4$$

Damit ergibt sich für das Volumen der Pyramide:

$$V = \frac{1}{3} \cdot \frac{8}{a^2 - 2a} \cdot 4 = \frac{32}{3 \cdot (a^2 - 2a)} = \frac{32}{3a^2 - 6a}$$

Um einen Wert für a so zu bestimmen, dass das Pyramidenvolumen 6 VE beträgt, löst man die Gleichung $V = 6$ nach a auf:

$$\begin{aligned} \frac{32}{3a^2 - 6a} &= 6 \\ 32 &= 6 \cdot \left(3a^2 - 6a\right) \\ 32 &= 18a^2 - 36a \\ 0 &= 18a^2 - 36a - 32 \\ 0 &= 9a^2 - 18a - 16 \end{aligned}$$

Mit Hilfe der abc-Formel erhält man die Lösungen $a_1 = \frac{8}{3}$ und $a_2 = -\frac{2}{3}$.
Für $a_1 = \frac{8}{3}$ und $a_2 = -\frac{2}{3}$ beträgt das Volumen der Pyramide 6 VE.

c) Den Abstand $d(a)$ von $P(0 \mid 0 \mid 1)$ zu E_a erhält man mit Hilfe der Abstandsformel:

$$d(a) = \frac{|a \cdot 0 + (a-2) \cdot 0 + 1 - 4|}{\sqrt{a^2 + (a-2)^2 + 1^2}} = \frac{|-3|}{\sqrt{a^2 + a^2 - 4a + 4 + 1}} = \frac{3}{\sqrt{2a^2 - 4a + 5}}$$

Um den Wert für a so zu bestimmen, dass der Abstand $d(a)$ von $P(0 \mid 0 \mid 1)$ zu E_a maximal ist, kann man sich Folgendes überlegen:
Der Abstand $d(a)$ ist maximal, wenn der Nenner von $d(a)$ minimal ist.

Der Nenner von $d(a)$ ist minimal, wenn der Term $f(a) = 2a^2 - 4a + 5$ unter der Wurzel minimal ist.
Das Minimum von $f(a)$ erhält man mit Hilfe der 1. und 2. Ableitung von $f(a)$:

$$f'(a) = 4a - 4$$
$$f''(a) = 4$$

Als notwendige Bedingung löst man die Gleichung $f'(a) = 0$ nach a auf:

$$4a - 4 = 0 \Rightarrow a = 1$$

Wegen $f''(a) = 4 > 0$ handelt es sich um ein Minimum von $f(a)$.
Somit ist für $a = 1$ der Nenner von $d(a)$ minimal und damit der Abstand von P zu E_a maximal.

Da der Spurpunkt $S_3(0 \mid 0 \mid 4)$ unabhängig von a ist und damit in allen Ebenen E_a liegt, enthält die Schar keine zueinander parallelen Ebenen.

Alternativ kann man auch nachweisen, dass die Schnittgerade $s\colon \vec{x} = \begin{pmatrix} 0 \\ 0 \\ 4 \end{pmatrix} + t \cdot \begin{pmatrix} 1 \\ -1 \\ -2 \end{pmatrix}$ von E und F in allen Ebenen $E_a\colon ax_1 + (a-2)x_2 + x_3 = 4$, $a \in \mathbb{R}$ liegt, indem man den allgemeinen Punkt $P_t(t \mid -t \mid 4-2t)$ in E_a einsetzt:

$$a \cdot t + (a-2) \cdot (-t) + 4 - 2t = 4 \Leftrightarrow 4 = 4$$

Aufgrund der wahren Aussage liegt s in allen Ebenen E_a.
Da alle Ebenen der Schar eine gemeinsame Gerade haben, enthält die Schar keine zueinander parallelen Ebenen.
Alternativ kann man sich auch überlegen, dass die x_3-Koordinate des Normalenvektors

$$\vec{n}_a = \begin{pmatrix} a \\ a-2 \\ 1 \end{pmatrix}$$

von E_a immer gleich 1 ist, so dass für verschiedene Werte von a die Normalenvektoren jeweils kein Vielfaches voneinander sein können.

Stochastik C 1

Aufgabe C 1.1

a) Um die Wahrscheinlichkeit des Ereignisses A: «Genau 30 der Teile sind fehlerhaft.» zu bestimmen, legt man X als Zufallsvariable für die Anzahl der fehlerhaften Teile fest. Die Zufallsvariable X ist binomialverteilt mit den Parametern $n = 800$ und $p = 0,04$. Damit gilt mit Hilfe der Binomialverteilung:

$$P(A) = P(X = 30) \approx 0,069 = 6,9\%$$

frv.tv/ci

Um die Wahrscheinlichkeit des Ereignisses B: «Mindestens 5% der Teile sind fehlerhaft.» zu bestimmen, berechnet man zuerst 5% von 800:
$0,05 \cdot 800 = 40$
Man legt wieder X als Zufallsvariable für die Anzahl der fehlerhaften Teile fest. Die Zufallsvariable X ist binomialverteilt mit den Parametern $n = 800$ und $p = 0,04$. Damit gilt mit Hilfe der kumulierten Binomialverteilung und der Wahrscheinlichkeit des Gegenereignisses:

$$P(B) = P(X \geqslant 40) = 1 - P(Y \leqslant 39) \approx 1 - 0,909 = 0,091 = 9,1\%$$

frv.tv/ck

b) Man legt X als Zufallsvariable für die Anzahl der Teile ohne Fehler fest. Die Zufallsvariable X ist binomialverteilt mit den Parametern n (unbekannt) und $p = 1 - 0,04 = 0,96$. Um zu ermitteln, wie viele Kunststoffteile mindestens zufällig ausgewählt werden müssen, damit davon mit einer Wahrscheinlichkeit von mindestens 95% mindestens 100 Teile keinen Fehler haben, löst man folgende Ungleichung mit Hilfe der kumulierten Binomialverteilung und der Wahrscheinlichkeit des Gegenereignisses:

$$\begin{aligned} P(X \geqslant 100) &\geqslant 0,95 \\ 1 - P(X \leqslant 99) &\geqslant 0,95 \\ 0,05 &\geqslant P(X \leqslant 99) \end{aligned}$$

Mit Hilfe des Taschenrechners ergibt sich:

frv.tv/cm

$$n = 107: \; P(X \leqslant 99) \approx 0,0656$$
$$n = 108: \; P(X \leqslant 99) \approx 0,0295$$

Somit müssen mindestens 108 Kunststoffteile zufällig ausgewählt werden.

c) Zur Bestimmung der Entscheidungsregel des Hypothesentests legt man X als Zufallsvariable für die Anzahl der fehlerhaften Teile fest. X ist binomialverteilt mit den Parametern $n = 500$ und $p = 0,04$.
Die Nullhypothese lautet: «Der Anteil der fehlerhaften Teile beträgt mindestens 4%.», also $H_0: p \geqslant 0,04$.

Die zugehörige Alternativhypothese lautet: $H_1\colon p < 0{,}04$.
Wegen $H_1\colon p < 0{,}04$ handelt es sich um einen linksseitigen Test mit Signifikanzniveau $\alpha = 5\%$.
Man wird die Nullhypothese verwerfen, wenn von den 500 Teilen deutlich weniger als 20 Teile (Erwartungswert $E(X) = n \cdot p = 500 \cdot 0{,}04 = 20$) fehlerhaft sind.
Also ist ein maximales $k \in \mathbb{N}$ und damit ein Ablehnungsbereich $\overline{A} = \{0, \ldots, k\}$ der Nullhypothese so zu bestimmen, dass gilt:

$$P(X \in \overline{A}) \leqslant \alpha$$
$$P(X \leqslant k) \leqslant 0{,}05$$

frv.tv/cl

Für $n = 500$ und $p = 0{,}04$ erhält man mit Hilfe des Taschenrechners:

$$P(X \leqslant 13) \approx 0{,}0623$$
$$P(X \leqslant 12) \approx 0{,}0362$$

Also ist $k = 12$ das maximale $k \in \mathbb{N}$ und man erhält damit den Ablehnungsbereich $\overline{A} = \{0, \ldots, 12\}$. Somit lautet die Entscheidungsregel:
Wenn von den 500 Teilen höchstens 12 Teile fehlerhaft sind, ist die Nullhypothese abzulehnen, d.h. es ist anzunehmen, dass die Vermutung des Produktionsleiters gerechtfertigt ist.

Aufgabe C 1.2

a) Wenn bei dem Spiel zu erwarten ist, dass sich die Einsätze der Spieler und die Auszahlungen auf lange Sicht ausgleichen, so handelt es sich um ein faires Spiel, d.h. der Erwartungswert für den Gewinn X eines Spielers beträgt Null Euro.
Der Einsatz eines Spielers beträgt 5 Euro, die Wahrscheinlichkeit dafür, dass dreimal die gleiche Farbe oder dass drei verschiedene Farben erzielt werden, ist jeweils $\frac{1}{6}$. Erzielt der Spieler dreimal die gleiche Farbe, werden ihm 10 Euro ausgezahlt, bei drei verschiedenen Farben wird ein anderer Betrag (x) ausgezahlt. Damit gilt für den Erwartungswert $E(X)$ für den Gewinn X eines Spielers:

$$E(X) = \frac{1}{6} \cdot 10 + \frac{1}{6} \cdot x - 5$$

Da das Spiel fair sein soll, löst man die Gleichung $E(X) = 0$ nach x auf:

$$\frac{1}{6} \cdot 10 + \frac{1}{6} \cdot x - 5 = 0$$
$$10 + x - 30 = 0$$
$$x = 20$$

Somit müssen 20 Euro ausgezahlt werden, wenn drei verschiedene Farben erscheinen.

b) Bezeichnet man mit r: rot, mit b: blau und mit g: grün, so kann man anhand des gegebenen Baumdiagramms folgende Wahrscheinlichkeiten bei einmaligem Drehen ablesen bzw. bestimmen:

$$P(r) = 2p$$
$$P(g) = p$$
$$P(b) = 1 - 2p - p = 1 - 3p$$

Damit kann man das Baumdiagramm ergänzen:

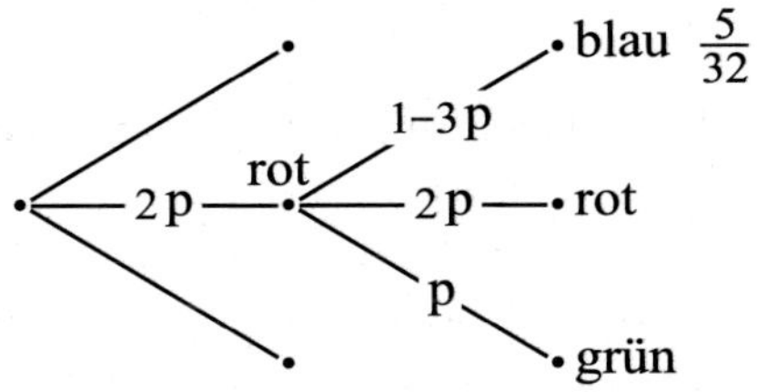

Da die Wahrscheinlichkeit dafür, dass zuerst rot (r) und dann blau (b) erscheint, $\frac{5}{32}$ beträgt, ergibt sich mit Hilfe der Pfadregeln folgende Gleichung:

$$P(rb) = \frac{5}{32}$$
$$2p \cdot (1 - 3p) = \frac{5}{32}$$
$$2p - 6p^2 = \frac{5}{32}$$
$$0 = 6p^2 - 2p + \frac{5}{32}$$

Mit Hilfe der *abc*-Formel erhält man die Lösungen $p_1 = \frac{5}{24}$ und $p_2 = \frac{1}{8}$.
Setzt man die erhaltenen p-Werte in P(b) ein, ergibt sich:

$$P_1(b) = 1 - 3 \cdot p_1 = 1 - 3 \cdot \frac{5}{24} = \frac{9}{24} < \frac{1}{2}$$
$$P_2(b) = 1 - 3 \cdot p_2 = 1 - 3 \cdot \frac{1}{8} = \frac{5}{8} > \frac{1}{2}$$

Da der Mittelpunktswinkel des blauen Sektors größer als 180° werden soll, kommt nur $P_2(b) = \frac{5}{8}$ als Lösung in Frage.
Damit muss für den Mittelpunktswinkel α des blauen Sektors gelten:

$$\frac{\alpha}{360^\circ} = \frac{5}{8} \Rightarrow \alpha = 225^\circ$$

Die Weite des zum blauen Sektor gehörenden Mittelpunktswinkels beträgt 225°.

Stochastik C 2

a) Um die Wahrscheinlichkeit des Ereignisses A: «Der Affe tippt nur auf Tasten mit Ziffern.» zu bestimmen, legt man X als Zufallsvariable für die Anzahl der getippten Zifferntasten fest. Die Zufallsvariable X ist binomialverteilt mit den Parametern $n = 5$ und $p = \frac{4}{10} = 0,4$. Damit gilt mit Hilfe der Binomialverteilung:

frv.tv/ci

$$P(A) = P(X = 5) \approx 0,010 = 1,0\%$$

Alternativ kann man auch die Pfadregeln verwenden. Bezeichnet man mit Z: Zifferntaste wird getippt, so gilt:

$$P(A) = P(ZZZZZ) = 0,4 \cdot 0,4 \cdot 0,4 \cdot 0,4 \cdot 0,4 = 0,4^5 \approx 0,010 = 1,0\%$$

Um die Wahrscheinlichkeit des Ereignisses B: «Der Affe tippt höchstens dreimal eine Ziffer.» zu bestimmen, legt man wieder X als Zufallsvariable für die Anzahl der getippten Zifferntasten fest. Die Zufallsvariable X ist binomialverteilt mit den Parametern $n = 5$ und $p = \frac{4}{10} = 0,4$. Damit gilt mit Hilfe der kumulierten Binomialverteilung:

frv.tv/ck

$$P(B) = P(X \leqslant 3) \approx 0,913 = 91,3\%$$

Um die Wahrscheinlichkeit des Ereignisses C: «Die vom Affen getippte Zeichenfolge enthält die Buchstaben A F F E direkt hintereinander.» zu bestimmen, verwendet man die Pfadregeln. Da die Wahrscheinlichkeit, eine einzelne Taste zu tippen, $\frac{1}{10}$ beträgt, und jeweils eine x-beliebige Taste (x) getippt werden kann, gilt mit Hilfe der Pfadregeln:

$$\begin{aligned}
P(C) &= P(AFFEx) + P(xAFFE) \\
&= \frac{1}{10} \cdot \frac{1}{10} \cdot \frac{1}{10} \cdot \frac{1}{10} \cdot \frac{10}{10} + \frac{10}{10} \cdot \frac{1}{10} \cdot \frac{1}{10} \cdot \frac{1}{10} \cdot \frac{1}{10} \\
&= \frac{2}{10000} \\
&= 0,0002 \\
&= 0,02\%
\end{aligned}$$

b) Legt man X als Zufallsvariable für die Anzahl der getippten Buchstaben pro Versuchsreihe fest, so ist X binomialverteilt mit den Parametern $n = 20$ und $p = \frac{6}{10} = 0,6$. Damit gilt für den Erwartungswert von X:

$$E(X) = n \cdot p = 20 \cdot 0,6 = 12$$

Auf lange Sicht kann man im Mittel 12 Buchstaben pro Versuchsreihe erwarten.

Wenn die Anzahl der getippten Buchstaben um höchstens 20% von diesem Wert abweicht, so berechnet man zuerst 20% von 12:

$$0,2 \cdot 12 = 2,4$$

Damit kann X folgende Werte annehmen:
$X \in [12 - 2,4; 12 + 2,4]$ bzw. da X ganzzahlig ist: $X \in [10; 14]$.
Damit gilt für die Wahrscheinlichkeit, dass in einer Versuchsreihe die Anzahl der getippten Buchstaben um höchstens 20% von diesem Wert abweicht, mit Hilfe der kumulierten Binomialverteilung:

$$P(10 \leqslant X \leqslant 14) = P(X \leqslant 14) - P(X \leqslant 9) \approx 0,8744 - 0,1275 = 0,7469$$

frv.tv/ci

Die Wahrscheinlichkeit beträgt etwa 74,7%.

Durch Ausprobieren kann man die Anzahl der Zifferntasten, die hinzugefügt werden müssen, bestimmen:
Wenn man zwei Zifferntasten hinzufügt, gibt es insgesamt 12 Tasten. Legt man X als Zufallsvariable für die Anzahl der getippten Buchstaben fest, so ist X binomialverteilt mit den Parametern $n = 20$ und $p = \frac{6}{12} = 0,5$.
Damit erhält man die Wahrscheinlichkeit, dass mindestens 15 Buchstabentasten in einer Versuchsreihe getippt werden, mit Hilfe der Wahrscheinlichkeit des Gegenereignisses und der kumulierten Binomialverteilung:

$$P(X \geqslant 15) = 1 - P(X \leqslant 14) \approx 1 - 0,9793 = 0,0207 = 2,07\%$$

frv.tv/ck

Wenn man drei Zifferntasten hinzufügt, gibt es insgesamt 13 Tasten. Legt man Y als Zufallsvariable für die Anzahl der getippten Buchstaben fest, so ist Y binomialverteilt mit den Parametern $n = 20$ und $p = \frac{6}{13}$.
Damit erhält man die Wahrscheinlichkeit, dass mindestens 15 Buchstabentasten in einer Versuchsreihe getippt werden, mit Hilfe der Wahrscheinlichkeit des Gegenereignisses und der kumulierten Binomialverteilung:

$$P(Y \geqslant 15) = 1 - P(Y \leqslant 14) \approx 1 - 0,9914 = 0,0086 = 0,86\%$$

frv.tv/ck

Somit müssen mindestens 3 Zifferntasten hinzugefügt werden, damit die gesuchte Wahrscheinlichkeit auf unter 1% fällt.

c) Zur Bestimmung der Entscheidungsregel des Hypothesentests legt man X als Zufallsvariable für die Anzahl der getippten Ziffern fest. Die Zufallsvariable X ist binomialverteilt mit den Parametern $n = 80$ und $p = 0,4$.
Die Nullhypothese lautet: «Der Affe tippt mit einer Wahrscheinlichkeit von höchstens 40%

eine Zifferntaste.», also $H_0: p \leqslant 0{,}4$.
Die zugehörige Alternativhypothese lautet: $H_1: p > 0{,}4$.
Wegen H_1: $p > 0{,}4$ handelt es sich um einen rechtsseitigen Test mit Signifikanzniveau $\alpha = 1\%$.
Man wird die Nullhypothese verwerfen, wenn von den 80 getippten Tasten deutlich mehr als 32 Ziffern (Erwartungswert $E(X) = n \cdot p = 80 \cdot 0{,}4 = 32$) getippt werden.
Also ist ein minimales $k \in \mathbb{N}$ und damit ein Ablehnungsbereich $\overline{A} = \{k, ..., 80\}$ der Nullhypothese so zu bestimmen, dass gilt:

$$\begin{aligned} P(X \in \overline{A}) &\leqslant \alpha \\ P(X \geqslant k) &\leqslant 0{,}01 \\ 1 - P(X \leqslant k-1) &\leqslant 0{,}01 \\ 0{,}99 &\leqslant P(X \leqslant k-1) \end{aligned}$$

Für $n = 80$ und $p = 0{,}4$ erhält man durch Ausprobieren mit Hilfe der kumulierten Binomialverteilung:

frv.tv/ck

$$P(X \leqslant 41) \approx 0{,}9842$$
$$P(X \leqslant 42) \approx 0{,}9912$$

Also ist $k - 1 = 42 \Rightarrow k = 43$ das minimale $k \in \mathbb{N}$ und man erhält damit den Ablehnungsbereich $\overline{A} = \{43, ..., 80\}$. Somit lautet die Entscheidungsregel:
Wenn bei 80 Tastaturanschlägen mindestens 43 Ziffern getippt werden, ist die Nullhypothese abzulehnen, d.h. es ist anzunehmen, dass der Affe die Zifferntasten gegenüber den Buchstabentasten bevorzugt. Man irrt sich dabei mit einer Wahrscheinlichkeit von höchstens 1 %.

Wahlteil Abitur 2019

Tipps ab Seite 211, Lösungen ab Seite 217

Mathematik Wahlteil 2019 Analysis A1

Aufgabe A 1.1

Die Abbildung in der Anlage zeigt den Graphen einer Funktion f, die für $0 \leqslant t \leqslant 17$ die Höhe einer Pflanze in Abhängigkeit von der Zeit beschreibt. Dabei ist t die seit Beobachtungsbeginn vergangene Zeit in Wochen und $f(t)$ die Höhe in Zentimetern.

a) Geben Sie den Zeitraum an, in dem die Höhe der Pflanze von 20 cm auf 40 cm zunimmt.
Bestimmen Sie die momentane Änderungsrate der Pflanzenhöhe 3,5 Wochen nach Beobachtungsbeginn.
Die Funktion f hat bei $t = 6,5$ eine Wendestelle.
Beschreiben Sie die Bedeutung dieser Wendestelle im Sachzusammenhang. (4 VP)

b) Formulieren Sie zu der Gleichung $f(t+2) - f(t) = 5$ eine Fragestellung im Sachzusammenhang.
Geben Sie eine Lösung der Gleichung an. (2,5 VP)

Aufgabe A 1.2

Die Funktion f ist gegeben durch $f(x) = \frac{1}{4}x^3 - 3x^2 + 9x$.
Die Abbildung zeigt ihren Graphen.

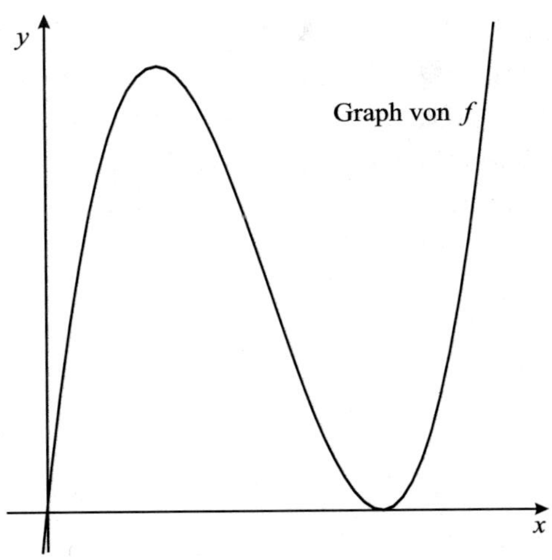

a) Weisen Sie nach, dass der Punkt T $(6 \mid 0)$ Tiefpunkt des Graphen von f ist.
Betrachtet wird die Strecke OH zwischen O $(0 \mid 0)$ und dem Hochpunkt H $(2 \mid 8)$ des Graphen von f. Diese Strecke und der Graph von f begrenzen eine Fläche.
Berechnen Sie deren Inhalt. (5 VP)

b) Die Funktion g ist gegeben durch $g(x) = -3 \cdot f(x) - 6$.
Beschreiben Sie, wie der Graph von g aus dem Graphen von f entsteht.
Bestimmen Sie damit die Koordinaten des Tiefpunktes des Graphen von g. (3 VP)

c) Ein Kreis, dessen Mittelpunkt M auf der Geraden mit der Gleichung $x = 1$ liegt, berührt den Graphen von f im Punkt $P(4 \mid 4)$.
Berechnen Sie die Koordinaten von M.

(2,5 VP)

d) Für jedes k mit $k \neq 0$ ist eine Funktion f_k gegeben durch

$$f_k(x) = \frac{1}{2k}x^3 - 3x^2 + \frac{9}{2}kx$$

Berechnen Sie die Werte von k, für die die Tangente an den Graphen von f_k im Punkt $P(1 \mid f_k(1))$ parallel zur Geraden mit der Gleichung $y = 8x + 3$ ist. (3 VP)

Abbildung zu Aufgabe A 1.1

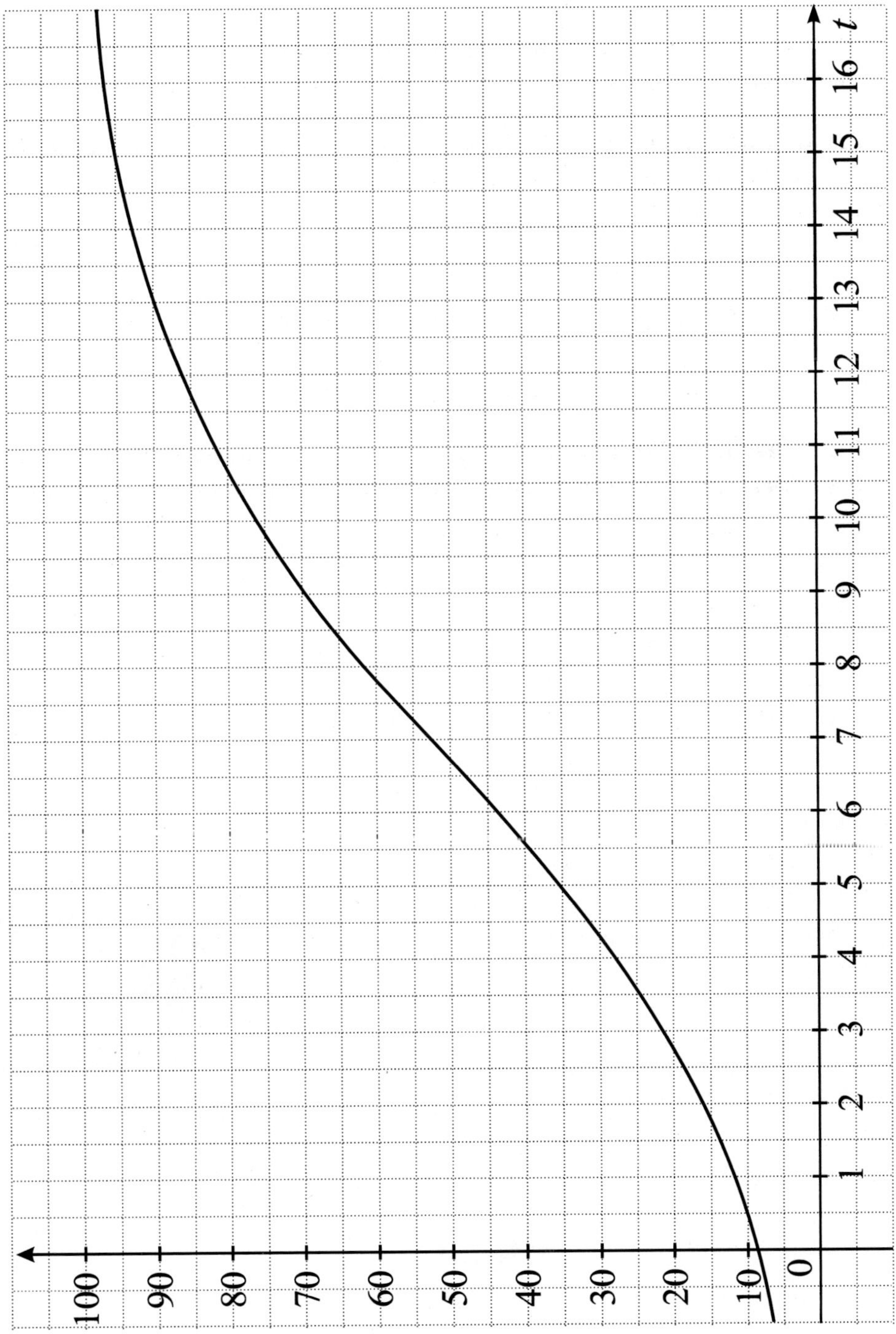

Tipps ab Seite 212, Lösungen ab Seite 223

Mathematatik Wahlteil 2019 Analysis A2

Aufgabe A 2.1

In einem Labor wird erforscht, wie sich Bakterien unter verschiedenen Bedingungen entwickeln. Betrachtet wird jeweils der Flächeninhalt der von den Bakterien eingenommenen Fläche.

Versuchsreihe 1

Bei ungehinderter Vermehrung wird der Flächeninhalt während der ersten zwölf Stunden beschrieben durch die Funktion f mit

$$f(t) = 20 \cdot e^{0,1 \cdot t} \text{ (t in Stunden nach Beobachtungsbeginn, } f(t) \text{ in mm}^2\text{).}$$

a) Bestimmen Sie den Flächeninhalt drei Stunden nach Beobachtungsbeginn.
Berechnen Sie den Zeitpunkt, zu dem sich der Flächeninhalt im Vergleich zum Beobachtungsbeginn verdreifacht hat.
Berechnen Sie die momentane Änderungsrate des Flächeninhalts zwei Stunden nach Beobachtungsbeginn.

(3,5 VP)

b) Berechnen Sie $\frac{1}{4} \cdot \int_5^9 f(t)\,\mathrm{d}t$.
Interpretieren Sie das Ergebnis im Sachzusammenhang.

(3,5 VP)

Versuchsreihe 2

Wenn man einer Bakterienkultur ein Antibiotikum hinzugibt, dann wird der Flächeninhalt durch die Funktion g beschrieben mit

$$g(t) = 20 \cdot e^{0,1 \cdot t - 0,005 \cdot t^2}$$

(t in Stunden nach Beobachtungsbeginn, $g(t)$ in mm^2).

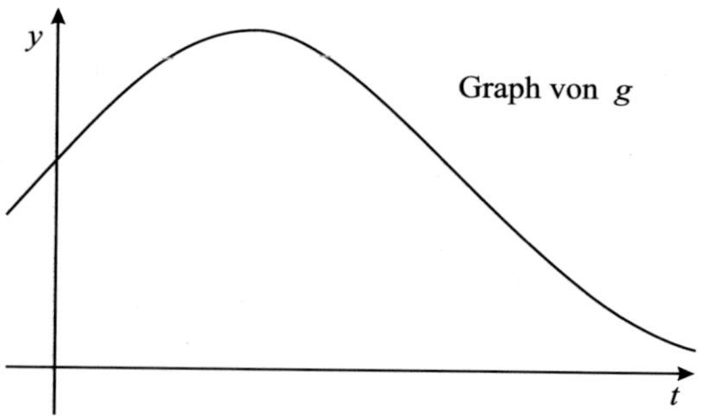

Die Abbildung zeigt den Graphen der Funktion g.

c) Der Flächeninhalt nimmt zu einem bestimmten Zeitpunkt seinen größten Wert an.
Berechnen Sie diesen Wert.
Berechnen Sie den Zeitpunkt, zu dem der Flächeninhalt wieder so groß ist wie zu Beobachtungsbeginn.

(5 VP)

d) Betrachtet wird die Funktion h mit $h(t) = g(t+10)$.
Für jede reelle Zahl t gilt: $h(-t) = h(t)$.
Erläutern Sie, welche geometrische Eigenschaft des Graphen von g damit begründet werden kann.

(2 VP)

Aufgabe A 2.2

Für jedes $t > 0$ ist eine Funktion f_t gegeben durch $f_t(x) = x^4 - 2tx^2 + 8t$.
Der Graph der Funktion f_t ist G_t.

a) Bestimmen Sie t so, dass der Punkt $P(1 \mid 4)$ auf dem Graphen G_t liegt.

(1 VP)

b) Jeder Graph G_t hat an der Stelle $x = \sqrt{t}$ einen Tiefpunkt.
Berechnen Sie denjenigen Wert von t, für den dieser Tiefpunkt möglichst hoch liegt.

(2,5 VP)

c) Zeigen Sie, dass es genau zwei Punkte gibt, durch die sämtliche Graphen G_t verlaufen.

(2,5 VP)

Tipps ab Seite 213, Lösungen ab Seite 227

Mathematik Wahlteil 2019 Analytische Geometrie B1

Die Abbildung in der Anlage zeigt den Würfel ABCDEFGH mit A(0 | 0 | 0) und G(5 | 5 | 5) in einem kartesischen Koordinatensystem.
Die Ebene T schneidet die Kanten des Würfels unter anderem in den Punkten K(5 | 0 | 1), L(2 | 5 | 0), M(0 | 5 | 2) und N(1 | 0 | 5).

a) Zeichnen Sie das Viereck KLMN in die Abbildung ein.
Zeigen Sie, dass das Viereck KLMN ein Trapez ist und zwei gleich lange Seiten hat.
Ermitteln Sie eine Gleichung der Ebene T in Koordinatenform.
Geben Sie die Koordinaten des Schnittpunkts von T mit der x_1-Achse an.
(Teilergebnis: T: $5x_1 + 4x_2 + 5x_3 = 30$)

(5 VP)

b) Die Spitze einer Pyramide mit der Grundfläche KLMN liegt auf der Strecke FG.
Untersuchen Sie, ob die Höhe dieser Pyramide $\frac{18}{\sqrt{66}}$ betragen kann.

(2 VP)

c) Betrachtet wird die Schar der Geraden

$$g_a\colon \vec{x} = \begin{pmatrix} 2,5 \\ 0 \\ 3,5 \end{pmatrix} + r \cdot \begin{pmatrix} 0 \\ -10a \\ \frac{2}{a} \end{pmatrix} \quad \text{mit } a > 0.$$

Begründen Sie, dass keine Gerade der Schar in der Ebene mit der Gleichung $x_3 = 3,5$ liegt.
Gegeben ist die Ebene U: $-5x_1 + 4x_2 + 5x_3 = 5$.
Untersuchen Sie, ob die Schnittgerade von T und U zur betrachteten Schar gehört.

(3 VP)

Abbildung zu Aufgabe B 1

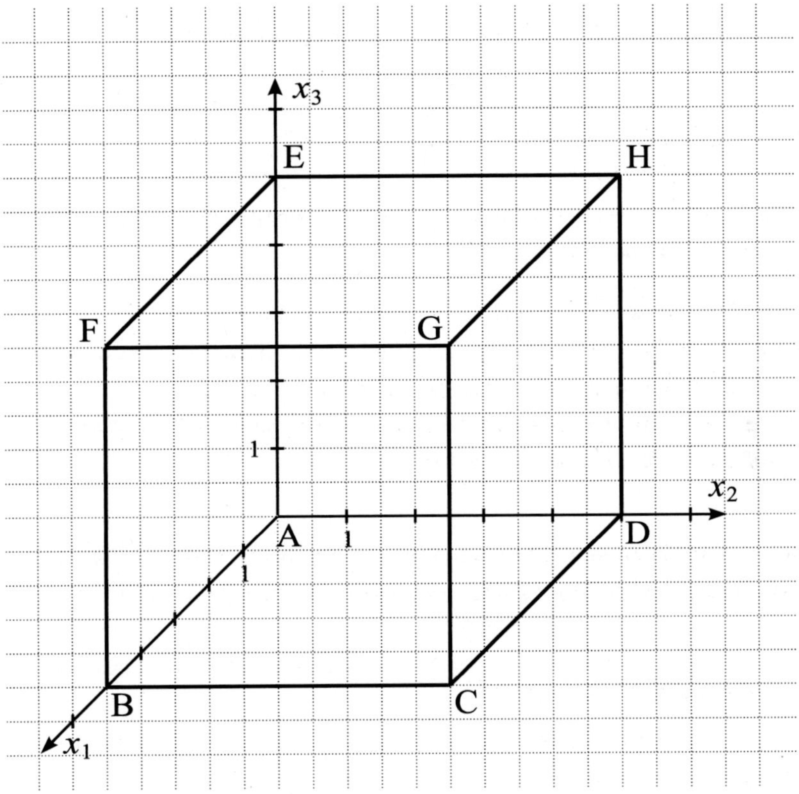

Tipps ab Seite 214, Lösungen ab Seite 233

Mathematik Wahlteil 2019 Analytische Geometrie B2

Die Punkte A (6 | 6 | 0), B (2 | 8 | 0) und O (0 | 0 | 0) sind Eckpunkte einer dreiseitigen Pyramide mit Spitze S (4 | 6 | 10). Die Ebene E enthält die Punkte A, B und C (2 | 3 | 5).

a) Stellen Sie die Pyramide in einem geeigneten Koordinatensystem dar.
Bestimmen Sie eine Koordinatengleichung der Ebene E.
(Teilergebnis: E: $x_1 + 2x_2 + 2x_3 = 18$)

(3 VP)

b) Zeigen Sie, dass das Dreieck ABC gleichschenklig ist.
Berechnen Sie das Volumen der Pyramide, die das Dreieck ABC als Grundfläche und den Punkt S als Spitze hat.

(4 VP)

c) In einem Koordinatensystem, bei dem die x_1x_2-Ebene den Erdboden beschreibt, stellt die Pyramide ABOS ein Kunstwerk dar (Koordinatenangaben in m).
An der Stelle, die durch den Punkt F (8 | 3 | 0) beschrieben wird, steht ein Mast senkrecht auf dem Erdboden. Auf den Mast treffendes Sonnenlicht lässt sich durch parallele Geraden mit dem Richtungsvektor $\vec{v} = \begin{pmatrix} -9 \\ 1 \\ -4 \end{pmatrix}$ beschreiben.
Der Schattenpunkt der Mastspitze liegt auf der Kante des Kunstwerks, die durch die Strecke OS beschrieben wird.
Beschreiben Sie ein Verfahren, mit dem man die Höhe des Masts rechnerisch bestimmen kann.

(3 VP)

Tipps ab Seite 215, Lösungen ab Seite 240

Mathematik Wahlteil 2019 Stochastik C1

Betrachtet werden Körper, die auf jeder Seitenfläche mit einer Zahl beschriftet sind.

Körper	Tetraeder 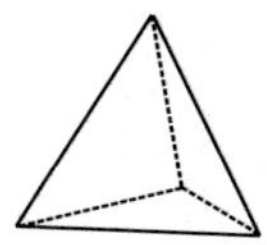	Würfel 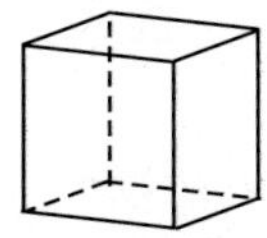	Oktaeder 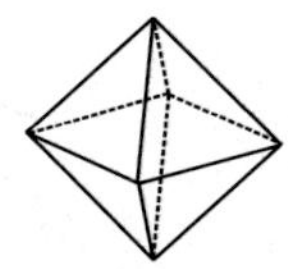
Anzahl der Seitenflächen	vier	sechs	acht
beschriftet mit	1, 2, 3, 4	1, 2, 3, 4, 5, 6	1, 2, 3, 4, 5, 6, 7, 8

Beim Werfen eines Körpers gilt die Zahl als geworfen, auf der der Körper zum Liegen kommt. Dabei werden bei jedem Körper die möglichen Zahlen jeweils mit derselben Wahrscheinlichkeit geworfen.

a) Ein Tetraeder wird 100-mal geworfen.
Bestimmen Sie die Wahrscheinlichkeiten der folgenden Ereignisse.
A: «Die Zahl 1 wird genau 30-mal geworfen.»
B: «Die Zahl 1 wird mindestens 20-mal geworfen.» (1,5 VP)

b) Ermitteln Sie, wie oft man ein Tetraeder mindestens werfen muss, um mit einer Wahrscheinlichkeit von mindestens 95% mindestens einmal die Zahl 1 zu werfen. (2 VP)

c) Ein Tetraeder, ein Würfel und ein Oktaeder werden gleichzeitig geworfen.
Berechnen Sie die Wahrscheinlichkeit der folgenden Ereignisse.
C: «Bei allen drei Körpern wird dieselbe Zahl geworfen.»
D: «Die Summe der geworfenen Zahlen beträgt 17.» (2,5 VP)

d) Für einen Einsatz von 50 Cent darf ein Spieler ein Tetraeder und einen Würfel einmal werfen. Anschließend erhält er die Anzahl der geworfenen Einsen in Euro ausbezahlt.
Bestimmen Sie den Erwartungswert für den Gewinn des Spielers. (2 VP)

e) In einem Sack befinden sich 20 Körper. Es handelt sich dabei um Tetraeder und Oktaeder, wie sie oben beschrieben sind. Einer dieser Körper wird zufällig gezogen und anschließend geworfen. Die Wahrscheinlichkeit, dabei die Zahl 2 zu werfen, beträgt 15%.
Berechnen Sie die Anzahl der Tetraeder im Sack. (2 VP)

Tipps ab Seite 216, Lösungen ab Seite 243

Mathematik Wahlteil 2019 Stochastik C2

Ein Glücksspielautomat enthält drei gleiche Glücksräder, die jeweils wie dargestellt in fünf gleich große Kreissektoren eingeteilt sind. Bei jedem Spiel werden die Räder in Drehung versetzt und laufen dann unabhängig voneinander aus. Schließlich bleiben sie so stehen, dass von jedem Rad genau ein Symbol im jeweiligen Rahmen angezeigt wird. Ein Spieler gewinnt nur dann, wenn alle drei Räder einen Stern zeigen.

a) Weisen Sie rechnerisch nach, dass die Gewinnwahrscheinlichkeit bei einem Spiel 6,4% beträgt.
Ein Spieler spielt 20 Spiele.
Bestimmen Sie die Wahrscheinlichkeiten der folgenden Ereignisse:
A: «Der Spieler gewinnt mehr als einmal.»
B: «Der Spieler gewinnt in genau zwei Spielen und diese folgen direkt aufeinander.»
(3 VP)

b) Eine Spielerin spielt 9 Spiele.
Für ein Ereignis C gilt dabei $P(C) = 0{,}064^a + 9 \cdot 0{,}064^8 \cdot 0{,}936^b$.
Geben Sie geeignete Werte für a und b an und beschreiben Sie das Ereignis C im Sachzusammenhang. (2 VP)

c) Es wird vermutet, dass das mittlere Rad zu selten ein Sternsymbol zeigt. Deshalb wird die Nullhypothese «Das mittlere Rad zeigt mit einer Wahrscheinlichkeit von mindestens zwei Fünfteln ein Sternsymbol.» getestet. Man vereinbart ein Signifikanzniveau von 3% und einen Stichprobenumfang von 300 Drehungen. Formulieren Sie die zugehörige Entscheidungsregel. (2,5 VP)

d) Die Glücksräder des Automaten werden durch drei neue ersetzt, die sich nicht voneinander unterscheiden. Die Glücksräder sind in mehrere gleich große Sektoren unterteilt. Jedes Glücksrad trägt in genau einem Sektor ein Sternsymbol. Man gewinnt bei 50 Spielen mit einer Wahrscheinlichkeit von mindestens 99% höchstens einmal.
Bestimmen Sie die minimale Anzahl der Sektoren pro Glücksrad. (2,5 VP)

Tipps Wahlteil Abitur 2019

Analysis Aufgabe A 1

Aufgabe A 1.1

a) Bestimmen Sie anhand der gegebenen Abbildung die t-Werte zu den Funktionswerten 20 und 40. Die momentane Änderungsrate der Pflanzenhöhe 3,5 Wochen nach Beobachtungsbeginn erhalten Sie, indem Sie an der Stelle $t = 3,5$ in die gegebene Abbildung eine Tangente einzeichnen und die zugehörige Steigung bestimmen. Beachten Sie, dass bei einer Wendestelle einer Funktion die momentane Änderungsrate der Funktion extremal ist. Überlegen Sie, was dies für die Wachstumsgeschwindigkeit der Pflanze bedeutet.

b) Überlegen Sie, was $f(t+2)$ und $f(t)$ sowie ihre Differenz bedeuten. Bestimmen Sie anhand der gegebenen Abbildung zwei Funktionswerte, die sich um 5 unterscheiden, wobei sich die zugehörigen t-Werte um 2 unterscheiden müssen.

Aufgabe A 1.2

a) Um nachzuweisen, dass der Punkt T Tiefpunkt des Graphen von f ist, verwenden Sie die 1. und 2. Ableitung von f. Setzen Sie den x-Wert von T in $f'(x)$ und $f''(x)$ ein. Falls $f'(x) = 0$ und $f''(x) > 0$ hat der Graph von f an dieser Stelle einen Tiefpunkt. Den zugehörigen y-Wert erhalten Sie, indem Sie den x-Wert in $f(x)$ einsetzen.
Bestimmen Sie die Gleichung der Geraden h zwischen O und dem Hochpunkt H des Graphen von f mit Hilfe der Hauptform $y = m \cdot x + b$ oder der Punkt-Steigungsform $y = m \cdot (x - x_Q) + y_Q$. Die Steigung m erhalten Sie mit der Formel $m = \frac{y_Q - y_P}{x_Q - x_P}$.
Den Inhalt A der Fläche, die die Strecke von O zu H und der Graph von f begrenzen, erhalten Sie mit Hilfe eines Integrals. Beachten Sie, dass der Graph von f oberhalb der Strecke von O zu H verläuft.

b) Beachten Sie, dass der Graph von f in y-Richtung gestreckt und an der x-Achse gespiegelt sowie anschließend noch in y-Richtung verschoben wird. Skizzieren Sie den Graphen von g. Überlegen Sie, welcher Punkt des Graphen von f zum Tiefpunkt des Graphen von g «verwandelt» wird und bestimmen Sie den x-Wert und den zugehörigen y-Wert.

c) Skizzieren Sie die Problemstellung. Beachten Sie, dass der Mittelpunkt M auf der Normalen n liegt, also der Orthogonalen zur Tangente t, und auf der Geraden mit der Gleichung $x = 1$. Die Steigung m_t der Tangente t, welche den Graphen von f im Punkt P berührt, erhalten Sie, indem Sie den x-Wert von P in $f'(x)$ einsetzen. Die Steigung m_n der Normalen n ist der negative Kehrwert der Steigung der Tangente: $m_n = -\frac{1}{m_t}$. Die Gleichung der Normalen n erhalten Sie mit Hilfe der Hauptform $y = m \cdot x + b$ oder der Punkt-Steigungsform $y = m \cdot (x - x_Q) + y_Q$.
Die Koordinaten des Mittelpunkts M des Kreises, der auch noch auf der Geraden mit der Gleichung $x = 1$ liegt, erhalten Sie, indem Sie $x = 1$ in die Gleichung von n einsetzen.

d) Bestimmen Sie die 1. Ableitung von f_k. Die Werte von k, für die die Tangente an den Graphen von f_k im Punkt P parallel zur gegebenen Geraden ist, erhalten Sie, indem Sie die Steigung der Tangente in P mit Hilfe von $f_k{}'(x)$ bestimmen und mit der Steigung der gegebenen Geraden gleichsetzen. Stellen Sie eine Gleichung auf und lösen Sie diese mit der *abc*-Formel.

Analysis Aufgabe A 2

Aufgabe A 2.1

a) Den Flächeninhalt drei Stunden nach Beobachtungsbeginn erhalten Sie, indem Sie $t = 3$ in $f(t)$ einsetzen.
Den Zeitpunkt, zu dem sich der Flächeninhalt im Vergleich zum Beobachtungsbeginn ($t = 0$) verdreifacht hat, erhalten Sie, indem Sie die Gleichung $f(t) = 3 \cdot f(0)$ durch Logarithmieren nach t auflösen.
Die momentane Änderungsrate des Flächeninhalts zwei Stunden nach Beobachtungsbeginn erhalten Sie, indem Sie $t = 2$ in $f'(t)$ einsetzen. Die 1. Ableitung von f bestimmen Sie mit der Kettenregel.

b) Den Wert des Integrals $\frac{1}{4} \cdot \int_5^9 f(t)\,\mathrm{d}t$ erhalten Sie mit Hilfe des Hauptsatzes der Differential- und Integralrechnung: $\int_a^b f(x)\mathrm{d}x = \left[\mathrm{F}(x)\right]_a^b = \mathrm{F}(b) - \mathrm{F}(a)$, wobei F eine Stammfunktion von f ist. Beachten Sie, dass mit Hilfe des gegebenen Integrals alle Funktionswerte im Intervall $[5\,;9]$ addiert werden und das Ergebnis durch 4 geteilt wird. Überlegen Sie, welcher durchschnittliche Wert damit berechnet wird.

c) Den Wert des größten Flächeninhalts erhalten Sie, indem Sie die Koordinaten des Hochpunkts des Graphen von $g(t)$ berechnen. Dazu verwenden Sie die 1. Ableitung von $g(t)$, die Sie mit der Kettenregel bestimmen. Als notwendige Bedingung lösen Sie die Gleichung $g'(t) = 0$ nach t auf. Überprüfen Sie, welcher Vorzeichenwechsel von $g'(t)$ vorliegt. Den zugehörigen y-Wert erhalten Sie, indem Sie den erhaltenen t-Wert in $g(t)$ einsetzen.
Den Zeitpunkt, zu dem der Flächeninhalt wieder so groß ist wie zu Beobachtungsbeginn ($t = 0$), erhalten Sie, indem Sie die Gleichung $g(t) = g(0)$ durch Logarithmieren nach t auflösen. Verwenden Sie den Satz vom Nullprodukt.

d) Überlegen Sie, welche Art von Symmetrie wegen $h(-t) = h(t)$ beim Graphen von h vorliegt. Beachten Sie, dass der Graph der Funktion h aus dem Graphen von g durch Verschiebung in t-Richtung hervorgeht und überlegen Sie, wie damit der Graph von g aus dem Graphen von h hervorgeht.

Aufgabe A 2.2

a) Um t so zu bestimmen, dass der Punkt P auf dem Graphen G_t liegt, setzen Sie die Koordinaten von P in $f_t(x)$ ein und lösen die entstandene Gleichung nach t auf.

b) Die Koordinaten des Tiefpunkts T_t von G_t erhalten Sie, indem Sie $x = \sqrt{t}$ in $f_t(x)$ einsetzen. Da der y-Wert von T_t von t abhängt, betrachten Sie den y-Wert von T_t als Funktion g. Um denjenigen Wert von t zu berechnen, für den dieser Tiefpunkt T_t möglichst hoch liegt, berechnen Sie das Maximum der Funktion g. Dazu verwenden Sie die 1. und 2. Ableitung von g. Als notwendige Bedingung lösen Sie die Gleichung $g'(t) = 0$ nach t auf. Prüfen Sie mit Hilfe der 2. Ableitung, ob ein Maximum vorliegt.

c) Um zu zeigen, dass es genau zwei Punkte gibt, durch die sämtliche Graphen G_t verlaufen, bestimmen Sie zuerst die Schnittpunkte S_1 und S_2 zweier Graphen von f_t, z.B. von G_1 und G_2. Die zugehörigen Funktionsgleichungen $f_1(x)$ und $f_2(x)$ erhalten Sie, indem Sie $t = 1$ bzw. $t = 2$ in $f_t(x)$ einsetzen. Die Schnittstellen von G_1 und G_2 erhalten Sie durch Lösen der Gleichung $f_1(x) = f_2(x)$. Die zugehörigen y-Werte erhalten Sie, indem Sie die x-Werte in $f_1(x)$ einsetzen. Um nachzuweisen, dass S_1 und S_2 auf allen Graphen G_t liegen, setzen Sie deren Koordinaten jeweils in $f_t(x)$ ein. Bei einer wahren Aussage liegen die Punkte auf den Graphen.

Analytische Geometrie Aufgabe B1

a) Zeichnen Sie die Punkte K, L, M und N auf die Kanten des Würfels. Um zu zeigen, dass das Viereck KLMN ein Trapez ist, bestimmen Sie die Verbindungsvektoren $\overrightarrow{KN}$ und $\overrightarrow{LM}$. Falls diese ein Vielfaches voneinander sind (linear abhängig), sind die Seiten KN und LM parallel und damit ist das Viereck KLMN ein Trapez. Um zu zeigen, dass das Trapez KLMN zwei gleich lange Seiten hat, berechnen Sie die Länge der Seiten KL und MN, indem Sie die Länge der Verbindungsvektoren $\overrightarrow{KL}$ und $\overrightarrow{MN}$ bestimmen.
Verwenden Sie für die Parametergleichung der Ebene T, in der die Punkte K, L, M und N liegen, beispielsweise den Stützpunkt K und die Spannvektoren $\overrightarrow{KL}$ und $\overrightarrow{KN}$. Einen Normalenvektor $\vec{n}$ von T erhalten Sie mit Hilfe des Kreuzprodukts (siehe Seite 39) der Spannvektoren. Alternativ können Sie $\vec{n}$ auch mit Hilfe des Skalarprodukts bestimmen, da $\vec{n}$ sowohl auf $\overrightarrow{KL}$ als auch auf $\overrightarrow{KN}$ senkrecht steht. Eine Koordinatengleichung von T erhalten Sie mit Hilfe der Punkt-Normalenform: $\left(\vec{x} - \vec{k}\right) \cdot \vec{n} = 0$.
Alternativ können Sie auch die Koordinaten von Punkt K in den Ansatz $ax_1 + bx_2 + cx_3 = d$ einsetzen, wobei $\vec{n} = \begin{pmatrix} a \\ b \\ c \end{pmatrix}$ ist. Die Koordinaten des Schnittpunkts S_1 von T mit der x_1-Achse erhalten Sie, indem Sie $x_2 = 0$ und $x_3 = 0$ in T einsetzen.

b) Bestimmen Sie die Koordinaten der Punkte F und G und stellen Sie die Gleichung der Strecke FG auf, indem Sie die Gleichung der Gerade durch G und F aufstellen und den Parameter t durch ein geeignetes Intervall beschränken. Wenn die Spitze S einer Pyramide mit der Grundfläche KLMN auf der Strecke FG liegt, können Sie die Koordinaten von S allgemein in Abhängigkeit eines Parameters t angeben. Die Höhe h der Pyramide erhalten Sie, indem Sie den Abstand von S zur Ebene T mit Hilfe der Abstandsformel

$d(Q;E) = \left| \frac{aq_1+bq_2+cq_3-d}{\sqrt{a^2+b^2+c^2}} \right|$ für den Abstand eines Punktes Q zu einer Ebene E berechnen. Um zu untersuchen, ob die Höhe dieser Pyramide $\frac{18}{\sqrt{66}}$ betragen kann, lösen Sie die Gleichung $h = \frac{18}{\sqrt{66}}$ nach t auf. Prüfen Sie, ob der erhaltene t-Wert im zulässigen Intervall liegt.

c) Um zu begründen, dass keine Gerade der Schar g_a in der Ebene mit der Gleichung $x_3 = 3,5$ liegt, setzen Sie die x_3-Koordinate von g_a in die Ebenengleichung $x_3 = 3,5$ ein. Falls keine allgemeingültige wahre Aussage (z.B. $4 = 4$) entsteht, liegt g_a nicht in der Ebene mit der Gleichung $x_3 = 3,5$.
Um zu untersuchen, ob die Schnittgerade von T und U zur betrachteten Schar gehört, prüfen Sie zuerst, ob der Stützpunkt $P(2,5 \mid 0 \mid 3,5)$ von g_a auf T und U liegt. Dazu setzen Sie die Koordinaten von P jeweils in die Gleichung von T und U ein. Beachten Sie, dass der Richtungsvektor $\vec{u}$ von g_a jeweils orthogonal zu den Normalenvektoren von T und U sein muss, wenn eine der Geraden von g_a eine Schnittgerade von T und U sein soll. Berechnen Sie jeweils das Skalarprodukt der beiden Vektoren, welches jeweils Null ergeben muss und lösen Sie die entstandene Gleichung nach a auf. Beachten Sie, dass $a > 0$ ist.
Alternativ können Sie auch prüfen, ob es einen Wert von a gibt, für den die Gerade g_a sowohl in T als auch in U enthalten ist. Dazu setzen Sie die Koordinaten des allgemeinen Punktes P_r von g_a jeweils in die Ebenengleichungen von T und U ein. Lösen Sie die entstandene Gleichung nach a auf. Beachten Sie, dass $a > 0$ ist.

Analytische Geometrie Aufgabe B2

a) Verwenden Sie für die Parametergleichung der Ebene E, in der die Punkte A, B und C liegen, beispielsweise den Stützpunkt A und die Spannvektoren $\overrightarrow{AB}$ und $\overrightarrow{AC}$. Einen Normalenvektor $\vec{n}$ von E erhalten Sie mithilfe des Kreuzprodukts (siehe Seite 39) der Spannvektoren. Alternativ können Sie $\vec{n}$ auch mithilfe des Skalarprodukts bestimmen, da $\vec{n}$ sowohl auf $\overrightarrow{AB}$ als auch auf $\overrightarrow{AC}$ senkrecht steht. Eine Koordinatengleichung von E erhalten Sie mithilfc der Punkt-Normalenform: $(\vec{x}-\vec{a})\cdot\vec{n} = 0$. Alternativ können Sie auch die Koordinaten eines gegebenen Punktes in den Ansatz $ax_1 + bx_2 + cx_3 = d$ einsetzen und d bestimmen.

b) Um zu zeigen, dass das Dreieck ABC gleichschenklig ist, berechnen Sie die Längen der drei Seiten des Dreiecks, indem Sie die Beträge der entsprechenden Verbindungsvektoren bestimmen. Falls zwei Seiten gleich lang sind, ist das Dreieck ABC gleichschenklig. Das Volumen V der Pyramide, die das Dreieck ABC als Grundfläche und den Punkt S als Spitze hat, erhalten Sie mit der Formel $V = \frac{1}{3} \cdot G \cdot h$. Die Grundfläche G der Pyramide ist der Flächeninhalt des gleichschenkligen Dreiecks ABC, den Sie mit der Formel $G = \frac{1}{2} \cdot g \cdot h_g$ erhalten. Als Grundseite g des Dreiecks ABC wählen Sie geschickterweise die Strecke AB, also $g = \overline{AB}$. Bestimmen Sie die Koordinaten des Mittelpunkts M der Strecke AB mithilfe der Mittelpunktsformel. Die Höhe h_g des Dreiecks ABC ist der Abstand von M zu C, also bestimmen Sie die Länge des zugehörigen Verbindungsvektors. Die Höhe h der Pyramide ist der Abstand der Spitze S zur Ebene E, in der die Grundfläche ABC liegt.

Hierzu verwenden Sie die Abstandsformel für den Abstand eines Punktes zu einer Ebene: $d(Q;E) = \left| \frac{aq_1+bq_2+cq_3-d}{\sqrt{a^2+b^2+c^2}} \right|$.

c) Bezeichnen Sie mit h die Höhe der Mastspitze Q und bestimmen Sie damit die Koordinaten von Q, der senkrecht über dem Punkt F liegt. Stellen Sie eine Gerade g_1, die durch die Mastspitze Q verläuft und die Richtung $\vec{v}$ des Sonnenlichts hat, auf. Stellen Sie eine Gerade g_2, die durch die Punkte O und S verläuft auf. Überlegen Sie, wie Sie mit Hilfe von $g_1$und g_2 den Schattenpunkt Q^* der Mastspitze auf der Kante OS erhalten und wie Sie dadurch den Punkt Q bestimmen können. Alternativ können Sie auch andere geeignete Geraden oder Ebenen aufstellen, um den Schattenpunkt Q^* der Mastspitze und damit schließlich Q zu bestimmen.

Stochastik Aufgabe C1

a) Bestimmen Sie die Wahrscheinlichkeit p, dass bei einem Tetraeder bei einem Wurf die Zahl 1 geworfen wird.
Um die Wahrscheinlichkeit der Ereignisse A und B zu bestimmen, legen Sie X als binomialverteilte Zufallsvariable für die Anzahl der geworfenen Einsen mit den Parametern n und p fest. Die Wahrscheinlichkeit für das Ereignis A erhalten Sie mit Hilfe der Binomialverteilung unter Verwendung des WTR. Die Wahrscheinlichkeit für das Ereignis B erhalten Sie mit Hilfe der kumulierten Binomialverteilung und der Wahrscheinlichkeit des Gegenereignisses unter Verwendung des WTR.

b) Legen Sie X als binomialverteilte Zufallsvariable für die Anzahl der Einsen mit den Parametern p und unbekanntem n fest. Da mit einer Wahrscheinlichkeit von mindestens 95% mindestens einmal die Zahl 1 geworfen werden soll, lösen Sie mit Hilfe der Wahrscheinlichkeit des Gegenereignisses die Ungleichung $P(X \geqslant 1) \geqslant 0,95$ durch Ausprobieren mit dem WTR und der Binomialverteilung.

c) Bestimmen Sie jeweils die Wahrscheinlichkeit, dass bei einem Tetraeder, bei einem Würfel und bei einem Oktaeder eine bestimmte Zahl geworfen wird.
Die Wahrscheinlichkeit der Ereignisse C und D erhalten Sie mit Hilfe der Pfadregeln. Überlegen Sie jeweils, welche Ergebnisse zum jeweiligen Ereignis gehören.

d) Den Erwartungswert $E(X)$ für den Gewinn X des Spielers erhalten Sie, indem Sie die Auszahlungsbeträge mit den zugehörigen Wahrscheinlichkeiten multiplizieren und den Einsatz subtrahieren.

e) Bezeichnen Sie mit x die Anzahl der Tetraeder und bestimmen Sie damit die Anzahl der Oktaeder im Sack.
Bestimmen Sie jeweils die Wahrscheinlichkeit, ein Tetraeder bzw. ein Oktaeder zu ziehen, und die Wahrscheinlichkeiten, dass beim Tetraeder bzw. Oktaeder die Zahl 2 geworfen wird. Stellen Sie mit Hilfe der Pfadregeln eine Gleichung auf und lösen Sie diese nach x auf.

Stochastik Aufgabe C2

a) Bestimmen Sie die Wahrscheinlichkeit, dass bei einem Glücksrad «Stern» angezeigt wird. Die Wahrscheinlichkeit, dass ein Spieler ein Spiel gewinnt, erhalten Sie mit Hilfe der Pfadregeln. Um die Wahrscheinlichkeit des Ereignisses A zu bestimmen, legen Sie X als binomialverteilte Zufallsvariable für die Anzahl der gewonnenen Spiele mit den Parametern n und p fest. Die Wahrscheinlichkeit des Ereignisses A erhalten Sie mit Hilfe der kumulierten Binomialverteilung und der Wahrscheinlichkeit des Gegenereignisses. Die Wahrscheinlichkeit des Ereignisses B erhalten Sie mit Hilfe der Pfadregeln. Bestimmen Sie die Wahrscheinlichkeit, dass ein Spiel verloren wird und überlegen Sie, wie viele Möglichkeiten es gibt, dass die beiden gewonnenen Spiele direkt aufeinander folgen.

b) Die angegebene Wahrscheinlichkeit des Ereignisses C können Sie mit Hilfe der Bernoulli-Formel $P(X = k) = \binom{n}{k} \cdot p^k \cdot (1-p)^{n-k}$ umschreiben. Bestimmen Sie n und damit a und b. Legen Sie X als binomialverteilte Zufallsvariable für die Anzahl der gewonnenen Spiele bei 9 Spielen fest und formulieren Sie damit das Ereignis C.

c) Formulieren Sie die Nullhypothese $H_0: p \geqslant ...$ sowie die zugehörige Alternativhypothese $H_1: p < ...$. Beachten Sie, dass es sich wegen $H_1: p < ...$ um einen linksseitigen Test mit Signifikanzniveau α handelt. Legen Sie X als binomialverteilte Zufallsvariable für die Anzahl der gedrehten Sternsymbole mit den Parametern p und n fest. Bestimmen Sie durch Ausprobieren ein maximales $k \in \mathbb{N}$ und damit einen Ablehnungsbereich $\overline{A} = \{0, ..., k\}$ der Nullhypothese so, dass gilt: $P(X \in \overline{A}) \leqslant \alpha$ bzw. $P(X \leqslant k) \leqslant \alpha$. Überlegen Sie damit, wann die Nullhypothese verworfen wird.

d) Bezeichnen Sie mit a die Anzahl der Sektoren eines Glücksrads. Die Wahrscheinlichkeit p, dass man gewinnt, erhalten Sie mit Hilfe der Pfadregeln. Legen Sie X als binomialverteilte Zufallsvariable für die Anzahl der Gewinne mit den Parametern p und n fest. Stellen Sie eine Ungleichung auf und lösen diese durch Ausprobieren von verschiedenen Werten von a mit Hilfe des WTR.

Lösungen Wahlteil Abitur 2019

Analysis Aufgabe A 1

Aufgabe A 1.1

a) Anhand der gegebenen Abbildung kann man die Zeitpunkte, zu denen die Höhe der Pflanze 20 cm bzw. 40 cm beträgt, ablesen: $f(2,6) \approx 20$ und $f(5,5) \approx 40$.
Somit nimmt die Höhe der Pflanze im Zeitraum zwischen 2,6 und 5,5 Wochen nach Beobachtungsbeginn von 20 cm auf 40 cm zu.
Die momentane Änderungsrate der Pflanzenhöhe 3,5 Wochen nach Beobachtungsbeginn erhält man, indem man an der Stelle $t = 3,5$ in die gegebene Abbildung eine Tangente einzeichnet und die zugehörige Steigung bestimmt:

$$f'(3,5) \approx \frac{30}{4,5} \approx 6,7$$

Somit beträgt die momentane Änderungsrate der Pflanzenhöhe 3,5 Wochen nach Beobachtungsbeginn etwa 6,7 cm pro Woche.

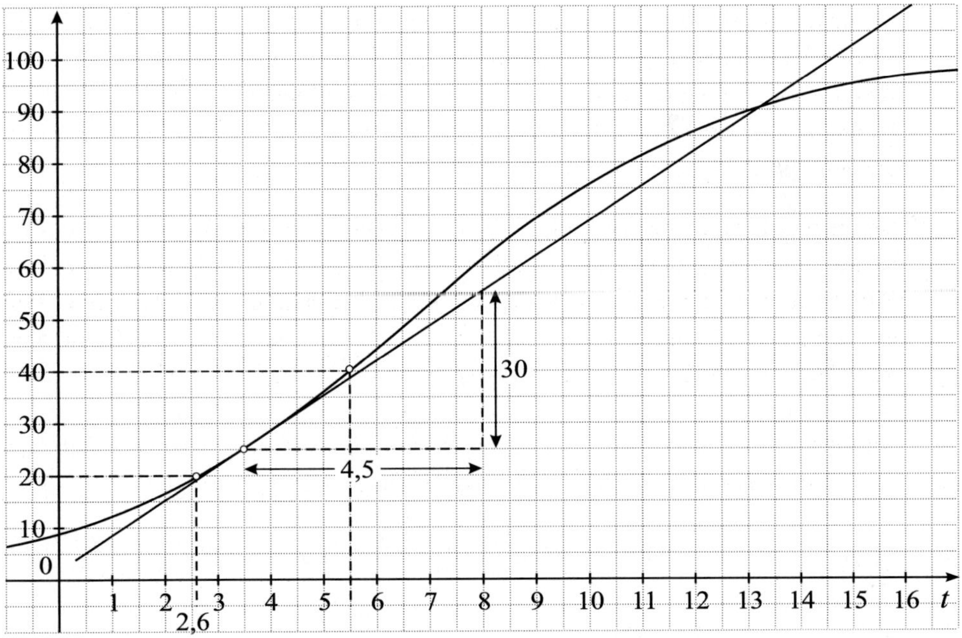

Da die Funktion f bei $t = 6,5$ eine Wendestelle hat, bedeutet dies im Sachzusammenhang, dass zum Zeitpunkt 6,5 Wochen die momentane Änderungsrate der Pflanzenhöhe maximal ist, d.h. dass die Pflanze zu diesem Zeitpunkt am schnellsten wächst bzw. die Wachstumsgeschwindigkeit maximal ist.

b) Die Gleichung $f(t+2)-f(t)=5$ bedeutet, dass die Differenz der Funktionswerte im Intervall $[t\,;t+2]$ den Wert 5 hat.
Der Wert von $f(t)$ beschreibt die Pflanzenhöhe zu einem Zeitpunkt t, der Wert von $f(t+2)$ beschreibt die Pflanzenhöhe zu einem Zeitpunkt, der zwei Wochen nach t liegt.
Im Sachzusammenhang bedeutet die Gleichung, dass der Unterschied der Höhe in einem 2-Wochen-Zeitraum 5 cm beträgt.
Also lautet die Frage: «In welchem 2-Wochen-Zeitraum nimmt die Höhe der Pflanze um 5 cm zu?».
Anhand der gegebenen Abbildung werden zwei Funktionswerte bestimmt, die sich um 5 unterscheiden, wobei sich die zugehörigen t-Werte um 2 unterscheiden müssen. Wegen $f(15)=95$ und $f(13)=90$ und damit $f(15)-f(13)=5$ ist eine Lösung der Gleichung: $t=13$.

Aufgabe A 1.2

Es ist $f(x)=\frac{1}{4}x^3-3x^2+9x$.

a) Um nachzuweisen, dass der Punkt T$(6\mid 0)$ Tiefpunkt des Graphen von f ist, verwendet man die 1. und 2. Ableitung von f:

$$f'(x)=\frac{3}{4}x^2-6x+9$$
$$f''(x)=\frac{3}{2}x-6$$

Setzt man $x=6$ in $f'(x)$ und $f''(x)$ ein, ergibt sich:

$$f'(6)=\frac{3}{4}\cdot 6^2-6\cdot 6+9=0$$
$$f''(6)=\frac{3}{2}\cdot 6-6=3$$

Wegen $f'(6)=0$ und $f''(6)=3>0$ hat der Graph von f bei $x=6$ einen Tiefpunkt.
Den zugehörigen y-Wert erhält man, indem man $x=6$ in $f(x)$ einsetzt:

$$f(6)=\frac{1}{4}\cdot 6^3-3\cdot 6^2+9\cdot 6=0$$

Somit ist der Punkt T$(6\mid 0)$ Tiefpunkt des Graphen von f.
Die Strecke OH liegt auf einer Geraden h. Die Gleichung von h zwischen O$(0\mid 0)$ und dem Hochpunkt H$(2\mid 8)$ des Graphen von f erhält man mit der Hauptform $y=m\cdot x+b$.
Die Steigung m erhält man mit der Formel $m=\frac{y_Q-y_P}{x_Q-x_P}$:

$$m=\frac{8-0}{2-0}=4$$

Setzt man die Koordinaten des Punkts $O(0 \mid 0)$ in $y = 4 \cdot x + b$ ein, ergibt sich: $0 = 4 \cdot 0 + b \Rightarrow b = 0$. Damit hat die Gerade h durch O und H die Gleichung:

$$y = 4x \text{ bzw. } h(x) = 4x$$

Den Inhalt A der Fläche, die die Strecke von O zu H und der Graph von f begrenzen, erhält man mit Hilfe eines Integrals. Da der Graph von f oberhalb der Strecke von O zu H verläuft, gilt:

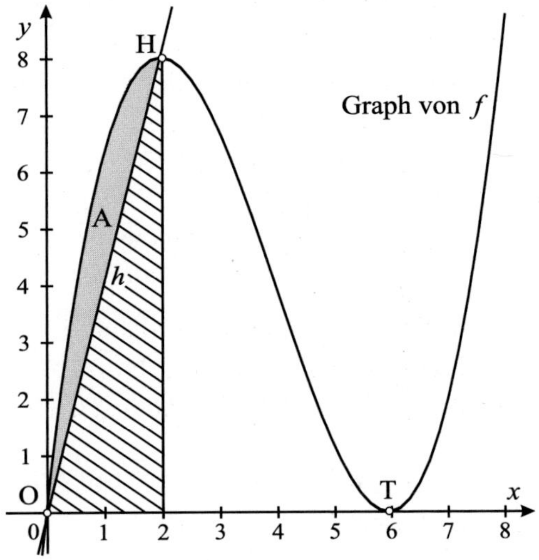

$$\begin{aligned}
A &= \int_0^2 (f(x) - h(x))\,dx \\
&= \int_0^2 \left(\frac{1}{4}x^3 - 3x^2 + 9x - 4x\right) dx \\
&= \int_0^2 \left(\frac{1}{4}x^3 - 3x^2 + 5x\right) dx \\
&= \left[\frac{1}{16}x^4 - x^3 + \frac{5}{2}x^2\right]_0^2 \\
&= \frac{1}{16} \cdot 2^4 - 2^3 + \frac{5}{2} \cdot 2^2 - \left(\frac{1}{16} \cdot 0^4 - 0^3 + \frac{5}{2} \cdot 0^2\right) \\
&= 3
\end{aligned}$$

Alternativ kann man auch den Flächeninhalt der Fläche zwischen dem Graphen von f und der x-Achse im Intervall $[0; 2]$ berechnen und die Dreiecksfläche subtrahieren:

$$\begin{aligned}
A &= \int_0^2 f(x)dx - A_{\text{Dreieck}} \\
&= \int_0^2 \left(\frac{1}{4}x^3 - 3x^2 + 9x\right) dx - \frac{1}{2} \cdot 2 \cdot 8 \\
&= \left[\frac{1}{16}x^4 - x^3 + \frac{9}{2}x^2\right]_0^2 - 8 \\
&= \frac{1}{16} \cdot 2^4 - 2^3 + \frac{9}{2} \cdot 2^2 - \left(\frac{1}{16} \cdot 0^4 - 0^3 + \frac{9}{2} \cdot 0^2\right) - 8 \\
&= 3
\end{aligned}$$

Der Flächeninhalt beträgt 3 FE.

b) Es ist

$$g(x) = -3 \cdot f(x) - 6$$

Der Graph von g entsteht aus dem Graphen von f folgendermaßen:
Durch den Faktor -3 wird der Graph von f in y-Richtung mit dem Faktor 3 gestreckt und an der x-Achse gespiegelt. Anschließend wird dieser Graph noch um 6 LE in y-Richtung nach unten verschoben.
Mit diesen Angaben kann man den Graphen von g skizzieren.
Damit wird der Hochpunkt des Graphen von f zum Tiefpunkt des Graphen von g «verwandelt».
Also hat der Tiefpunkt des Graphen von g den x-Wert 2 und für den y-Wert gilt aufgrund der Spiegelung, Streckung und Verschiebung:

$$y = g(2) = -3 \cdot f(2) - 6 = -3 \cdot 8 - 6 = -30$$

Somit hat der Tiefpunkt des Graphen von g die Koordinaten: T*(2 | −30).

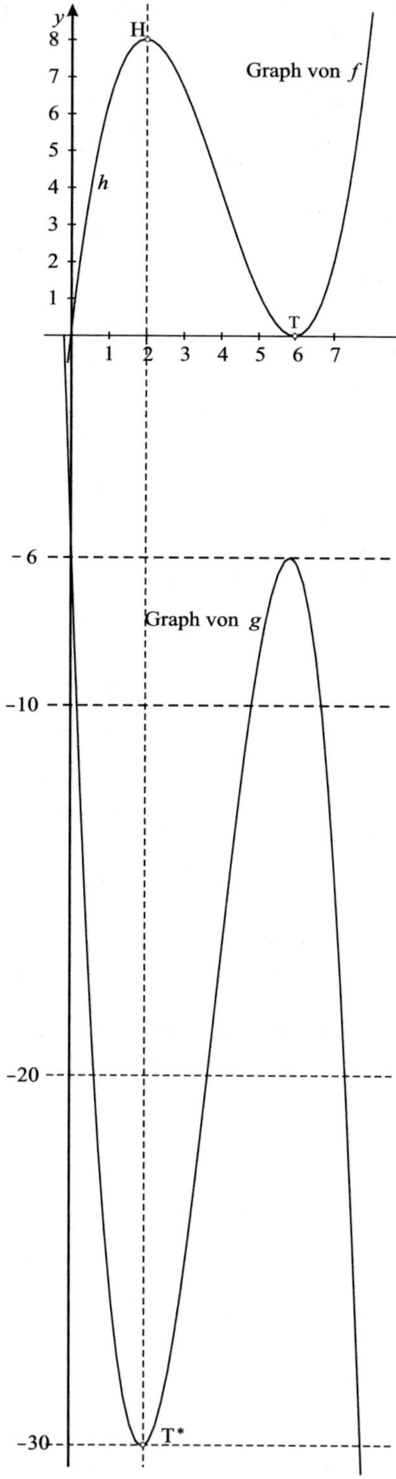

c) Zur Veranschaulichung erstellt man eine Skizze der Problemstellung:

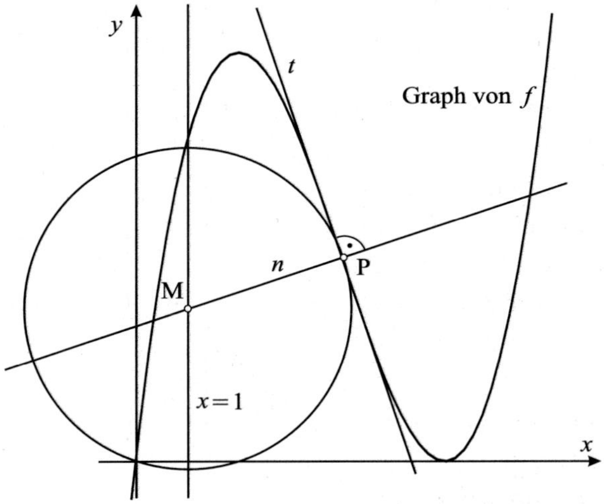

Der Mittelpunkt M muss auf der Normalen n, also der Orthogonalen zur Tangente t, liegen, da diese senkrecht auf der Tangente steht. Er liegt außerdem auf der Geraden mit der Gleichung $x = 1$.

Die Steigung m_t der Tangente t, welche den Graphen von f im Punkt P$(4 \mid 4)$ berührt, erhält man, indem man $x = 4$ in $f'(x)$ einsetzt:

$$m_t = f'(4) = \frac{3}{4} \cdot 4^2 - 6 \cdot 4 + 9 = -3$$

Die Steigung m_n der Normalen n ist der negative Kehrwert der Steigung der Tangente:

$$m_n = -\frac{1}{m_t} = -\frac{1}{f'(4)} = -\frac{1}{-3} = \frac{1}{3}$$

Die Gleichung der Normalen n erhält man, indem man $m_n = \frac{1}{3}$ und die Koordinaten von P$(4 \mid 4)$ in die Hauptform $y = m \cdot x + b$ einsetzt:

$$4 = \frac{1}{3} \cdot 4 + b \Rightarrow b = \frac{8}{3}$$

Damit hat die Normale n die Gleichung: $n\colon\ y = \frac{1}{3}x + \frac{8}{3}$.

Die Koordinaten des Mittelpunkts M des Kreises, der auf der Geraden mit der Gleichung $x = 1$ liegt, erhält man, indem man $x = 1$ in die Gleichung von n einsetzt:

$$y = \frac{1}{3} \cdot 1 + \frac{8}{3} = \frac{9}{3} = 3$$

Somit hat der Punkt M die Koordinaten M$(1 \mid 3)$.

d) Es ist $f_k(x) = \frac{1}{2k}x^3 - 3x^2 + \frac{9}{2}kx$ mit $k \neq 0$.
Für die 1. Ableitung von f_k gilt: $f_k{}'(x) = \frac{3}{2k}x^2 - 6x + \frac{9}{2}k$.
Die Werte von k, für die die Tangente an den Graphen von f_k im Punkt $\mathrm{P}(1 \mid f_k(1))$ parallel zur Geraden mit der Gleichung $y = 8x + 3$ ist, erhält man, indem man die Steigung der Tangente in P bestimmt und mit 8 gleichsetzt. Damit muss man die Gleichung $f_k{}'(1) = 8$ nach k auflösen:

$$\begin{aligned} \frac{3}{2k} \cdot 1^2 - 6 \cdot 1 + \frac{9}{2}k &= 8 \\ \frac{3}{2k} + \frac{9}{2}k &= 14 \\ 3 + 9k^2 &= 28k \\ 9k^2 - 28k + 3 &= 0 \end{aligned}$$

Mit Hilfe der *abc*-Formel erhält man die Lösungen $k_1 = 3$ und $k_2 = \frac{1}{9}$.
Wegen $k \neq 0$ ist somit für $k_1 = 3$ und $k_2 = \frac{1}{9}$ die Tangente an den Graphen von f_k im Punkt $\mathrm{P}(1 \mid f_k(1))$ parallel zur Geraden mit der Gleichung $y = 8x + 3$.

Analysis Aufgabe A 2

Aufgabe A 2.1

Es ist $f(t) = 20 \cdot e^{0,1 \cdot t}$ (t in Stunden nach Beobachtungsbeginn, $f(t)$ in mm^2).

a) Den Flächeninhalt drei Stunden nach Beobachtungsbeginn erhält man, indem man $t = 3$ in $f(t)$ einsetzt:

$$f(3) = 20 \cdot e^{0,1 \cdot 3} \approx 27,00$$

Drei Stunden nach Beobachtungsbeginn beträgt der Flächeninhalt etwa $27\,mm^2$.

Den Zeitpunkt, zu dem sich der Flächeninhalt im Vergleich zum Beobachtungsbeginn ($t = 0$) verdreifacht hat, erhält man, indem man die Gleichung $f(t) = 3 \cdot f(0)$ durch Logarithmieren nach t auflöst:

$$\begin{aligned} 20 \cdot e^{0,1 \cdot t} &= 3 \cdot 20 \cdot e^{0,1 \cdot 0} \\ 20 \cdot e^{0,1 \cdot t} &= 60 \\ e^{0,1 \cdot t} &= 3 \\ 0,1 \cdot t &= \ln(3) \\ t &= \frac{\ln(3)}{0,1} \approx 10,99 \end{aligned}$$

Somit hat sich der Flächeninhalt etwa 11 Stunden nach Beobachtungsbeginn verdreifacht.

Die momentane Änderungsrate des Flächeninhalts zwei Stunden nach Beobachtungsbeginn erhält man, indem man $t = 2$ in $f'(t)$ einsetzt. Die 1. Ableitung von f erhält man mit der Kettenregel:

$$f'(t) = 20 \cdot e^{0,1 \cdot t} \cdot 0,1 = 2 \cdot e^{0,1 \cdot t}$$

Damit ergibt sich:

$$f'(2) = 2 \cdot e^{0,1 \cdot 2} \approx 2,44$$

Somit beträgt die momentane Änderungsrate des Flächeninhalts zwei Stunden nach Beobachtungsbeginn etwa $2,44\,mm^2$ pro Stunde.

b) Den Wert des Integrals $\frac{1}{4} \cdot \int_5^9 f(t)\,dt$ erhält man mit Hilfe des Hauptsatzes der Differential- und Integralrechnung:

$$\begin{aligned} \frac{1}{4} \cdot \int_5^9 f(t)\,dt &= \frac{1}{4} \cdot \int_5^9 20 \cdot e^{0,1 \cdot t}\,dt \\ &= \frac{1}{4} \cdot \left[\frac{20 \cdot e^{0,1 \cdot t}}{0,1}\right]_5^9 \\ &= \frac{1}{4} \cdot \left[200 \cdot e^{0,1 \cdot t}\right]_5^9 \\ &= \frac{1}{4} \cdot \left(200 \cdot e^{0,1 \cdot 9} - 200 \cdot e^{0,1 \cdot 5}\right) \approx 40,54 \end{aligned}$$

Mit Hilfe des Integrals $\frac{1}{4} \cdot \int_5^9 f(t)\,\mathrm{d}t$ werden alle Funktionswerte im Intervall $[5;9]$ addiert und das Ergebnis durch 4 geteilt. Dies bedeutet im Sachzusammenhang, dass der durchschnittliche Flächeninhalt zwischen 5 und 9 Stunden nach Beobachtungsbeginn berechnet wird. Dieser beträgt etwa $40,5\,\mathrm{mm}^2$.

Es ist $g(t) = 20 \cdot e^{0,1 \cdot t - 0,005 \cdot t^2}$ (t in Stunden nach Beobachtungsbeginn, $g(t)$ in mm^2).

c) Den Wert des größten Flächeninhalts erhält man, indem man die Koordinaten des Hochpunkts des Graphen von $g(t)$ berechnet. Dazu verwendet man die 1. Ableitung von $g(t)$, die man mit der Kettenregel erhält:

$$g'(t) = 20 \cdot e^{0,1 \cdot t - 0,005 \cdot t^2} \cdot (0,1 - 0,01 \cdot t)$$

Als notwendige Bedingung löst man die Gleichung $g'(t) = 0$ nach t auf. Da für den ersten Faktor $e^{0,1 \cdot t - 0,005 \cdot t^2} > 0$ gilt und mit Hilfe des Satzes vom Nullprodukt ergibt sich:

$$\begin{aligned} 20 \cdot e^{0,1 \cdot t - 0,005 \cdot t^2} \cdot (0,1 - 0,01 \cdot t) &= 0 \\ 0,1 - 0,01 \cdot t &= 0 \\ t &= 10 \end{aligned}$$

Für $t < 10$ gilt: $g'(t) > 0$ und für $t > 10$ gilt: $g'(t) < 0$. Damit hat $g'(t)$ bei $t = 10$ einen Vorzeichenwechsel von $+$ nach $-$. Somit hat der Graph von g bei $t = 10$ einen Hochpunkt. Den zugehörigen y-Wert erhält man, indem man $t = 10$ in $g(t)$ einsetzt:

$$g(10) = 20 \cdot e^{0,1 \cdot 10 - 0,005 \cdot 10^2} \approx 32,97$$

Somit beträgt der maximale Flächeninhalt etwa $33\,\mathrm{mm}^2$.
Den Zeitpunkt, zu dem der Flächeninhalt wieder so groß ist wie zu Beobachtungsbeginn ($t = 0$), erhält man, indem man die Gleichung $g(t) = g(0)$ nach t auflöst:

$$\begin{aligned} 20 \cdot e^{0,1 \cdot t - 0,005 \cdot t^2} &= 20 \cdot e^{0,1 \cdot 0 - 0,005 \cdot 0^2} \\ 20 \cdot e^{0,1 \cdot t - 0,005 \cdot t^2} &= 20 \\ e^{0,1 \cdot t - 0,005 \cdot t^2} &= 1 \\ 0,1 \cdot t - 0,005 \cdot t^2 &= \ln(1) \\ t \cdot (0,1 - 0,005 \cdot t) &= 0 \end{aligned}$$

Mit Hilfe des Satzes vom Nullprodukt erhält man die Lösung $t_1 = 0$ und aus $0,1 - 0,005 \cdot t = 0$ die Lösung $t_2 = 20$.
Somit ist 20 Stunden nach Beobachtungsbeginn der Flächeninhalt wieder so groß wie zu Beobachtungsbeginn.

d) Wegen $h(-t) = h(t)$ ist der Graph von h achsensymmetrisch zur y-Achse.
Der Graph der Funktion h mit $h(t) = g(t+10)$ geht aus dem Graphen von g durch Verschiebung um 10 LE in t-Richtung nach links hervor, d.h. der Graph von g geht aus dem Graphen von h durch Verschiebung um 10 LE nach rechts hervor.

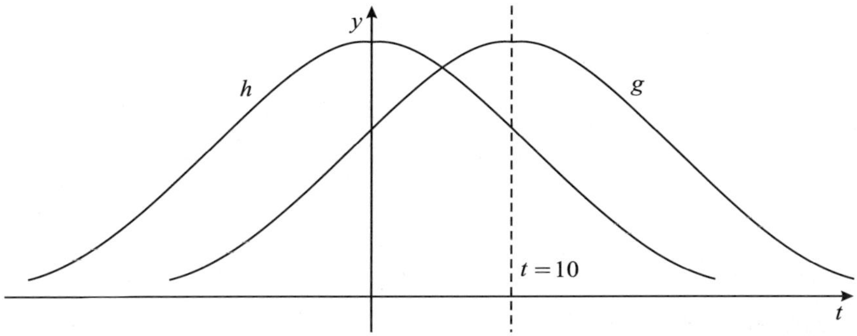

Damit ist der Graph von g achsensymmetrisch zur Geraden mit der Gleichung $t = 10$.

Aufgabe A 2.2

Es ist $f_t(x) = x^4 - 2tx^2 + 8t$ mit $t > 0$.

a) Um t so zu bestimmen, dass der Punkt P(1 | 4) auf dem Graphen G_t liegt, setzt man die Koordinaten von P in $f_t(x)$ ein und löst die Gleichung nach t auf:

$$\begin{aligned} 4 &= 1^4 - 2t \cdot 1^2 + 8t \\ 4 &= 1 - 2t + 8t \\ 3 &= 6t \\ 0{,}5 &= t \end{aligned}$$

Somit liegt der Punkt P für $t = 0{,}5$ auf dem Graphen G_t.

b) Die Koordinaten des Tiefpunkts T_t von G_t erhält man, indem man $x = \sqrt{t}$ in $f_t(x)$ einsetzt:

$$f_t\left(\sqrt{t}\right) = \left(\sqrt{t}\right)^4 - 2t \cdot \left(\sqrt{t}\right)^2 + 8t = t^2 - 2t^2 + 8t = -t^2 + 8t \;\Rightarrow\; T_t\left(\sqrt{t} \mid -t^2 + 8t\right)$$

Da der y-Wert von T_t von t abhängt, betrachtet man den y-Wert von T_t als Funktion g mit

$$g(t) = -t^2 + 8t$$

Um denjenigen Wert von t zu berechnen, für den dieser Tiefpunkt T_t möglichst hoch liegt, berechnet man das Maximum der Funktion g. Dazu verwendet man die 1. und 2. Ableitung von g:

$$g'(t) = -2t + 8$$
$$g''(t) = -2$$

Als notwendige Bedingung löst man die Gleichung $g'(t) = 0$ nach t auf:

$$-2t + 8 = 0 \Rightarrow t = 4$$

Wegen $g''(t) = -2 < 0$ handelt es sich um ein Maximum.
Somit liegt für $t = 4$ der Tiefpunkt von G_t am höchsten.

c) Um zu zeigen, dass es genau zwei Punkte gibt, durch die sämtliche Graphen G_t verlaufen, bestimmt man zuerst die Schnittpunkte S_1 und S_2 zweier Graphen von f_t, z.B. von G_1 und G_2. Die zugehörigen Funktionsgleichungen erhält man, indem man $t = 1$ bzw. $t = 2$ in $f_t(x)$ einsetzt. Damit ergibt sich: $f_1(x) = x^4 - 2x^2 + 8$ und $f_2(x) = x^4 - 4x^2 + 16$. Die Schnittstellen von G_1 und G_2 erhält man durch Lösen der Gleichung $f_1(x) = f_2(x)$:

$$x^4 - 2x^2 + 8 = x^4 - 4x^2 + 16$$
$$2x^2 = 8$$
$$x^2 = 4$$
$$x_{1,2} = \pm 2$$

Die zugehörigen y-Werte erhält man, indem man $x_1 = 2$ und $x_2 = -2$ in $f_1(x)$ bzw. $f_2(x)$ einsetzt:

$$f_1(2) = f_2(2) = 2^4 - 2 \cdot 2^2 + 8 = 16 \Rightarrow S_1(2 \mid 16)$$
$$f_1(-2) = f_2(-2) = (-2)^4 - 4 \cdot (-2)^2 + 16 = 16 \Rightarrow S_2(-2 \mid 16)$$

Beide Schnittpunkte S_1 und S_2 sind unabhängig von t.
Um nachzuweisen, dass S_1 und S_2 auf allen Graphen G_t liegen, setzt man deren Koordinaten jeweils in $f_t(x)$ ein:

$$16 = 2^4 - 2t \cdot 2^2 + 8t \Rightarrow 16 = 16 \Rightarrow S_1 \in G_t$$
$$16 = (-2)^4 - 2t \cdot (-2)^2 + 8t \Rightarrow 16 = 16 \Rightarrow S_2 \in G_t$$

Somit gibt es genau zwei Punkte, S_1 und S_2, durch die sämtliche Graphen G_t verlaufen.

Analytische Geometrie 2019 Aufgabe B 1

Gegeben sind die Punkte A (0 | 0 | 0) und G (5 | 5 | 5) eines Würfels ABCDEFGH.

a) Das Viereck KLMN mit den Punkten K (5 | 0 | 1), L (2 | 5 | 0), M (0 | 5 | 2) und N (1 | 0 | 5) kann folgendermaßen in den Würfel eingezeichnet werden:

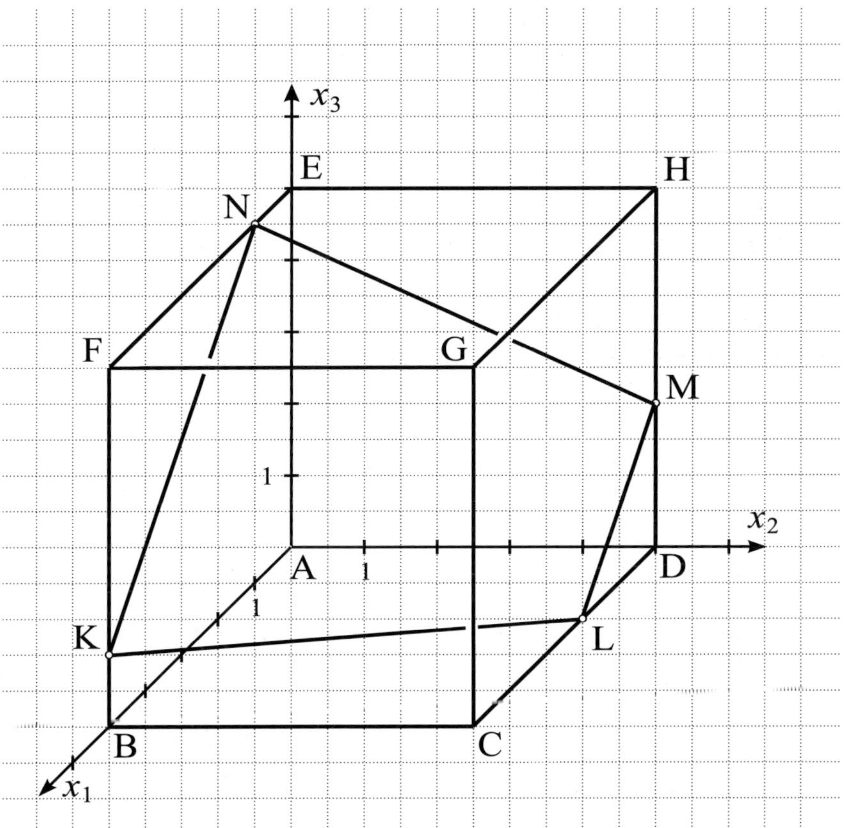

Um zu zeigen, dass das Viereck KLMN ein Trapez ist, bestimmt man die Verbindungsvektoren $\overrightarrow{KN}$ und $\overrightarrow{LM}$:

$$\overrightarrow{KN} = \begin{pmatrix} -4 \\ 0 \\ 4 \end{pmatrix} \text{ und } \overrightarrow{LM} = \begin{pmatrix} -2 \\ 0 \\ 2 \end{pmatrix}$$

Wegen $\overrightarrow{KN} = 2 \cdot \overrightarrow{LM}$ sind die Seiten KN und LM parallel, somit ist das Viereck KLMN ein Trapez.

Um zu zeigen, dass das Trapez KLMN zwei gleich lange Seiten hat, berechnet man die Längen der Seiten KL und MN, indem man die Längen der Verbindungsvektoren $\overrightarrow{KL}$ und

$\overline{\text{MN}}$ bestimmt:

$$\overline{\text{KL}} = \left|\overrightarrow{\text{KL}}\right| = \left|\begin{pmatrix} -3 \\ 5 \\ -1 \end{pmatrix}\right| = \sqrt{(-3)^2+5^2+(-1)^2} = \sqrt{35}$$

$$\overline{\text{MN}} = \left|\overrightarrow{\text{MN}}\right| = \left|\begin{pmatrix} 1 \\ -5 \\ 3 \end{pmatrix}\right| = \sqrt{1^2+(-5)^2+3^2} = \sqrt{35}$$

Wegen $\overline{\text{KL}} = \overline{\text{MN}}$ hat das Trapez KLMN zwei gleich lange Seiten.

Die Ebene T enthält die Punkte $\text{K}(5 \mid 0 \mid 1)$, $\text{L}(2 \mid 5 \mid 0)$, $\text{M}(0 \mid 5 \mid 2)$ und $\text{N}(1 \mid 0 \mid 5)$. Sie hat beispielsweise den Stützpunkt K und die Spannvektoren $\overrightarrow{\text{KL}} = \begin{pmatrix} -3 \\ 5 \\ -1 \end{pmatrix}$ und $\overrightarrow{\text{KN}} = \begin{pmatrix} -4 \\ 0 \\ 4 \end{pmatrix}$. Damit hat T die Parametergleichung:

$$\text{T}: \vec{x} = \begin{pmatrix} 5 \\ 0 \\ 1 \end{pmatrix} + s \cdot \begin{pmatrix} -3 \\ 5 \\ -1 \end{pmatrix} + t \cdot \begin{pmatrix} -4 \\ 0 \\ 4 \end{pmatrix}; \; s,t \in \mathbb{R}$$

Einen Normalenvektor $\vec{n}$ von T erhält man mit Hilfe des Kreuzprodukts (siehe Seite 39) der Spannvektoren:

$$\begin{pmatrix} -3 \\ 5 \\ -1 \end{pmatrix} \times \begin{pmatrix} -4 \\ 0 \\ 4 \end{pmatrix} = \begin{pmatrix} 20 \\ 16 \\ 20 \end{pmatrix} = 4 \cdot \begin{pmatrix} 5 \\ 4 \\ 5 \end{pmatrix} \Rightarrow \vec{n} = \begin{pmatrix} 5 \\ 4 \\ 5 \end{pmatrix}$$

Alternativ kann man $\vec{n}$ auch mit Hilfe des Skalarprodukts bestimmen, da $\vec{n}$ auf beiden Spannvektoren senkrecht steht. Damit gilt:

$$\begin{pmatrix} n_1 \\ n_2 \\ n_3 \end{pmatrix} \cdot \begin{pmatrix} -3 \\ 5 \\ -1 \end{pmatrix} = 0$$

und

$$\begin{pmatrix} n_1 \\ n_2 \\ n_3 \end{pmatrix} \cdot \begin{pmatrix} -4 \\ 0 \\ 4 \end{pmatrix} = 0$$

Daraus ergibt sich das lineare Gleichungssystem:

$$\begin{array}{lrcrcrcl} \text{I} & -3n_1 & + & 5 \cdot n_2 & - & 1 \cdot n_3 & = & 0 \\ \text{II} & -4 \cdot n_1 & & & + & 4 \cdot n_3 & = & 0 \end{array}$$

Wählt man in Gleichung II geschickterweise z.B. $n_3 = 1$, erhält man:

$$-4n_1 + 4 \cdot 1 = 0 \Rightarrow n_1 = 1$$

Setzt man $n_3 = 1$ und $n_1 = 1$ in Gleichung I ein, ergibt sich:

$$-3 \cdot 1 + 5 \cdot n_2 - 1 \cdot 1 = 0 \Rightarrow n_2 = \frac{4}{5}$$

Damit ergibt sich ein Normalenvektor $\vec{n} = \begin{pmatrix} 1 \\ \frac{4}{5} \\ 1 \end{pmatrix} \cdot 5 = \begin{pmatrix} 5 \\ 4 \\ 5 \end{pmatrix}$.

Eine Koordinatengleichung von T erhält man mit Hilfe der Punkt-Normalenform:

$$\begin{aligned}
&\mathrm{T}\colon \left(\vec{x} - \vec{k}\right) \cdot \vec{n} = 0 \\
&\mathrm{T}\colon \left(\begin{pmatrix} x_1 \\ x_2 \\ x_3 \end{pmatrix} - \begin{pmatrix} 5 \\ 0 \\ 1 \end{pmatrix}\right) \cdot \begin{pmatrix} 5 \\ 4 \\ 5 \end{pmatrix} = 0 \\
&\mathrm{T}\colon (x_1 - 5) \cdot 5 + (x_2 - 0) \cdot 4 + (x_3 - 1) \cdot 5 = 0 \\
&\mathrm{T}\colon 5x_1 - 25 + 4x_2 - 0 + 5x_3 - 5 = 0 \\
&\mathrm{T}\colon 5x_1 + 4x_2 + 5x_3 = 30
\end{aligned}$$

Alternativ kann man auch die Koordinaten des Punktes $\mathrm{K}(5 \mid 0 \mid 1)$ in den Ansatz $5x_1 + 4x_2 + 5x_3 = d$ einsetzen:

$$5 \cdot 5 + 4 \cdot 0 + 5 \cdot 1 = d \Rightarrow d = 30$$

Die Ebene T hat somit die Koordinatengleichung $\mathrm{T}\colon\ 5x_1 + 4x_2 + 5x_3 = 30$.

Die Koordinaten des Schnittpunkts S_1 von T mit der x_1-Achse erhält man, indem man $x_2 = 0$ und $x_3 = 0$ in T einsetzt:

$$5x_1 + 4 \cdot 0 + 5 \cdot 0 = 30 \Rightarrow x_1 = 6$$

Somit hat der Schnittpunkt von T mit der x_1-Achse die Koordinaten $\mathrm{S}_1(6 \mid 0 \mid 0)$.

b) Die Punkte F und G haben die Koordinaten $\mathrm{F}(5 \mid 0 \mid 5)$ und $\mathrm{G}(5 \mid 5 \mid 5)$.

Die Strecke FG hat damit die Gleichung: $\vec{x} = \begin{pmatrix} 5 \\ 0 \\ 5 \end{pmatrix} + t \cdot \begin{pmatrix} 0 \\ 5 \\ 0 \end{pmatrix} \quad 0 \leqslant t \leqslant 1.$

Wenn die Spitze S einer Pyramide mit der Grundfläche KLMN auf der Strecke FG liegt, hat sie die Koordinaten $\mathrm{S}(5 \mid 5t \mid 5)$ mit $0 \leqslant t \leqslant 1$.

Die Höhe h der Pyramide erhält man, indem man den Abstand von S zur Ebene T mit Hilfe der Abstandsformel berechnet:

$$h = \left| \frac{5 \cdot 5 + 4 \cdot 5t + 5 \cdot 5 - 30}{\sqrt{5^2 + 4^2 + 5^2}} \right| = \frac{20 + 20t}{\sqrt{66}}$$

Um zu untersuchen, ob die Höhe dieser Pyramide $\frac{18}{\sqrt{66}}$ betragen kann, löst man die Gleichung $h = \frac{18}{\sqrt{66}}$ nach t auf:

$$\begin{aligned} \frac{20 + 20t}{\sqrt{66}} &= \frac{18}{\sqrt{66}} \\ 20 + 20t &= 18 \\ t &= -0,1 \end{aligned}$$

Wegen $t \notin [0;\, 1]$ liegt die Spitze der Pyramide mit der Höhe $\frac{18}{\sqrt{66}}$ nicht auf der Strecke FG, also kann die Höhe der Pyramide nicht $\frac{18}{\sqrt{66}}$ betragen.

c) Um zu begründen, dass keine Gerade der Schar mit der Gleichung

$$g_a\colon \vec{x} = \begin{pmatrix} 2,5 \\ 0 \\ 3,5 \end{pmatrix} + r \cdot \begin{pmatrix} 0 \\ -10a \\ \frac{2}{a} \end{pmatrix} \quad \text{mit } a > 0$$

in der Ebene mit der Gleichung $x_3 = 3,5$ liegt, setzt man die x_3-Koordinate von g_a in die Ebenengleichung $x_3 = 3,5$ ein:

$$\begin{aligned} 3,5 + r \cdot \frac{2}{a} &= 3,5 \\ r \cdot \frac{2}{a} &= 0 \\ r &= 0 \end{aligned}$$

Da es eine eindeutige Lösung $r = 0$ gibt, hat jede Gerade der Schar mit der Ebene $x_3 = 3,5$ genau einen Schnittpunkt.
Somit liegt keine Gerade der Schar in der Ebene $x_3 = 3,5$.

Um zu untersuchen, ob die Schnittgerade von $\mathrm{T}\colon\ 5x_1 + 4x_2 + 5x_3 = 30$ und $\mathrm{U}\colon\ -5x_1 + 4x_2 + 5x_3 = 5$ zur betrachteten Schar gehört, prüft man zuerst, ob der Stützpunkt $\mathrm{P}(2,5 \mid 0 \mid 3,5)$ von g_a auf T und U liegt. Dazu setzt man die Koordinaten von P jeweils in die Gleichung von T und U ein:

$$\begin{aligned} 5 \cdot 2,5 + 4 \cdot 0 + 5 \cdot 3,5 = 30 &\Rightarrow\ 30 = 30\ \Rightarrow\ \mathrm{P} \in \mathrm{T} \\ -5 \cdot 2,5 + 4 \cdot 0 + 5 \cdot 3,5 = 5 &\Rightarrow\ 5 = 5\ \Rightarrow\ \mathrm{P} \in \mathrm{U} \end{aligned}$$

Der Stützpunkt P von g_a liegt sowohl auf T als auch auf U.

Wenn eine der Geraden von g_a eine Schnittgerade von T und U sein soll, muss der Richtungsvektor $\vec{u} = \begin{pmatrix} 0 \\ -10a \\ \frac{2}{a} \end{pmatrix}$ von g_a jeweils orthogonal zu den Normalenvektoren von T und U sein, d.h. das Skalarprodukt der beiden Vektoren muss jeweils Null ergeben:

$$\begin{pmatrix} 0 \\ -10a \\ \frac{2}{a} \end{pmatrix} \cdot \begin{pmatrix} 5 \\ 4 \\ 5 \end{pmatrix} = 0 \Rightarrow 0 \cdot 5 + (-10a) \cdot 4 + \frac{2}{a} \cdot 5 = 0 \Rightarrow -40a + \frac{10}{a} = 0$$

$$\begin{pmatrix} 0 \\ -10a \\ \frac{2}{a} \end{pmatrix} \cdot \begin{pmatrix} -5 \\ 4 \\ 5 \end{pmatrix} = 0 \Rightarrow 0 \cdot (-5) + (-10a) \cdot 4 + \frac{2}{a} \cdot 5 = 0 \Rightarrow -40a + \frac{10}{a} = 0$$

Die Gleichung $-40a + \frac{10}{a} = 0$ wird nach a aufgelöst:

$$\begin{aligned} -40a + \frac{10}{a} &= 0 \\ -40a^2 + 10 &= 0 \\ a^2 &= \frac{1}{4} \\ a_{1,2} &= \pm\frac{1}{2} \end{aligned}$$

Wegen $a > 0$ kommt nur $a = \frac{1}{2}$ als Lösung in Frage. Für $a = \frac{1}{2}$ ist g_a eine Schnittgerade von T und U. Somit gehört die Schnittgerade von T und U zur betrachteten Schar.

Alternativ kann man auch prüfen, ob es einen Wert von a gibt, für den die Gerade g_a sowohl in T als auch in U enthalten ist. Dazu setzt man die Koordinaten des allgemeinen Punktes $P_r\left(2,5 \mid -10ar \mid 3,5 + \frac{2r}{a}\right)$ von g_a jeweils in die Ebenengleichungen von T und U ein:

$$\begin{aligned} 5 \cdot 2,5 + 4 \cdot (-10ar) + 5 \cdot \left(3,5 + \frac{2r}{a}\right) &= 30 \\ 12,5 - 40ar + 17,5 + \frac{10r}{a} &= 30 \\ -40ar + \frac{10r}{a} &= 0 \\ -40a^2r + 10r &= 0 \\ r \cdot \left(-40a^2 + 10\right) &= 0 \\ -40a^2 + 10 &= 0 \\ a^2 &= \frac{1}{4} \\ a_{1,2} &= \pm\frac{1}{2} \end{aligned}$$

bzw.

$$
\begin{aligned}
-5\cdot 2,5+4\cdot(-10ar)+5\cdot\left(3,5+\frac{2r}{a}\right) &= 5\\
-12,5-40ar+17,5+\frac{10r}{a} &= 5\\
-40ar+\frac{10r}{a} &= 0\\
-40a^2r+10r &= 0\\
r\cdot\left(-40a^2+10\right) &= 0\\
-40a^2+10 &= 0\\
a^2 &= \frac{1}{4}\\
a_{1,2} &= \pm\frac{1}{2}
\end{aligned}
$$

Wegen $a > 0$ kommt nur $a = \frac{1}{2}$ als Lösung in Frage.
Für $a = \frac{1}{2}$ ist g_a sowohl in T als auch in U enthalten, also ist $g_{\frac{1}{2}}$ eine Schnittgerade von T und U.
Somit gehört die Schnittgerade von T und U zur betrachteten Schar.

Analytische Geometrie Aufgabe B 2

Gegeben sind die Punkte A (6 | 6 | 0), B (2 | 8 | 0), C (2 | 3 | 5) und S (4 | 6 | 10).

a) Die Pyramide kann man in einem Koordinatensystem folgendermaßen darstellen:

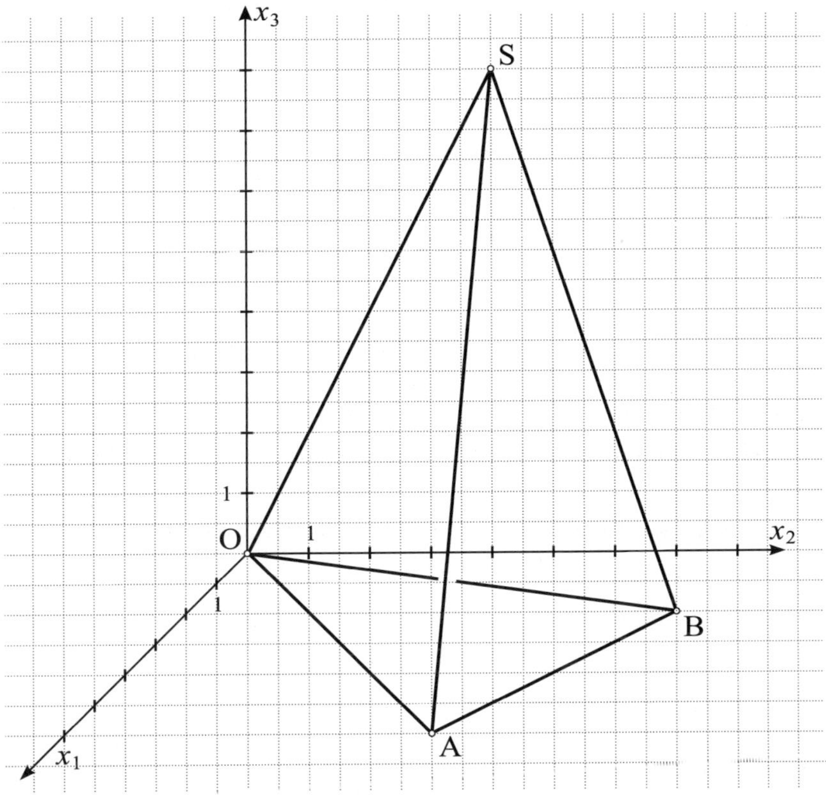

Die Ebene E, in der die Punkte A (6 | 6 | 0), B (2 | 8 | 0) und C (2 | 3 | 5) liegen, hat beispielsweise den Stützpunkt A und die Spannvektoren

$$\overrightarrow{AB} = \begin{pmatrix} -4 \\ 2 \\ 0 \end{pmatrix} = 2 \cdot \begin{pmatrix} -2 \\ 1 \\ 0 \end{pmatrix} \text{ und } \overrightarrow{AC} = \begin{pmatrix} -4 \\ -3 \\ 5 \end{pmatrix}$$

Damit hat E die Parametergleichung:

$$E\colon \vec{x} = \begin{pmatrix} 6 \\ 6 \\ 0 \end{pmatrix} + s \cdot \begin{pmatrix} -2 \\ 1 \\ 0 \end{pmatrix} + t \cdot \begin{pmatrix} -4 \\ -3 \\ 5 \end{pmatrix};\ s,t \in \mathbb{R}$$

Einen Normalenvektor $\vec{n}$ von E erhält man mithilfe des Kreuzprodukts (siehe Seite

39) der Spannvektoren:

$$\begin{pmatrix}-2\\1\\0\end{pmatrix} \times \begin{pmatrix}-4\\-3\\5\end{pmatrix} = \begin{pmatrix}5\\10\\10\end{pmatrix} = 5 \cdot \begin{pmatrix}1\\2\\2\end{pmatrix} \Rightarrow \vec{n} = \begin{pmatrix}1\\2\\2\end{pmatrix}$$

Alternativ kann man $\vec{n}$ auch mithilfe des Skalarprodukts bestimmen, da $\vec{n}$ auf beiden Spannvektoren senkrecht steht. Damit gilt:

$$\begin{pmatrix}n_1\\n_2\\n_3\end{pmatrix} \cdot \begin{pmatrix}-2\\1\\0\end{pmatrix} = 0$$

und

$$\begin{pmatrix}n_1\\n_2\\n_3\end{pmatrix} \cdot \begin{pmatrix}-4\\-3\\5\end{pmatrix} = 0$$

Daraus ergibt sich das lineare Gleichungssystem:

$$\begin{array}{lccccccc} \text{I} & -2\cdot n_1 & + & 1\cdot n_2 & + & 0\cdot n_3 & = & 0 \\ \text{II} & -4\cdot n_1 & - & 3\cdot n_2 & + & 5\cdot n_3 & = & 0 \end{array}$$

Wählt man geschickterweise $n_1 = 1$, erhält man aus Gleichung I: $-2\cdot 1 + n_2 = 0 \Rightarrow n_2 = 2$.
Setzt man $n_1 = 1$ und $n_2 = 2$ in Gleichung II ein, ergibt sich:
$-4\cdot 1 - 3\cdot 2 + 5\cdot n_3 = 0 \Rightarrow n_3 = 2$

Damit ergibt sich ein Normalenvektor $\vec{n} = \begin{pmatrix}1\\2\\2\end{pmatrix}$.

Eine Koordinatengleichung von E erhält man mit Hilfe der Punkt-Normalenform:

$$\text{E}: (\vec{x} - \vec{a}) \cdot \vec{n} = 0$$

$$\text{E}: \left(\begin{pmatrix}x_1\\x_2\\x_3\end{pmatrix} - \begin{pmatrix}6\\6\\0\end{pmatrix}\right) \cdot \begin{pmatrix}1\\2\\2\end{pmatrix} = 0$$

$$\text{E}: (x_1 - 6)\cdot 1 + (x_2 - 6)\cdot 2 + (x_3 - 0)\cdot 2 = 0$$

$$\text{E}: x_1 - 6 + 2x_2 - 12 + 2x_3 - 0 = 0$$

$$\text{E}: x_1 + 2x_2 + 2x_3 = 18$$

Alternativ kann man auch die Koordinaten des Punktes A $(6 \mid 6 \mid 0)$ in den Ansatz

$x_1 + 2x_2 + 2x_3 = d$ einsetzen:

$$6 + 2 \cdot 6 + 2 \cdot 0 = d \Rightarrow d = 18$$

Die Ebene E hat somit folgende Koordinatengleichung:

$$\text{E}: x_1 + 2x_2 + 2x_3 = 18$$

b) Um zu zeigen, dass das Dreieck ABC gleichschenklig ist, berechnet man die Längen der drei Seiten des Dreiecks:

$$\overline{AB} = \left|\overrightarrow{AB}\right| = \left|\begin{pmatrix}-4\\2\\0\end{pmatrix}\right| = \sqrt{(-4)^2 + 2^2 + 0^2} = \sqrt{20}$$

$$\overline{AC} = \left|\overrightarrow{AC}\right| = \left|\begin{pmatrix}-4\\-3\\5\end{pmatrix}\right| = \sqrt{(-4)^2 + (-3)^2 + 5^2} = \sqrt{50}$$

$$\overline{BC} = \left|\overrightarrow{BC}\right| = \left|\begin{pmatrix}0\\-5\\5\end{pmatrix}\right| = \sqrt{0^2 + (-5)^2 + 5^2} = \sqrt{50}$$

Wegen $\overline{AC} = \overline{BC}$ ist das Dreieck ABC gleichschenklig.

Das Volumen V der Pyramide, die das Dreieck ABC als Grundfläche und den Punkt S als Spitze hat, erhält man mit der Formel $V = \frac{1}{3} \cdot G \cdot h$.
Die Grundfläche G der Pyramide ist der Flächeninhalt des gleichschenkligen Dreiecks ABC, den man mit der Formel $G = \frac{1}{2} \cdot g \cdot h_g$ erhält.

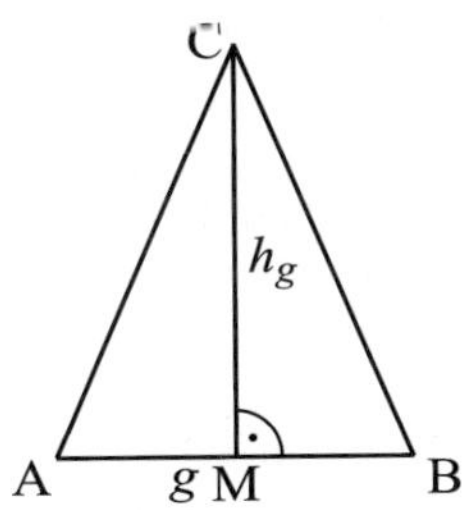

Als Grundseite g des Dreiecks ABC wählt man geschickterweise die Strecke AB, also $g = \overline{AB} = \sqrt{20}$. Den Mittelpunkt M der Strecke AB erhält man mit der Mittelpunktsformel: $M\left(\frac{a_1+b_1}{2} \mid \frac{a_2+b_2}{2} \mid \frac{a_3+b_3}{2}\right)$.
Somit hat der Mittelpunkt M der Strecke AB die Koordinaten $M(4 \mid 7 \mid 0)$.
Die Höhe h_g des Dreiecks ABC ist der Abstand von M zu C, also die Länge des zugehöri-

gen Verbindungsvektors:

$$h_g = \overline{\mathrm{MC}} = \left|\overrightarrow{\mathrm{MC}}\right| = \left|\begin{pmatrix} -2 \\ -4 \\ 5 \end{pmatrix}\right| = \sqrt{(-2)^2+(-4)^2+5^2} = \sqrt{45}$$

Damit erhält man:

$$\mathrm{G} = \frac{1}{2}\cdot g\cdot h_g = \frac{1}{2}\cdot\sqrt{20}\cdot\sqrt{45} = 15$$

Die Höhe h der Pyramide ist der Abstand der Spitze S$(4 \mid 6 \mid 10)$ zur Ebene E: $x_1 + 2x_2 + 2x_3 = 18$, in der die Grundfläche ABC liegt. Hierzu verwendet man die Abstandsformel für den Abstand eines Punktes zu einer Ebene:

$$h = \mathrm{d(S;E)} = \left|\frac{1\cdot 4+2\cdot 6+2\cdot 10-18}{\sqrt{1^2+2^2+2^2}}\right| = \frac{18}{\sqrt{9}} = 6$$

Damit erhält man das Volumen der Pyramide:

$$\mathrm{V} = \frac{1}{3}\cdot\mathrm{G}\cdot h = \frac{1}{3}\cdot 15\cdot 6 = 30$$

Die Pyramide hat ein Volumen von 30 VE.

c) Bezeichnet man mit h die Höhe der Mastspitze Q, so hat diese die Koordinaten Q$(8 \mid 3 \mid h)$, da der Mast senkrecht über dem Punkt F$(8 \mid 3 \mid 0)$ steht.

Die Gerade g_1, die durch die Mastspitze Q verläuft und die Richtung $\vec{v} = \begin{pmatrix} -9 \\ 1 \\ -4 \end{pmatrix}$ des Sonnenlichts hat, hat die Gleichung:

$$g_1\colon \vec{x} = \begin{pmatrix} 8 \\ 3 \\ h \end{pmatrix} + t\cdot\begin{pmatrix} -9 \\ 1 \\ -4 \end{pmatrix}$$

Die Gerade g_2, die durch die Punkte O$(0 \mid 0 \mid 0)$ und S$(4 \mid 6 \mid 10)$ verläuft, hat die Gleichung

$$g_2\colon \vec{x} = \begin{pmatrix} 0 \\ 0 \\ 0 \end{pmatrix} + s\cdot\begin{pmatrix} 4 \\ 6 \\ 10 \end{pmatrix}$$

Da der Schattenpunkt Q^* der Mastspitze auf der Kante des Kunstwerks, die durch die Strecke OS beschrieben wird, liegt, kann man die Geraden g_1 und g_2 schneiden. Durch Gleichsetzen erhält man folgendes Gleichungssystem:

$$\begin{array}{lccccccc} \mathrm{I} & 8 & - & 9t & = & 0 & + & 4s \\ \mathrm{II} & 3 & + & t & = & 0 & + & 6s \\ \mathrm{III} & h & - & 4t & = & 0 & + & 10s \end{array}$$

Dieses Gleichungssystem ist eindeutig lösbar:

Mit Hilfe von Gleichung I und Gleichung II erhält man die Parameter s und t.

Setzt man s und t in Gleichung III ein, erhält man h.

Damit kann man die Höhe h des Mastes (in Meter) rechnerisch bestimmen.

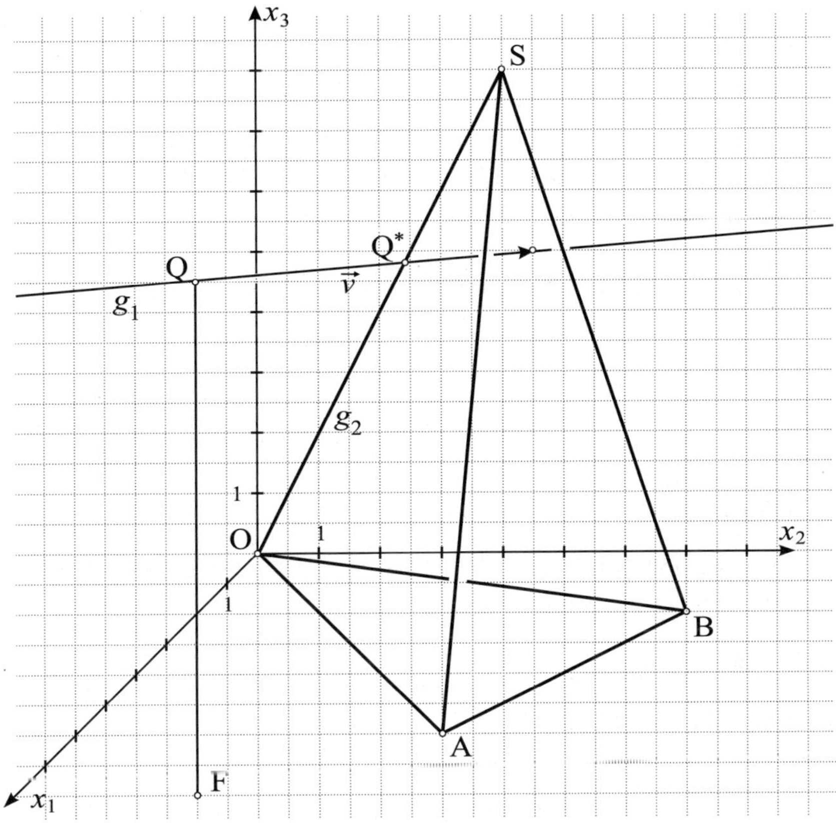

Alternativ kann man auch folgendes Verfahren verwenden:

Die Gerade g_2, die durch die Punkte $O(0\mid 0\mid 0)$ und $S(4\mid 6\mid 10)$ verläuft, hat die Gleichung

$$g_2: \vec{x} = \begin{pmatrix} 0 \\ 0 \\ 0 \end{pmatrix} + s \cdot \begin{pmatrix} 4 \\ 6 \\ 10 \end{pmatrix}$$

Der Schattenpunkt Q^* der Mastspitze $Q(8\mid 3\mid h)$ liegt auf der Geraden g_2 und hat damit die Koordinaten $Q^*(4s\mid 6s\mid 10s)$. Die Gerade g_1 verläuft durch Q^* und hat als Richtungsvektor

$\vec{v} = \begin{pmatrix} -9 \\ 1 \\ -4 \end{pmatrix}$, die Richtung der Sonnenstrahlen.

Damit hat g_1 die Gleichung:

$$g_1: \vec{x} = \begin{pmatrix} 4s \\ 6s \\ 10s \end{pmatrix} + t \cdot \begin{pmatrix} -9 \\ 1 \\ -4 \end{pmatrix}$$

Da die Mastspitze $Q(8 \mid 3 \mid h)$ auf g_1 liegt, kann man Q in g_1 einsetzen und erhält folgendes Gleichungssystem:

$$\begin{array}{llcrcr} \text{I} & 8 & = & 4s & - & 9t \\ \text{II} & 3 & = & 6s & + & t \\ \text{III} & h & = & 10s & - & 4t \end{array}$$

Dieses Gleichungssystem ist eindeutig lösbar:
Mit Hilfe von Gleichung I und Gleichung II erhält man die Parameter s und t.
Setzt man s und t in Gleichung III ein, erhält man h.
Damit kann man die Höhe h des Mastes (in Meter) rechnerisch bestimmen.

Als weitere Möglichkeit kann man auch folgendes Verfahren anwenden:
Man stellt eine Ebene T auf, in der der Mast mit Punkt $F(8 \mid 3 \mid 0)$ und Richtungsvektor

$\vec{u} = \begin{pmatrix} 0 \\ 0 \\ 1 \end{pmatrix}$ liegt und die den zweiten Spannvektor $\vec{v} = \begin{pmatrix} -9 \\ 1 \\ -4 \end{pmatrix}$ hat:

$$\text{T}: \vec{x} = \begin{pmatrix} 8 \\ 3 \\ 0 \end{pmatrix} + r \cdot \begin{pmatrix} 0 \\ 0 \\ 1 \end{pmatrix} + t \cdot \begin{pmatrix} -9 \\ 1 \\ -4 \end{pmatrix}$$

Die Gerade g_2, die durch die Punkte $O(0 \mid 0 \mid 0)$ und $S(4 \mid 6 \mid 10)$ verläuft, hat die Gleichung

$$g_2: \vec{x} = \begin{pmatrix} 0 \\ 0 \\ 0 \end{pmatrix} + s \cdot \begin{pmatrix} 4 \\ 6 \\ 10 \end{pmatrix}$$

Nun schneidet man T und g_2 und erhält den Schattenpunkt Q^* der Mastspitze Q.
Anschließend schneidet man die Gerade g, die durch den Schattenpunkt Q^* verläuft und die Richtung $\vec{v}$ des Sonnenlichts hat, also

$$g: \vec{x} = \overrightarrow{OQ^*} + t \cdot \begin{pmatrix} -9 \\ 1 \\ -4 \end{pmatrix}$$

mit der Geraden i, auf der der Mast liegt, also

$$i\colon \vec{x} = \begin{pmatrix} 8 \\ 3 \\ 0 \end{pmatrix} + r \cdot \begin{pmatrix} 0 \\ 0 \\ 1 \end{pmatrix}$$

Damit erhält man die Koordinaten der Mastspitze Q. Der x_3-Wert von Q stellt die Höhe des Mastes in Meter dar.

Lösungen Stochastik 2019 Aufgabe C1

a) Die Wahrscheinlichkeit, dass bei einem Tetraeder bei einem Wurf die Zahl 1 geworfen wird, beträgt $p = \frac{1}{4} = 0,25$.
Um die Wahrscheinlichkeit des Ereignisses A: «Die Zahl 1 wird genau 30-mal geworfen.» zu bestimmen, legt man X als Zufallsvariable für die Anzahl der geworfenen Einsen fest. Die Zufallsvariable X ist binomialverteilt mit den Parametern $n = 100$ und $p = 0,25$. Damit gilt mit Hilfe der Binomialverteilung:

frv.tv/ci

$$P(A) = P(X = 30) \approx 0,046 = 4,6\% \text{ (WTR)}$$

Um die Wahrscheinlichkeit des Ereignisses B: «Die Zahl 1 wird mindestens 20-mal geworfen.» zu bestimmen, legt man wieder X als Zufallsvariable für die Anzahl der geworfenen Einsen fest. Die Zufallsvariable X ist binomialverteilt mit den Parametern $n = 100$ und $p = 0,25$. Damit gilt mit Hilfe der kumulierten Binomialverteilung und der Wahrscheinlichkeit des Gegenereignisses:

frv.tv/ck

$$P(B) = P(X \geqslant 20) = 1 - P(X \leqslant 19) \approx 1 - 0,100 = 0,900 = 90,0\% \text{ (WTR)}$$

b) Legt man X als Zufallsvariable für die Anzahl der Einsen fest, so ist X binomialverteilt mit den Parametern $p = 0,25$ und unbekanntem n. Da mit einer Wahrscheinlichkeit von mindestens 95% mindestens einmal die Zahl 1 geworfen werden soll, löst man mit Hilfe der Wahrscheinlichkeit des Gegenereignisses folgende Ungleichung:

$$\begin{aligned} P(X \geqslant 1) &\geqslant 0,95 \\ 1 - P(X = 0) &\geqslant 0,95 \\ 0,05 &\geqslant P(X = 0) \end{aligned}$$

frv.tv/ci

Mit Hilfe des WTR ergibt sich:

$$\begin{aligned} n = 10: \; P(X = 0) &\approx 0,0563 \\ n = 11: \; P(X = 0) &\approx 0,0422 \end{aligned}$$

Somit muss man das Tetraeder mindestens 11 Mal werfen.

c) Die Wahrscheinlichkeit, dass bei einem Tetraeder eine bestimmte Zahl geworfen wird, beträgt $\frac{1}{4}$, bei einem Würfel $\frac{1}{6}$ und bei einem Oktaeder $\frac{1}{8}$.
Die Wahrscheinlichkeit des Ereignisses C: «Bei allen drei Körpern wird die selbe Zahl geworfen.» erhält man mit Hilfe der Pfadregeln:

$$\begin{aligned} P(C) &= P(111)+P(222)+P(333)+P(444) \\ &= \frac{1}{4}\cdot\frac{1}{6}\cdot\frac{1}{8}+\frac{1}{4}\cdot\frac{1}{6}\cdot\frac{1}{8}+\frac{1}{4}\cdot\frac{1}{6}\cdot\frac{1}{8}+\frac{1}{4}\cdot\frac{1}{6}\cdot\frac{1}{8} \\ &= \frac{1}{48} \end{aligned}$$

Die Wahrscheinlichkeit des Ereignisses D: «Die Summe der geworfenen Zahlen beträgt 17.» erhält man ebenfalls mit Hilfe der Pfadregeln:

$$P(D) = P(368)+P(458)+P(467) = \frac{1}{4}\cdot\frac{1}{6}\cdot\frac{1}{8}+\frac{1}{4}\cdot\frac{1}{6}\cdot\frac{1}{8}+\frac{1}{4}\cdot\frac{1}{6}\cdot\frac{1}{8} = \frac{1}{64}$$

d) Den Erwartungswert E(X) für den Gewinn X des Spielers erhält man, indem man die möglichen Auszahlungsbeträge mit den zugehörigen Wahrscheinlichkeiten multipliziert und den Einsatz subtrahiert. Wenn ein Tetrader und ein Würfel geworfen werden, so gibt es für die Auszahlung drei Möglichkeiten: 0 € bei null Einsen, 1 € bei einer Eins (entweder beim Tetradeder oder beim Würfel) und 2 € bei zwei Einsen (beim Tetraeder und beim Würfel). Die entsprechenden Wahrscheinlichkeiten ergeben sich durch die Pfadregeln. Damit erhält man:

$$\begin{aligned} E(X) &= 0\,€\cdot\left(\frac{3}{4}\cdot\frac{5}{6}\right)+1\,€\cdot\left(\frac{1}{4}\cdot\frac{5}{6}+\frac{3}{4}\cdot\frac{1}{6}\right)+2\,€\cdot\left(\frac{1}{4}\cdot\frac{1}{6}\right)-0,50\,€ \\ &= -\frac{1}{12}\,€ \\ &\approx -0,08\,€ \end{aligned}$$

Alternativ kann man sich auch überlegen, dass der Tetraeder und der Würfel unabhängig voneinander geworfen werden und sich für den Gewinn des Spielers damit die Erwartungswerte für die einzelnen Auszahlungsbeträge addieren, von denen noch der Einsatz subtrahiert werden muss:

$$\begin{aligned} E(X) &= 0\,€\cdot\frac{3}{4}+1\,€\cdot\frac{1}{4}+0\,€\cdot\frac{5}{6}+1\,€\cdot\frac{1}{6}-0,50\,€ \\ &= -\frac{1}{12}\,€ \\ &\approx -0,08\,€ \end{aligned}$$

Der Erwartungswert für den Gewinn des Spielers beträgt somit −8 Cent.

e) Bezeichnet man mit x die Anzahl der Tetraeder, so befinden sich $20-x$ Oktaeder im Sack. Die Wahrscheinlichkeit, ein Tetraeder zu ziehen, beträgt $\frac{x}{20}$, die Wahrscheinlichkeit, ein Oktaeder zu ziehen, beträgt $\frac{20-x}{20}$. Die Wahrscheinlichkeit, dass beim Tetraeder die Zahl 2 geworfen wird, beträgt $\frac{1}{4}$, beim Oktaeder beträgt sie $\frac{1}{8}$.
Da die Wahrscheinlichkeit, bei einem Wurf die Zahl 2 zu werfen, 15% beträgt, löst man mit Hilfe der Pfadregeln folgende Gleichung nach x auf:

$$\begin{aligned}
\mathrm{P}(2) &= 0,15 \\
\frac{x}{20}\cdot\frac{1}{4}+\frac{20-x}{20}\cdot\frac{1}{8} &= 0,15 \\
\frac{x}{80}+\frac{20-x}{160} &= 0,15 \\
\frac{2x}{160}+\frac{20-x}{160} &= 0,15 \\
\frac{x+20}{160} &= 0,15 \\
x+20 &= 24 \\
x &= 4
\end{aligned}$$

Somit sind 4 Tetraeder im Sack.

Stochastik Aufgabe C 2

a) Die Wahrscheinlichkeit, dass bei einem Glücksrad «Stern» angezeigt wird, beträgt $\frac{2}{5}$.
Da ein Spieler nur dann gewinnt, wenn alle drei Räder einen Stern zeigen, erhält man mit Hilfe der Pfadregeln bei einem Spiel folgende Gewinnwahrscheinlichkeit:

$$\mathrm{P}(\text{«Gewinn»}) = \mathrm{P}(\text{Stern; Stern; Stern}) = \frac{2}{5} \cdot \frac{2}{5} \cdot \frac{2}{5} = \frac{8}{125} = 0{,}064 = 6{,}4\%$$

Um die Wahrscheinlichkeit des Ereignisses A: «Der Spieler gewinnt mehr als einmal.» zu bestimmen, legt man X als Zufallsvariable für die Anzahl der gewonnenen Spiele fest. Die Zufallsvariable X ist binomialverteilt mit den Parametern $n = 20$ und $p = 0{,}064$. Damit gilt mit Hilfe der kumulierten Binomialverteilung und der Wahrscheinlichkeit des Gegenereignisses:

frv.tv/ck

$$\mathrm{P}(A) = \mathrm{P}(X > 1) = 1 - \mathrm{P}(X \leqslant 1) \approx 1 - 0{,}631 = 0{,}369 = 36{,}9\% \quad \text{(WTR)}$$

Die Wahrscheinlichkeit des Ereignisses B: «Der Spieler gewinnt in genau zwei Spielen und diese folgen direkt aufeinander.» erhält man mit Hilfe der Pfadregeln. Dabei ist zu beachten, dass es 19 Möglichkeiten gibt, dass die beiden gewonnenen Spiele direkt aufeinander folgen. Wenn zwei Spiele gewonnen werden, dann werden 18 Spiele jeweils verloren. Die Wahrscheinlichkeit, dass ein Spiel verloren wird, beträgt $1 - 0{,}064 = 0{,}936$. Damit gilt:

$$\mathrm{P}(B) = 19 \cdot 0{,}064^2 \cdot 0{,}936^{18} \approx 0{,}024 = 2{,}4\%$$

b) Die angegebene Wahrscheinlichkeit des Ereignisses C lässt sich mit Hilfe der Bernoulli-Formel umschreiben:

$$\begin{aligned}\mathrm{P}(C) &= 0{,}064^a + 9 \cdot 0{,}064^8 \cdot 0{,}936^b \\ &= \binom{9}{a} \cdot 0{,}064^a \cdot 0{,}936^0 + \binom{9}{8} \cdot 0{,}064^8 \cdot 0{,}936^b\end{aligned}$$

Da die Spielerin 9 Spiele spielt, ergibt sich: $a = 9 - 0 = 9$ und $b = 9 - 8 = 1$.
Damit erhält man:

$$\mathrm{P}(C) = \binom{9}{9} \cdot 0{,}064^9 \cdot 0{,}936^0 + \binom{9}{8} \cdot 0{,}064^8 \cdot 0{,}936^1$$

Legt man X als Zufallsvariable für die Anzahl der gewonnenen Spiele bei 9 Spielen fest, so ist X binomialverteilt mit den Parametern $n = 9$ und $p = 0{,}064$.
Damit gilt:

$$\mathrm{P}(C) = \binom{9}{9} \cdot 0{,}064^9 \cdot 0{,}936^0 + \binom{9}{8} \cdot 0{,}064^8 \cdot 0{,}936^1 = \mathrm{P}(X = 9) + \mathrm{P}(X = 8)$$

Somit lautet das Ereignis C: «Die Spielerin gewinnt mindestens acht Spiele.» oder: «Die Spielerin gewinnt acht oder neun Spiele.».

c) Die Nullhypothese lautet: «Das mittlere Rad zeigt mit einer Wahrscheinlichkeit von mindestens zwei Fünfteln ein Sternsymbol.», also $H_0: p \geqslant \frac{2}{5}$. Die zugehörige Alternativhypothese lautet $H_1: p < \frac{2}{5}$. Wegen $H_1: p < \frac{2}{5}$ handelt es sich um einen linksseitigen Test mit Signifikanzniveau $\alpha = 3\%$. Legt man X als Zufallsvariable für die Anzahl der gedrehten Sternsymbole fest, so ist X binomialverteilt mit den Parametern $p = \frac{2}{5}$ und $n = 300$.
Man wird die Nullhypothese verwerfen, wenn bei den 300 Drehungen deutlich weniger als 120 (Erwartungswert $E(X) = n \cdot p = 300 \cdot \frac{2}{5} = 120$) Sternsymbole angezeigt werden. Also ist ein maximales $k \in \mathbb{N}$ und damit ein Ablehnungsbereich $\overline{A} = \{0, ..., k\}$ der Nullhypothese so zu bestimmen, dass gilt:

$$P(X \in \overline{A}) \leqslant \alpha$$
$$P(X \leqslant k) \leqslant 0,03$$

frv.tv/ck

Für $n = 300$ und $p = \frac{2}{5}$ ergibt sich mit dem WTR:

$$P(X \leqslant 104) \approx 0,0331$$
$$P(X \leqslant 103) \approx 0,0252$$

Also ist $k = 103$ das maximale $k \in \mathbb{N}$ und man erhält damit den Ablehnungsbereich:

$$\overline{A} = \{0, ..., 103\}$$

Damit ergibt sich folgende Entscheidungsregel:
Wenn bei 300 Drehungen höchstens 103 Sternsymbole angezeigt werden, so wird die Nullhypothese abgelehnt, andernfalls wird sie angenommen.

d) Man bezeichnet mit *a* die Anzahl der Sektoren eines Glücksrads. Die Wahrscheinlichkeit, dass man gewinnt, erhält man mit Hilfe der Pfadregeln: $p = \frac{1}{a} \cdot \frac{1}{a} \cdot \frac{1}{a} = \frac{1}{a^3}$. Legt man X als Zufallsvariable für die Anzahl der Gewinne fest, so ist X binomialverteilt mit den Parametern $p = \frac{1}{a^3}$ und $n = 50$. Da mit einer Wahrscheinlichkeit von mindestens 99% höchstens ein Gewinn erzielt werden soll, stellt man folgende Ungleichung auf:

$$P(X \leqslant 1) \geqslant 0,99$$

frv.tv/ck

Durch Ausprobieren von verschiedenen Werten von *a* und damit verschiedener Werte von p ergibt sich mit Hilfe des WTR:

$$a = 6 \Rightarrow p = \frac{1}{6^3}: P(X \leqslant 1) \approx 0,9773$$
$$a = 7 \Rightarrow p = \frac{1}{7^3}: P(X \leqslant 1) \approx 0,9905$$

Somit muss jedes Glücksrad mindestens 7 Sektoren haben.

Merkhilfe für das Abitur

Die Merkhilfe ist ein zugelassenes Hilfsmittel im Wahlteil. Sie wird von der Schule am Prüfungstag ausgeteilt. Es ist keine weitere Formelsammlung in der Prüfung erlaubt.

Damit Sie den Umgang mit der Merkhilfe üben können und diese immer dabei haben, ist sie auf den folgenden Seiten abgedruckt.

Die Merkhilfe stellt keine Formelsammlung im klassischen Sinn dar. Bezeichnungen werden nicht erklärt und Voraussetzungen für die Gültigkeit der Formeln in der Regel nicht dargestellt.

Ebene Figuren

Dreieck

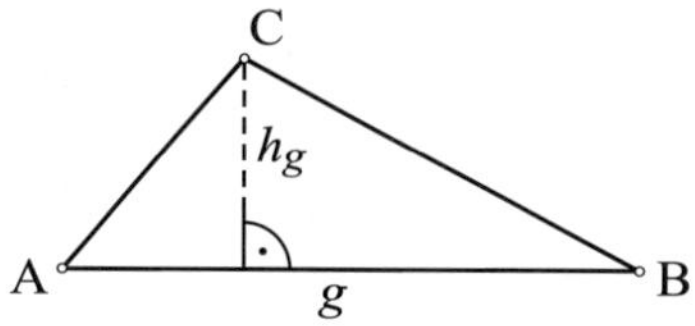

Flächeninhalt:
$A = \frac{1}{2} g \cdot h_g$

Gleichschenkliges Dreieck

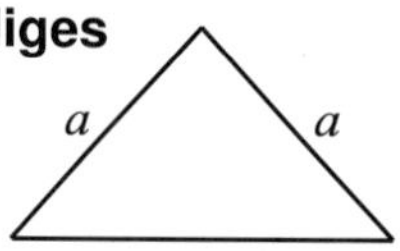

Mindestens zwei Seiten sind gleich lang.

Gleichseitiges Dreieck

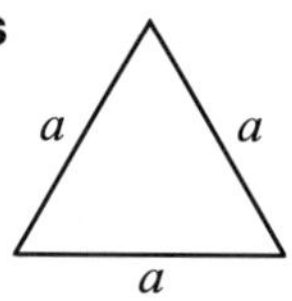

Alle drei Seiten sind gleich lang.

Flächeninhalt:
$A = \frac{\sqrt{3}}{4} \cdot a^2$

Parallelogramm

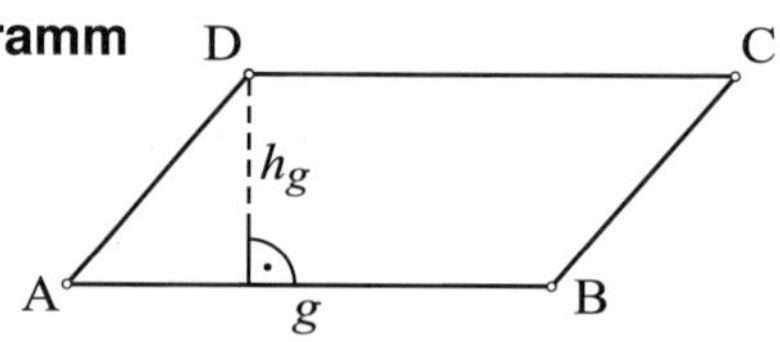

Gegenüberliegende Seiten sind jeweils parallel.

Flächeninhalt:
$A = g \cdot h_g$

Raute

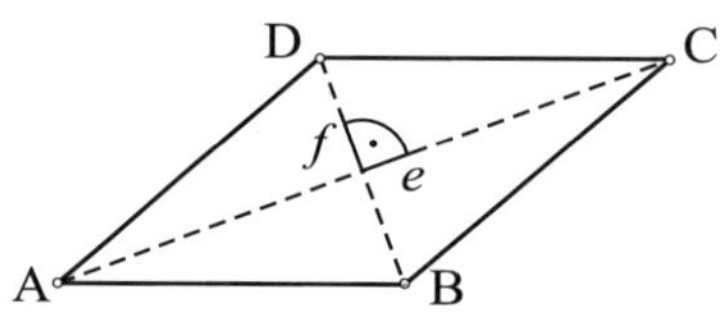

Alle vier Seiten sind gleich lang.

Flächeninhalt:
$A = \frac{1}{2} e \cdot f$

Trapez

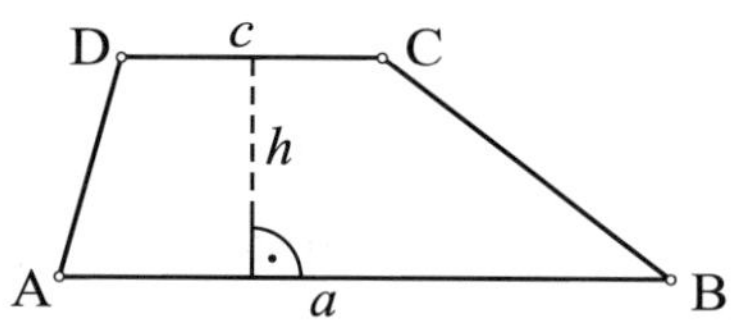

Mindestens zwei gegenüberliegende Seiten sind parallel.

Flächeninhalt:
$A = \frac{a+c}{2} \cdot h$

Drachenviereck

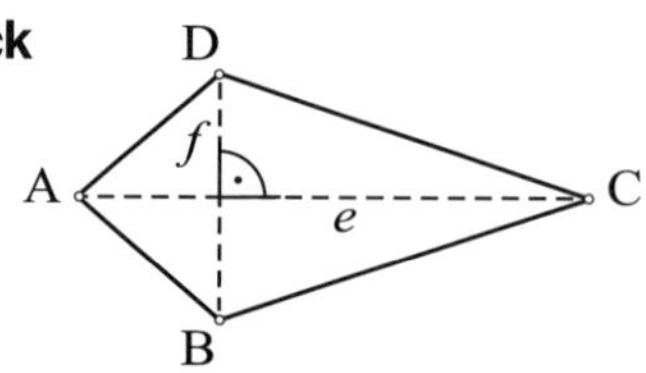

Mindestens eine Diagonale ist Symmetrieachse.

Flächeninhalt:
$A = \frac{1}{2} e \cdot f$

Kreis

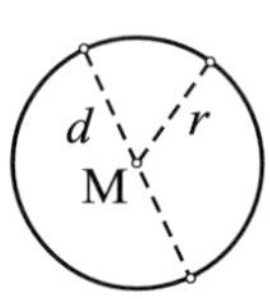

Umfang:
$u = 2\pi \cdot r = \pi \cdot d$
Flächeninhalt:
$A = \pi \cdot r^2$

Körperberechnungen

Prisma

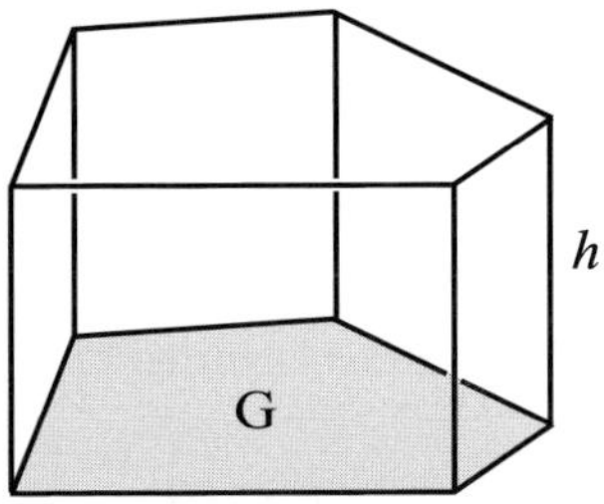

Volumen: $V = G \cdot h$

Zylinder

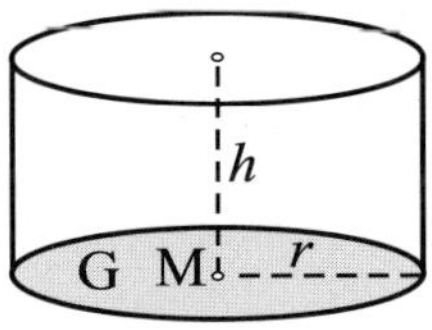

Volumen: $V = G \cdot h = \pi \cdot r^2 \cdot h$

Flächeninhalt der Mantelfläche:

$M = 2\pi \cdot r \cdot h$

Quader

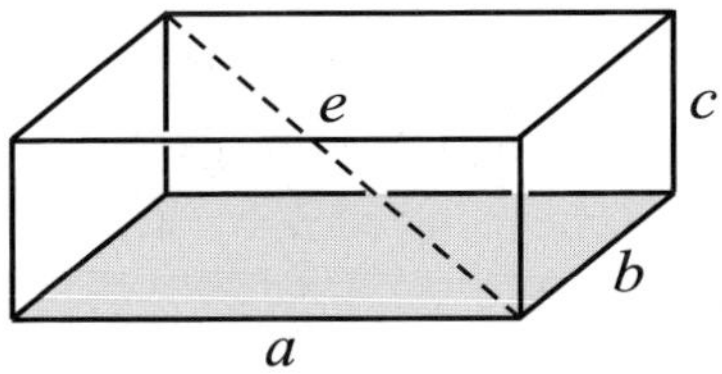

Volumen: $V = a \cdot b \cdot c$

Länge der Raumdiagonalen:

$e = \sqrt{a^2 + b^2 + c^2}$

Pyramide

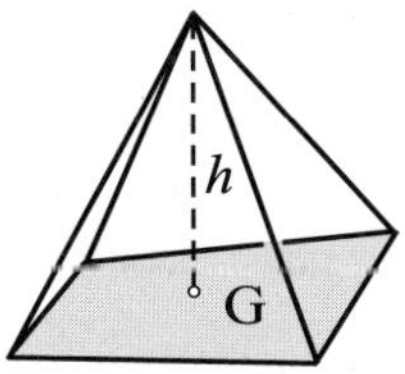

Volumen: $V = \frac{1}{3} G \cdot h$

Kegel

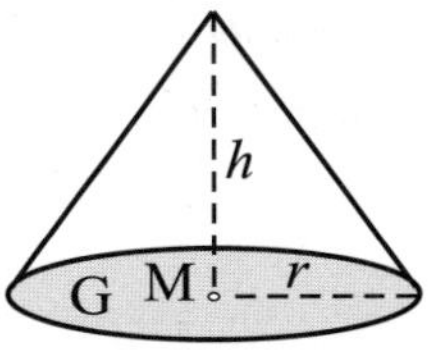

Volumen: $V = \frac{1}{3} \pi \cdot r^2 \cdot h$

Flächeninhalt der Mantelfläche:

$M = \pi \cdot r \cdot s$

Kugel

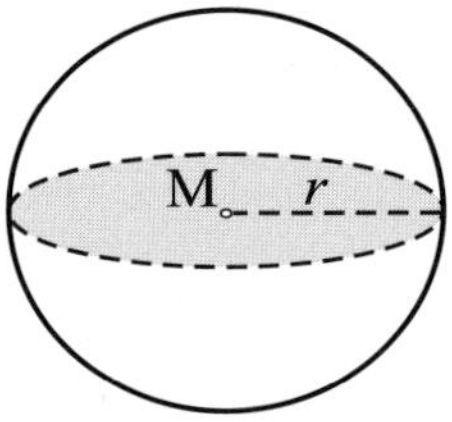

Volumen: $V = \frac{4}{3} \pi \cdot r^3$

Oberflächeninhalt: $O = 4\pi \cdot r^2$

Elementargeometrie

Strahlensätze

Falls $g \parallel h$, gilt:

$$\frac{a}{b} = \frac{c}{d}; \quad \frac{a+b}{a} = \frac{c+d}{c}$$

$$\frac{a+b}{a} = \frac{v}{u}$$

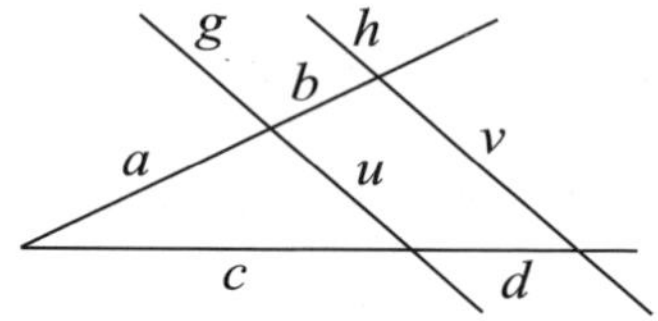

Winkelsummensatz Die Summe der Innenwinkel im Dreieck beträgt 180°.

Satz des Thales Liegt C auf dem Halbkreis über AB, so ist der Winkel bei C ein rechter Winkel.

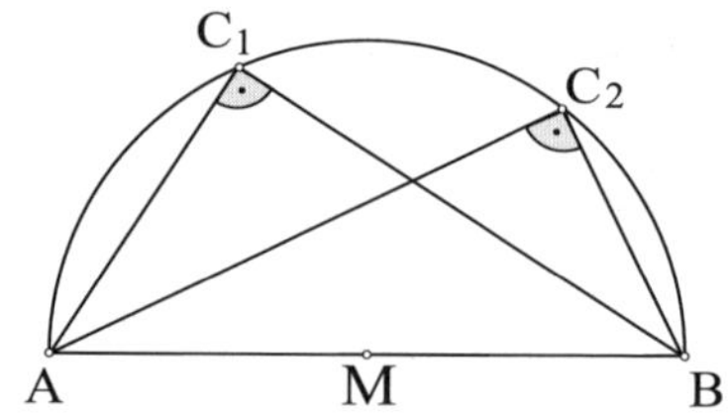

Rechtwinkliges Dreieck

Satz des Pythagoras $a^2 + b^2 = c^2$

Trigonometrie $\sin\alpha = \frac{\mathrm{a}}{\mathrm{c}}$, $\cos\alpha = \frac{\mathrm{b}}{\mathrm{c}}$, $\tan\alpha = \frac{\mathrm{a}}{\mathrm{b}}$

$$\tan\alpha = \frac{\sin\alpha}{\cos\alpha},$$

$$(\sin\alpha)^2 + (\cos\alpha)^2 = 1$$

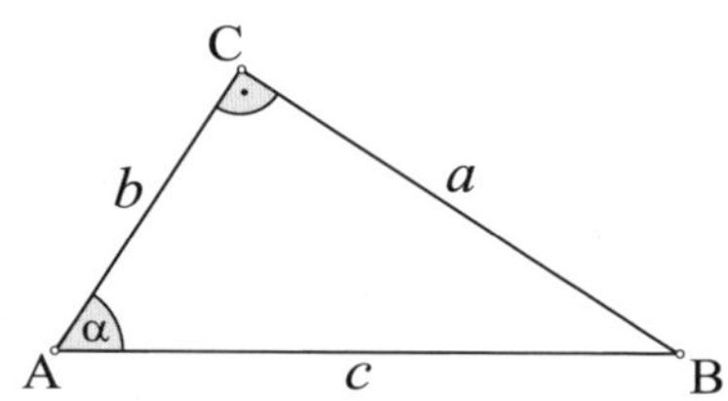

Winkelfunktionen

Gradmaß α	0°	30°	45°	60°	90°
Bogenmaß x	0	$\frac{1}{6}\pi$	$\frac{1}{4}\pi$	$\frac{1}{3}\pi$	$\frac{1}{2}\pi$
sin	0	$\frac{1}{2}$	$\frac{1}{2}\sqrt{2}$	$\frac{1}{2}\sqrt{3}$	1
cos	1	$\frac{1}{2}\sqrt{3}$	$\frac{1}{2}\sqrt{2}$	$\frac{1}{2}$	0

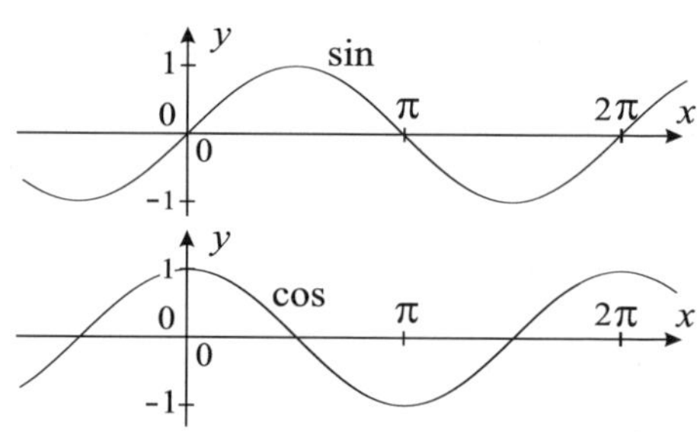

Potenzen und Logarithmen

Potenzen

$x^0 = 1$ $\quad x^{-a} = \frac{1}{x^a}$ $\quad x^{\frac{1}{n}} = \sqrt[n]{x}$

$x^a \cdot x^b = x^{a+b}$ $\quad \frac{x^a}{x^b} = x^{a-b}$ $\quad (x^a)^b = x^{ab}$

$x^a \cdot y^a = (xy)^a$ $\quad \frac{x^a}{y^a} = \left(\frac{x}{y}\right)^a$

Logarithmen $\log_a(b) = \frac{\ln(b)}{\ln(a)}$ $\quad \log_a(1) = 0$ $\quad \log_a(b^x) = x \cdot \log_a(b)$ $\quad \log_a\left(\frac{1}{b}\right) = -\log_a(b)$

Terme und Gleichungen

Binomische Formeln	$(a \pm b)^2 = a^2 \pm 2ab + b^2$	$(a+b)\cdot(a-b) = a^2 - b^2$
Quadratische Gleichung	$x^2 + px + q = 0$	$x_{1;2} = -\frac{p}{2} \pm \sqrt{\left(\frac{p}{2}\right)^2 - q}$
	$ax^2 + bx + c = 0$	$x_{1;2} = \frac{-b \pm \sqrt{b^2 - 4ac}}{2a}$
Potenzgleichungen	$x^n = a \ (a > 0)$	falls n gerade: $x_{1;2} = \pm\sqrt[n]{a}$
		falls n ungerade: $x = \sqrt[n]{a}$
	$x^n = a \ (a < 0)$	falls n ungerade: $x = -\sqrt[n]{-a}$
Exponentialgleichungen	$a^x = b \Leftrightarrow x = \log_a(b) \ (a, b > 0)$	

Geraden in der Ebene

Hauptform	$y = mx + c$
Steigung	$m = \frac{y_Q - y_P}{x_Q - x_P}$
Punktsteigungsform	$y = m \cdot (x - x_Q) + y_Q$
Parallele zur y-Achse	$x = u$
Steigungswinkel α	$m = \tan\alpha$
Orthogonalität	$m_g \cdot m_h = -1 \Rightarrow g \perp h$

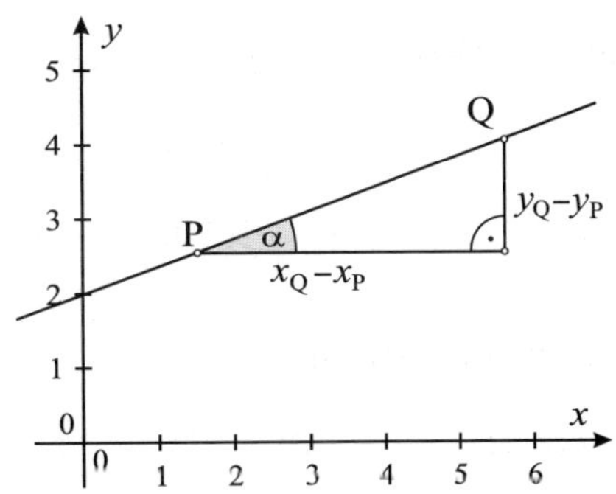

Ableitungen

Ableitungsregel	$\mathbf{f(x)}$	$\mathbf{f'(x)}$
Summenregel	$g(x) + h(x)$	$g'(x) + h'(x)$
Faktorregel	$c \cdot g(x)$	$c \cdot g'(x)$
Potenzregel	x^r	$r \cdot x^{r-1}$
Produktregel	$u(x) \cdot v(x)$	$u'(x) \cdot v(x) + u(x) \cdot v'(x)$
Kettenregel	$u(v(x))$	$u'(v(x)) \cdot v'(x)$

Spezielle Ableitungen

$(\sqrt{x})' = \frac{1}{2\sqrt{x}}$ $\quad \left(\frac{1}{x}\right)' = -\frac{1}{x^2}$ $\quad (\sin x)' = \cos x$ $\quad (\cos x)' = -\sin x$ $\quad (e^x)' = e^x$

Untersuchung von Funktionen und Graphen

Symmetrie	Achsensymmetrie zur y-Achse	$\Leftrightarrow f(-x) = f(x)$ für alle x
	Punktsymmetrie zum Ursprung	$\Leftrightarrow f(-x) = -f(x)$ für alle x
Spiegelung	an der x-Achse	$y = -f(x)$
	an der y-Achse	$y = f(-x)$
Verschiebung	um c in x-Richtung	$y = f(x-c)$
	um d in y-Richtung	$y = f(x)+d$
Streckung	mit Faktor $\frac{1}{b}$ in x-Richtung	$y = f(b \cdot x)$
	mit Faktor a in y-Richtung	$y = a \cdot f(x)$
Monotonie	$f'(x) > 0$ für alle $x \in \mathrm{I}$	$\Rightarrow$ f streng monoton wachsend auf I
	$f'(x) < 0$ für alle $x \in \mathrm{I}$	$\Rightarrow$ f streng monoton fallend auf I

Hochpunkt $\mathrm{H}(x_0 \mid f(x_0))$, falls
$f'(x_0) = 0$ und Vorzeichenwechsel « + nach − » von f' bei x_0
oder $f'(x_0) = 0$ und $f''(x_0) < 0$

Tiefpunkt $\mathrm{T}(x_0 \mid f(x_0))$, falls
$f'(x_0) = 0$ und Vorzeichenwechsel « − nach + » von f' bei x_0
oder $f'(x_0) = 0$ und $f''(x_0) > 0$

Wendepunkt $\mathrm{W}(x_0 \mid f(x_0))$, falls
$f''(x_0) = 0$ und Vorzeichenwechsel von f'' bei x_0
oder $f''(x_0) = 0$ und $f'''(x_0) \neq 0$

Tangente	Steigung $m_t = f'(u)$	$y = f'(u)(x-u) + f(u)$
Normale	Steigung $m_n = \frac{-1}{f'(u)}$	$y = \frac{-1}{f'(u)}(x-u) + f(u)$

Allgemeine Sinusfunktion

$f(x) = a \cdot \sin(b(x-c)) + d$ (Amplitude $|a|$, Periode $\frac{2\pi}{b}$)

Integralrechnung

Integralfunktion	$\mathrm{I}_a(x) = \int_a^x f(u)\mathrm{d}u$
Hauptsatz	$\mathrm{I}_a{}'(x) = f(x)$
	$\int_a^b f(x)\mathrm{d}x = \left[\mathrm{F}(x)\right]_a^b = \mathrm{F}(b) - \mathrm{F}(a)$
Bestandsfunktion	$\mathrm{F}(t) = \mathrm{F}(t_0) + \int_{t_0}^t f(x)\mathrm{d}x$
Mittelwert	$m = \frac{1}{b-a}\int_a^b f(x)\mathrm{d}x$
Volumen eines Rotationskörpers	$\mathrm{V} = \pi \cdot \int_a^b (f(x))^2\,\mathrm{d}x$

Stammfunktionen

Regel	Funktion	Stammfunktion
Summenregel	$f(x) + g(x)$	$\mathrm{F}(x) + \mathrm{G}(x)$
Faktorregel	$k \cdot f(x)$	$k \cdot \mathrm{F}(x)$
Lineare Verkettung	$f(ax+b)$	$\frac{1}{a} \cdot \mathrm{F}(ax+b)$
Spezialfälle	$x^r \quad (r \neq -1)$	$\frac{1}{r+1}\, x^{r+1}$
	$\frac{1}{x} \quad (x > 0)$	$\ln(x)$
	$\sin x$	$-\cos x$
	$\cos x$	$\sin x$
	e^x	e^x

Wachstumsfunktionen

	Differenzialgleichung	**Funktionsterm**
linear	$f'(t) = k$	$f(t) = k \cdot t + c$
exponentiell	$f'(t) = k \cdot f(t)$	$f(t) = a \cdot e^{k \cdot t}$
beschränkt	$f'(t) = k \cdot (\mathrm{S} - f(t))$	$f(t) = \mathrm{S} - a \cdot e^{-k \cdot t}$

Analytische Geometrie

Mittelpunkt der Strecke AB	$\mathrm{M}\left(\frac{a_1+b_1}{2} \mid \frac{a_2+b_2}{2} \mid \frac{a_3+b_3}{2}\right)$
Betrag eines Vektors	$\lvert\vec{a}\rvert = \sqrt{a_1^2+a_2^2+a_3^2}$
Einheitsvektor	$\vec{a}_0 = \frac{1}{\lvert\vec{a}\rvert}\cdot\vec{a}$
Skalarprodukt	$\vec{a}\cdot\vec{b} = a_1b_1+a_2b_2+a_3b_3$
	$\vec{a}\cdot\vec{b} = \lvert\vec{a}\rvert\cdot\lvert\vec{b}\rvert\cdot\cos\varphi$
Winkel zwischen zwei Vektoren	$\cos\varphi = \frac{\vec{a}\cdot\vec{b}}{\lvert\vec{a}\rvert\cdot\lvert\vec{b}\rvert}$
Orthogonalität	$\vec{a}\perp\vec{b} \Leftrightarrow \vec{a}\cdot\vec{b}=0$
Geradengleichung	$g\colon \vec{x}=\vec{p}+r\cdot\vec{u}$
Ebenengleichungen	
Parameterform	$\mathrm{E}\colon \vec{x}=\vec{p}+r\cdot\vec{u}+s\cdot\vec{v}$
Normalenform	$\mathrm{E}\colon (\vec{x}-\vec{p})\cdot\vec{n}=0$
Koordinatenform	$\mathrm{E}\colon ax_1+bx_2+cx_3=d$
Schnittwinkel	
Gerade-Gerade	$\cos\varphi = \frac{\lvert\vec{u}_1\cdot\vec{u}_2\rvert}{\lvert\vec{u}_1\rvert\cdot\lvert\vec{u}_2\rvert}$
Gerade-Ebene	$\sin\varphi = \frac{\lvert\vec{u}\cdot\vec{n}\rvert}{\lvert\vec{u}\rvert\cdot\lvert\vec{n}\rvert}$
Ebene-Ebene	$\cos\varphi = \frac{\lvert\vec{n}_1\cdot\vec{n}_2\rvert}{\lvert\vec{n}_1\rvert\cdot\lvert\vec{n}_2\rvert}$
Abstandsberechnungen	
Punkt-Punkt	$\mathrm{d}(\mathrm{A};\mathrm{B}) = \lvert\overrightarrow{\mathrm{AB}}\rvert = \sqrt{(b_1-a_1)^2+(b_2-a_2)^2+(b_3-a_3)^2}$
Punkt-Ebene	HNF von E: $(\vec{x}-\vec{p})\cdot\vec{n}_0=0$ bzw. $\frac{ax_1+bx_2+cx_3-d}{\sqrt{a^2+b^2+c^2}}=0$
	$\mathrm{d}(\mathrm{Q};\mathrm{E}) = \lvert(\vec{q}-\vec{p})\cdot\vec{n}_0\rvert$ bzw. $\mathrm{d}(\mathrm{Q};\mathrm{E}) = \left\lvert\frac{aq_1+bq_2+cq_3-d}{\sqrt{a^2+b^2+c^2}}\right\rvert$
Windschiefe Geraden	$g\colon \vec{x}=\vec{p}+r\cdot\vec{u};\quad h\colon \vec{x}=\vec{q}+s\cdot\vec{v}$
	$\mathrm{d}(g;h) = \lvert(\vec{q}-\vec{p})\cdot\vec{n}_0\rvert$, wobei $\vec{n}_0\perp\vec{u}$ und $\vec{n}_0\perp\vec{v}$

Wahrscheinlichkeit

Gegenereignis $P(\overline{A}) = 1 - P(A)$

Additionssatz $P(A \cup B) = P(A) + P(B) - P(A \cap B)$

Spezieller Multiplikationssatz $P(A \cap B) = P(A) \cdot P(B)$ A, B unabhängig

Pfadregeln für Baumdiagramme

Die Wahrscheinlichkeiten längs eines Pfades werden multipliziert.

Die Wahrscheinlichkeiten der einzelnen Pfade werden addiert.

Erwartungswert einer **Zufallsvariable** X mit den Werten $x_1, x_2, \ldots, x_n$:

$$E(X) = x_1 \cdot P(X = x_1) + x_2 \cdot P(X = x_2) + \ldots + x_n \cdot P(X = x_n)$$

Binomialverteilung:

Formel von Bernoulli $P(X = k) = \binom{n}{k} \cdot p^k \cdot (1-p)^{n-k}$

Erwartungswert $E(X) = n \cdot p$

Statistische Tests

Beim Testen einer Hypothese H_0 können folgende Fehler auftreten:

	H_0 ist wahr	H_0 ist falsch
H_0 wird verworfen	Fehler 1. Art	richtige Entscheidung
H_0 wird nicht verworfen	richtige Entscheidung	Fehler 2. Art

Als **Signifikanzniveau α** bezeichnet man den Wert, den die Wahrscheinlichkeit für den Fehler 1. Art nicht überschreiten darf.

Einseitiger Signifikanztest

	Nullhypothese H_0	Gegenhypothese H_1	Ablehnungsbereich	
linksseitiger Test	$p \geqslant p_0$	$p < p_0$	$\{0; 1; \ldots; g\}$	höchst.
rechtsseitiger Test	$p \leqslant p_0$	$p > p_0$	$\{g; g+1; \ldots; n\}$	mind

Stichwortverzeichnis